普通高等教育"十三五"规划教材

新工科建设之路 · 计算机类规划教材

U0282689

微信小游戏开发基础与案例实战

夏 羽 廖雪花 朱洲森 编著

电子工业出版社

Publishing House of Electronics Industry

北京·BEIJING

内 容 简 介

本书是微信小游戏开发的入门教程，通过大量实例介绍微信小游戏开发的基础知识和技巧。全书共 9 章，内容包括微信小游戏概述、微信小游戏策划、JavaScript 基础知识、微信 API、原生微信小游戏开发、Cocos 引擎、物理引擎 Box2D，最后通过跑酷游戏和纸牌游戏两个实战案例介绍微信小游戏的开发流程与方法，以帮助读者锻炼实际动手能力。

本书可作为高等学校计算机科学与技术、软件工程、数字媒体技术等相关专业小游戏开发课程的教材，也可供对微信小游戏开发有兴趣的人员参考。

图书在版编目（CIP）数据

微信小游戏开发基础与案例实战/夏羽，廖雪花，朱洲森编著. —北京：电子工业出版社，2020.7
ISBN 978-7-121-38892-7

Ⅰ. ①微… Ⅱ. ①夏… ②廖… ③朱… Ⅲ. ①移动电话机－游戏程序－程序设计－高等学校－教材
Ⅳ. ①TP317.67

中国版本图书馆 CIP 数据核字（2020）第 052757 号

责任编辑：章海涛
文字编辑：张 鑫
印　　刷：三河市龙林印务有限公司
装　　订：三河市龙林印务有限公司
出版发行：电子工业出版社
　　　　　北京市海淀区万寿路 173 信箱　邮编：100036
开　　本：787×1 092　1/16　印张：20.75　字数：532 千字
版　　次：2020 年 7 月第 1 版
印　　次：2021 年 5 月第 3 次印刷
定　　价：69.00 元

凡所购买电子工业出版社图书有缺损问题，请向购买书店调换。若书店售缺，请与本社发行部联系，联系及邮购电话：(010) 88254888，88258888。

质量投诉请发邮件至 zlts@phei.com.cn，盗版侵权举报请发邮件至 dbqq@phei.com.cn。

本书咨询联系方式：192910558（QQ 群）。

　　微信小游戏是一种基于微信平台开发、不需要下载安装即可使用的全新游戏应用，是一种轻量级的社交游戏解决方案，体现了"用完即走"的理念，不会在手机中留下任何痕迹，充分节省用户的手机空间。

　　微信小游戏无论是开发还是使用都相当轻便、快捷，而且基于微信的社交属性让微信小游戏具备较强的社交传播力。通过分享游戏结果、参与排名竞争，甚至是邀请好友对战等形式开展社交活动，玩家可以和好友一起享受游戏的乐趣。同时，依赖于微信的社交网络，微信小游戏比普通游戏更容易推广。需要注意的是，微信小游戏和 H5 游戏开发稍有不同，前者必须借助微信提供的开发工具才能进行开发工作，调用微信的 API 可以获取用户微信中的特殊信息，如好友信息等。目前，一些流行的游戏开发引擎（如 Cocos Creator）已经对微信小游戏进行了适配，可以直接导出微信小游戏文件，然后发布。

　　本书作为微信小游戏开发的入门教程，从零开始介绍微信小游戏的策划和开发流程。书中配有大量案例，读者可以跟随操作，会更容易理解其中的思路。

　　全书共 9 章，可分为 4 个部分。

　　第一部分包括第 1、2 章，介绍基础知识。其中，第 1 章介绍微信小游戏的概念和特点；第 2 章介绍微信小游戏策划需要注意的事项。

　　第二部分包括第 3、4、5 章，介绍开发相关知识。其中，第 3 章介绍开发微信小游戏必备的 JavaScript 基础知识；第 4 章介绍微信 API，以方便小游戏从微信中获取各类必需的资源；第 5 章介绍如何使用微信开发者工具进行原生微信小游戏的开发。

　　第三部分包括第 6、7 章，介绍框架知识。其中，第 6 章介绍如何使用 Cocos Creator 开发微信小游戏；第 7 章介绍物理引擎 Box2D，以及如何在 Cocos Creator 中使用该引擎。

　　第四部分包括第 8、9 章，介绍两个实战案例。其中，第 8 章介绍一个跑酷类单机游戏的策划、准备、开发和发布的过程；第 9 章介绍一个双人对战的棋牌类游戏的策划、准备、开发和发布的过程。

　　本书由夏羽、廖雪花、朱洲森共同编写完成。另外，蒋滔参与编写了第 1、2、7 章，杨梦娜参与编写了第 4 章，廖明月和赵晨曦参与编写了第 5 章，陈元华参与编写了第 8、9 章并调试了代码，在此一并表示感谢。

　　本书可作为高等学校计算机科学与技术、软件工程、数字媒体技术等相关专业小游戏开发课程的教材，也可供对微信小游戏开发有兴趣的人员参考。希望本书能为想从事微信小游戏开发工作的读者提供一些思路与方法。

　　由于编者水平有限，加之编写时间仓促，错漏与不妥之处在所难免，真诚希望读者批评指正。

编者

2020 年 2 月

目 录

第1章 微信小游戏概述……………………1
1.1 微信小游戏简介…………………………1
1.1.1 微信小游戏的发展历史………1
1.1.2 微信小游戏的特点……………3
1.1.3 微信小游戏的意义……………4
1.1.4 微信小游戏的竞争对手………4
1.2 微信小游戏和相关技术的区别……4
1.2.1 微信小游戏与微信小程序的区别…5
1.2.2 微信小游戏与H5小游戏的区别…5
1.2.3 微信小游戏的发展前景………6

第2章 微信小游戏策划……………………7
2.1 游戏策划…………………………………7
2.1.1 游戏策划的重要性……………7
2.1.2 游戏策划的思路………………7
2.1.3 游戏策划的内容………………7
2.2 小游戏的设计思路……………………8
2.2.1 体验设计………………………8
2.2.2 利于传播的设计………………14
2.2.3 赢利设计………………………18

第3章 JavaScript 基础知识……………21
3.1 JavaScript 简介………………………21
3.2 JavaScript 的运行……………………21
3.3 JavaScript 基本语法…………………22
3.3.1 变量……………………………22
3.3.2 数据类型………………………23
3.3.3 注释……………………………29
3.3.4 分号……………………………29
3.3.5 运算符…………………………30
3.4 严格模式………………………………31
3.5 逻辑结构………………………………31
3.5.1 判断结构………………………31

3.5.2 循环结构………………………32
3.6 函数………………………………………34
3.6.1 函数的定义与使用……………34
3.6.2 函数声明………………………35
3.6.3 arguments 变量………………35
3.6.4 可选参数………………………36
3.7 对象和继承……………………………37
3.7.1 单个对象（single object）………37
3.7.2 任意键属性（arbitrary key property）……………………………38
3.7.3 引用方法（extracting method）…38
3.7.4 方法内部的函数………………38
3.7.5 构造函数：对象工厂…………39
3.8 JSON……………………………………40
3.8.1 JSON 基础……………………40
3.8.2 简单 JSON 示例………………40
3.8.3 值的数组………………………41
3.8.4 JSON 原理……………………42
3.8.5 在 JavaScript 中使用 JSON…43
3.8.6 访问数据………………………44
3.8.7 修改 JSON 数据………………45
3.8.8 转换回字符串…………………45

第4章 微信 API……………………………46
4.1 小游戏相关 API 概述…………………46
4.1.1 小游戏相关 API 简介…………46
4.1.2 微信 API 的共性………………46
4.1.3 微信 API 注意事项……………46
4.2 登录授权类……………………………47
4.2.1 用户信息………………………47
4.2.2 系统信息………………………50
4.2.3 登录……………………………51

4.2.4　授权······53
4.2.5　位置······54
4.2.6　更新······55
4.2.7　交互······56
4.3　音乐类······58
4.3.1　音频······58
4.3.2　触摸事件······61
4.4　图片类······61
4.4.1　画布······61
4.4.2　帧率······65
4.4.3　字体······66
4.4.4　图像······66
4.4.5　定时器······67
4.5　网络请求类······68
4.5.1　发起请求······68
4.5.2　WebSocket······71
4.6　数据类······74
4.6.1　开放数据······74
4.6.2　开放数据域······82
第5章　原生微信小游戏开发······85
5.1　微信原生小游戏概述······85
5.2　Canvas 相关的 API······85
5.3　了解微信开发者工具······93
5.3.1　注册小游戏账号······93
5.3.2　安装并启动微信开发者工具······93
5.3.3　小游戏开发界面······94
5.3.4　微信小游戏的文件······98
5.4　第一个微信小游戏——贪食蛇······99
5.4.1　程序开始······99
5.4.2　变量的定义······100
5.4.3　屏幕触摸的实现······101
5.4.4　游戏主类的实现······102
5.4.5　beginGame 和 initGame 函数的
　　　　实现······103
5.4.6　绘制食物与吃食物的实现······104
5.5　文件路径和资源加载······108
5.5.1　内部引用路径······108
5.5.2　资源加载······108

第6章　Cocos 引擎······109
6.1　Cocos Creator 简介······109
6.2　Cocos Creator 下载安装······109
6.2.1　版本选择······110
6.2.2　安装······110
6.2.3　测试······110
6.3　Cocos Creator 的界面······111
6.3.1　场景编辑器······112
6.3.2　控件库······112
6.3.3　层级管理器······113
6.3.4　属性检查器······113
6.3.5　资源管理器······117
6.3.6　控制台······117
6.3.7　工具栏······118
6.4　Cocos Creator 游戏开发流程······121
6.4.1　创建项目······121
6.4.2　建立基础文件夹······122
6.4.3　准备素材······123
6.4.4　创建游戏场景······123
6.4.5　添加元素······124
6.4.6　创建脚本······125
6.4.7　使用脚本控制游戏······133
6.4.8　预览游戏······139
6.5　案例——移动物体小游戏······140
6.5.1　创建项目······140
6.5.2　导入资源······140
6.5.3　创建场景······140
6.5.4　创建脚本······142
6.5.5　开发脚本······142
6.5.6　打包发布······146
第7章　物理引擎 Box2D······148
7.1　认识物理引擎······148
7.1.1　模拟物体物理运动······148
7.1.2　程序性动画······148
7.2　Box2D······149
7.2.1　Box2D 的由来······149
7.2.2　Box2D 的优点······149
7.3　刚体组成的物理世界——
　　　Box2D 核心概念······149

7.3.1 刚体 ……………………… 150

7.3.2 夹具 ……………………… 151

7.3.3 形状 ……………………… 152

7.3.4 约束 ……………………… 152

7.3.5 关节 ……………………… 153

7.3.6 世界 ……………………… 154

7.4 Hello Box2D …………………155

7.4.1 使用 Box2D Web 前的准备 … 156

7.4.2 使用 Box2D 的步骤 ………… 157

7.5 在 Cocos Creator 中 Box2D 的
简单使用 ……………………160

7.5.1 物理系统管理器 …………… 160

7.5.2 小实例——物理组件的
添加与设置 ……………… 163

7.5.3 碰撞回调 …………………… 167

7.6 案例——投篮小游戏 …………170

第 8 章 实战案例——跑酷游戏 …………174

8.1 游戏策划 …………………………174

8.1.1 游戏屏幕分辨率选择 ……… 174

8.1.2 游戏场景切换设计 ………… 174

8.2 游戏主逻辑和数值设置 …………177

8.2.1 游戏主逻辑 ………………… 177

8.2.2 数值设置 …………………… 179

8.3 资源准备 …………………………179

8.3.1 图片资源 …………………… 180

8.3.2 音频资源 …………………… 183

8.4 游戏开发 …………………………183

8.4.1 创建项目 …………………… 183

8.4.2 基础文件夹建立 …………… 183

8.4.3 资源导入 …………………… 183

8.4.4 场景建立 …………………… 184

8.4.5 开始场景界面与逻辑 ……… 184

8.4.6 游戏场景界面与逻辑 ……… 188

8.4.7 结束场景界面与逻辑 ……… 215

8.4.8 排行榜场景界面与逻辑 …… 218

8.5 打包发布与异步加载 …………229

8.5.1 打包发布 …………………… 229

8.5.2 异步加载 …………………… 231

第 9 章 实战案例——纸牌游戏 …………236

9.1 游戏策划 …………………………236

9.1.1 游戏屏幕分辨率选择 ……… 236

9.1.2 游戏场景切换设计 ………… 237

9.2 游戏主逻辑和数值设置 …………239

9.2.1 游戏主逻辑 ………………… 239

9.2.2 数值设置 …………………… 240

9.3 资源准备 …………………………241

9.3.1 图片资源 …………………… 241

9.3.2 音频资源 …………………… 242

9.4 游戏开发 …………………………243

9.4.1 工程建立 …………………… 243

9.4.2 服务器搭建与基本配置 …… 244

9.4.3 客户端场景搭建与服务器连接 … 248

9.5 打包发布与测试 …………………322

9.5.1 项目模块 …………………… 322

9.5.2 打包微信小游戏 …………… 322

9.5.3 邀请好友同玩 ……………… 324

第1章 微信小游戏概述

本章介绍微信小游戏的发展历史、特点及与其他游戏的区别，带领读者踏入微信小游戏开发的大门。

1.1 微信小游戏简介

微信小游戏是一种基于微信平台开发的、不需要从应用商店下载和安装即可使用的全新游戏应用程序。玩家体验游戏后不会在手机设备中留下残留文件，无须玩家主动删除。微信小游戏体现了"用完即走"的理念，充分节省玩家的手机设备空间，免除了玩家的后顾之忧。微信小游戏无论是开发还是使用都相当简便、快捷，同时，由于微信具有社交属性，让微信小游戏具备较强的社交传播力，玩家可以和好友一起享受游戏的乐趣。社交游戏的特点使微信小游戏的推广更加容易，且玩家黏性较高。

1.1.1 微信小游戏的发展历史

微信小游戏的发展经历了以下几个阶段。

1. 诞生

2017 年 12 月 28 日，微信更新到了 6.6.1 版本，并开放了微信小游戏的功能，首批上线了 15 种不同类型的游戏，如"跳一跳""全民大乐斗""贵州麻将"等，风靡一时，如图 1-1 和图 1-2 所示。其中，"跳一跳"最为流行，甚至在很长一段时间后玩家还在游戏中比拼排名。

图 1-1　微信小游戏发布时的新闻

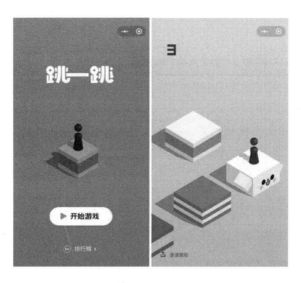

图 1-2 "跳一跳"小游戏

2．公测

2018 年 3 月下旬，微信小程序中的游戏类正式对外开放测试，但第三方微信小游戏暂时还不能对外发布。

3．开放第三方小游戏

2018 年 4 月 4 日，第三方开发者推出的微信小游戏"征服喵星"通过审核，意味着第三方微信小游戏正式发布，用户可以通过搜索或好友聊天等方式体验第三方微信小游戏。"征服喵星"小游戏如图 1-3 所示。

图 1-3 "征服喵星"小游戏

4．开发者工具发布

在微信官方文档中，微信小游戏在开放后是并入微信小程序文档中的。到 2019 年才与微信小程序分开，成为一个单独类目，如图 1-4 所示。同时，微信官方提供了完整的游戏开发 API 文档。至此，开发者可以使用官方的微信 Web 开发者工具进行自己的微信小游戏创建和发布。

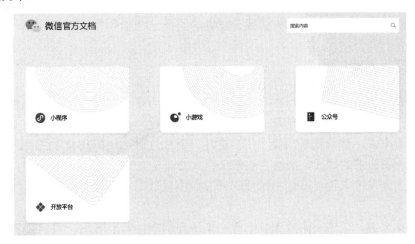

图 1-4　微信官方文档类目（2019 年 8 月）

5．游戏框架

最初官方微信小游戏开发工具仅提供了一个画布接口，所有游戏过程必须使用 JavaScript 完成，开发难度大。随后官方提供示例，可以将画布接口适配兼容某些 JavaScript 游戏框架。至此，开发者可以使用部分游戏框架进行游戏开发。随着微信小游戏的流行，目前大部分主流游戏开发框架自身的开发工具都已经支持直接创建和开发微信小游戏项目，开发者可以使用这些框架开发出专业类的游戏。

1.1.2　微信小游戏的特点

1．市场广阔

微信小游戏目前已经超过 2000 个，玩家数量超过 3.1 亿，多款产品超过千万 DAU（Day Active User，日活跃用户）级别。微信小游戏支持道具内购及流量广告两种收入方式。

2．便于传播

微信小游戏基于微信平台特性，支持分享给微信好友、群聊及好友排行榜等功能，让社交分享裂变成为可能。

3．简便快捷

微信小游戏整体开发流程简单高效，可以将想法迅速变成现实，而且其加载速度快于 H5 小游戏，达到了与原生 App 相同的操作体验和流畅度。

4．原生互动

在微信长时间的运营中，用户的好友关系已经非常成熟。微信小游戏可以直接使用现成的好友关系进行联机对战等互动行为。

5．高回报性

微信的支付功能已经深入人心，在微信上进行游戏相关内容的支付也已经非常自然。小游戏的道具内购和流量广告作为游戏开发者的回报已经非常常见。

1.1.3　微信小游戏的意义

微信小游戏的特点决定了可以建设以微信小游戏为中心的营销体系——游戏预热、用户沉淀、小游戏化营销、App 导流、品牌传播等。

对于企业来说，微信积累的庞大用户群体，能通过微信小游戏有效引流，进行产品宣传，在这个流量为王的时代，能给企业带来巨大的流量红利。

对于个人开发者来说，微信小游戏的开发成本较低，若上线后流量达标，接入广告带来的收益巨大。

对于玩家来说，微信小游戏无须下载、安装与卸载，即点即玩，简单又趣味十足，是放松心情、陶冶情操、劳逸结合的首选。同时，微信小游戏的社交性极强，且其与微信关系链捆绑，玩家可以方便地邀请微信好友或群好友进行 PK、围观等，轻松互动，充分享受与好友同玩的乐趣，因此微信小游戏受到广大微信用户的喜爱。

1.1.4　微信小游戏的竞争对手

微信小游戏与 App 手游相比，是一种更轻松休闲的方式，而重度的 App 手游以富有挑战性的玩法、沉浸式参与感给玩家带来极致的体验和深度的娱乐。前者让玩家不必顾忌游戏需要花费的时间长短，是玩家在零散时间的娱乐选择，而后者则需要玩家特别抽出一段时间进行游戏，并且不宜打断（如"跳一跳"与"王者荣耀"两款游戏的玩家体验差异）。因此，两者在整个游戏产业中分别扮演着不同的角色，竞争并不十分明显。但也有部分独立游戏 App 中的休闲类游戏向微信小游戏转化。

随着微信小程序、小游戏的兴起，其他平台也逐渐开发了各自的小程序、小游戏模块，如 QQ 小程序、百度小程序等，与微信小游戏形成了直接的竞争关系。但微信平台有用户数量庞大、稳定的优势，且在发展时间上领先于其他平台，又得益于朋友圈的兴起，用户已经接受了微信工具的社交属性，因此社交游戏的概念对于微信小游戏来说顺理成章。到目前为止，微信小游戏仍然占据着轻量级游戏的主要地位。

1.2　微信小游戏和相关技术的区别

微信小游戏是微信小程序的一个新增类目，本质上属于微信小程序。但从技术角度来看，微信小游戏又和 HTML5 小游戏（简称为 H5 小游戏）有着非常紧密的联系。实际上微信小游戏可以看成能够运行在微信小程序平台上的 H5 小游戏。但微信小游戏又不完全等同于 H5 小游戏，微信小游戏与微信小程序、H5 小游戏的关系如图 1-5 所示。

图 1-5　微信小游戏与微信小程序、H5 小游戏的关系

1.2.1　微信小游戏与微信小程序的区别

1. 申请渠道不同

在微信官方申请微信小游戏和微信小程序的渠道不同，申请完毕后不可逆转，而且同一个账号只能申请一个开发微信小游戏（或微信小程序）的权限。

2. 开发代码规则不同

微信小游戏没有微信小程序中的 WXML、WXSS、多页面等内容，但增加了渲染、文件系统及后台多线程。在微信小游戏的开发过程中，需要用到多种游戏相关的逻辑框架、引擎等技术，这些都不同于微信小程序的开发。从技术上来描述微信小游戏与微信小程序的区别如图 1-6 所示。

图 1-6　微信小游戏与微信小程序的区别

1.2.2　微信小游戏与 H5 小游戏的区别

1. H5 小游戏的定义

H5 是一系列用于制作网页互动效果的技术集合，包括移动端的 Web 页面。H5 小游戏是指基于 H5、运行于浏览器上的小游戏。此处的浏览器泛指一切可以运行 Web 页面的应用，如某些应用中内嵌浏览器内核，像淘宝 App 中的农场游戏等。

2. 微信小游戏与 H5 小游戏的对比

- 游戏逻辑开发：微信小游戏与 H5 小游戏都使用 JavaScript（或 TypeScript）代码来进行开发。
- 游戏引擎：H5 小游戏使用 H5 小游戏引擎，微信小游戏可以使用原生微信 API 开发，也可以使用适配 H5 小游戏引擎（如 LayaAir、Egret、Cocos 等）开发。

- 加载过程：微信小游戏仅通过微信客户端下载并运行，而 H5 小游戏在任何支持 H5 技术的浏览器中均可运行。具体的加载过程对比如图 1-7 所示。

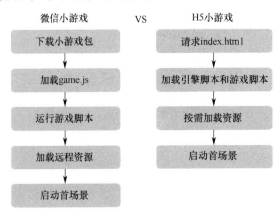

图 1-7 具体的加载过程对比

- 游戏 API：H5 小游戏使用浏览器 API（H5 规范），微信小游戏使用微信小游戏 SDK/JavaScript API（如 Canvas、WebGL）。
- 运行环境：H5 小游戏运行于浏览器（Web View）中，如 Web Core、JavaScript Core/V8；微信小游戏运行于微信移动端，但其内核依旧是浏览器，如 iOS（JavaScript Core）、Android（V8）、JavaScript Binding（Objective-C/Java API）。
- 移动端操作系统：微信小游戏与 H5 小游戏都需要操作系统（如 iOS、Android）提供场景渲染和网络性能等功能的支持。

微信小游戏与 H5 小游戏的关系如图 1-8 所示。

图 1-8 微信小游戏与 H5 小游戏的关系

1.2.3 微信小游戏的发展前景

微信小游戏比微信小程序更具游戏性，需要更多的渲染、文件系统、多线程的支持。微信小程序比 H5 小游戏性能更高、运行更稳定，而且增加了微信的社交能力，可调用微信原生用户、转发、支付、文件等接口。因为微信小游戏具有良好的变现能力和较大的变现空间，以微信小游戏为中心的商业模式正在兴起。

目前微信小游戏的商业模式已经成为一个微信官方主导、多方共同开发的独立游戏生态模式，发展前景良好。了解微信小游戏的前世今生及其主要优势后，下一章开始正式进入微信小游戏的开发世界。

第 **2** 章 微信小游戏策划

本章主要介绍微信小游戏（以下简称小游戏）策划的一般性原则，从游戏体验、利于传播及赢利等方面考虑小游戏的设计与策划，在进行实际开发前对待开发的小游戏有一个整体把握。

2.1 游戏策划

2.1.1 游戏策划的重要性

对于一场活动来说，它的成功与否很大程度上取决于其是否有一份计划书，计划书是否系统、周密，是否充分考虑了各种影响因素；而对于一个游戏来说，它的成功，除了后期的开发测试工作，很大程度上也取决于其策划方案的完善和周密程度。

游戏策划对游戏开发来说十分重要。一个好的游戏策划，能让一个游戏在推广前期就站稳脚跟，迅速发展。一个优秀的游戏策划，甚至能够指引游戏市场的前进方向，成为同类游戏打入市场的最快速、最适宜、最易发展的路线指导理论。而缺乏优秀策划的游戏，大多"石沉大海"，难以进入主流市场。

2.1.2 游戏策划的思路

策划一个游戏一般有两种思路。第一种是模仿现有流行游戏中的元素。流行游戏之所以流行，是因为大部分玩家都认可其游戏过程，其中必然有吸引玩家之处。提取这些元素，并加以利用，是策划游戏的思路之一。

另一种思路是抛弃现有游戏的套路，设计出完全创新的游戏。大部分创新游戏都来源于详细、周密的游戏前期调研与策划，需要找出其他游戏流行的内在原因，挖掘其他游戏的不足之处，发扬其他游戏的优势并弥补其不足之处。

> **注意**
>
> 游戏策划人员必须热爱游戏，接触过各种各样的游戏，包括成功的游戏和失败的游戏。成功游戏的模仿者太多，如果仅模仿其成功的经验，很难开发出真正意义上的创新游戏。在不流行的游戏中也有很多有趣的元素，如果能挖掘这些游戏中有趣的元素，并深度分析其未流行的原因，会有较大机会策划出优秀的游戏。

2.1.3 游戏策划的内容

游戏策划包括两部分内容：研发策划与运营策划。两者相辅相成，缺一不可。

研发策划包括游戏的数值策划、文案策划、美术策划、执行策划等，这些策划组成一个游戏的主要内容。好的研发策划代表游戏本身拥有好的设计，能使玩家在进入游戏的前期被牢牢吸引住。运营策划包括游戏的活动策划、宣传策划等，主要是指在游戏的宣发时期吸引玩家进入游戏，并在游戏后期给出留住玩家的设计。

优秀的策划和技术团队是一个游戏成功的基石，如"王者荣耀"，虽然经常被玩家"吐槽"，但其研发策划水平确实很高，这也是它经久不衰的原因之一；而市场上也能看到一些"好玩不火"的游戏，其原因可能是运营策划水平不足，如"风暴英雄"，这个游戏有强大的策划和技术团队，但一直不温不火。

下面结合微信官方团队的建议，介绍小游戏的设计思路。

2.2　小游戏的设计思路

2.2.1　体验设计

1．玩法上的创新——操作体验

小游戏的玩法主要包括小游戏机制、小游戏与玩家之间的互动形式。

（1）小游戏机制

小游戏机制是小游戏系统最基本的构成要素。

小游戏最基本的机制是"胜负与奖惩机制"，也是小游戏的核心机制（不仅小游戏，还包括几乎所有游戏）。在小游戏中玩家需要正反馈（胜利与奖励）与负反馈（失败与惩罚）。

决定小游戏时间流逝规则的机制包括回合制、半回合制/半即时制、即时制。回合制小游戏要求每个玩家只能按照回合行动，在一方的回合中，另一方完全静止，代表作品有"仙剑奇侠传""梦幻西游"等；半回合制/半即时制小游戏允许玩家在特定情况下能在对方回合中下达指令或进行托管，代表作品有"古剑奇谭2""三国杀"等；即时制小游戏要求玩家实时操作，与对手进行实时对战，代表作品有"星际争霸""王者荣耀"等。

除此之外，小游戏机制还包括空间移动方式、观察视角、小游戏对象的状态改变、角色扮演、风险奖励、随机机制、劣势补偿、解谜机制、社交机制等。

（2）小游戏与玩家之间的互动形式

小游戏与玩家之间的互动形式，就是多个小游戏机制相结合而产生特殊作用的效果，体现在玩家与小游戏的交互中形成了一个游戏的"玩法"。不同的小游戏机制组成的"配方"产生了不同类型的小游戏，因此小游戏分类（Game Genre）也可称为小游戏与玩家之间互动形式的分类。现在小游戏市场上的"动作冒险类""第一人称射击类""角色扮演类""体育竞速类"等分类，就是著名的经典机制配方。

一个小游戏的玩法在某种程度上体现了一个小游戏的好玩程度，因此也称为"游戏性"。在小游戏设计时，沿用小游戏经典机制配方并在其基础上进行创新是很普遍且有效的做法。在多种小游戏机制的搭配上进行创新，甚至设计新的小游戏机制，是小游戏玩法创新中的重要部分。创新的玩法会让小游戏玩家眼前一亮，拥有创意的玩法更容易让小游戏脱颖而出，许多小游戏成功的关键也在于此。

开发者在设计小游戏玩法时，可以围绕以下 4 个基本要素不断地打磨体验和调整难度，从而优化玩家的沉浸感和心流体验。

- 目标：设置明确的获胜条件。
- 规则：制定清晰的小游戏规则。
- 反馈系统：对玩家操作及时响应，给予激励反馈。
- 自愿参与：当玩家清楚了以上三点后，可以继续自发地进行游戏。

心流体验是指玩家集中精神、完全投入某事物中时的感觉体验。小游戏心流体验示意图如图 2-1 所示。

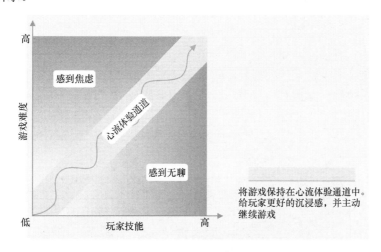

图 2-1　小游戏心流体验示意图

在经典玩法上创新的"五子棋大作战"如图 2-2 所示。

图 2-2　在经典玩法上创新的"五子棋大作战"

2. 剧情上的创新——代入感体验

游戏的剧情设计也是游戏设计的重要部分，有一段扣人心弦的故事是游戏获得成功的关键因素。例如，大型 PC 端游戏有"使命召唤"系列、"质量效应"系列、"底特律：变人"等，手机游戏有"这是我的战争""勇敢的心：伟大战争""生命线"等。

在着手设计剧情内容前，应先确定游戏的主题。具有一般性、共性主题的游戏剧本更契合有不同文化背景的大众玩家，如爱情主题、战争主题等，容易引起大众玩家的共鸣。游戏主题确定后，还需要设计游戏的风格。

📚 注意

在一个游戏中，游戏从开始到结束，从人物到剧情，保持风格的一致是非常重要的。例如，在非特殊情况下，一个游戏人物不应该说超出其背景设定所在历史时期的语言。

创新的剧情会让玩家更加沉浸在游戏创造的故事中，开发者在设计剧情时，可以围绕以下 4 个要素展开。

- 背景设定：创造专属的、独特的故事背景。
- 角色带入：刻画游戏角色的个性，给玩家以代入感。
- 剧情递进：丰富情节或突然反转，提供支线剧情，让玩家产生探索欲望。
- 情节发散：给玩家留有可以自行发挥和想象的情节空间。

如图 2-3 所示，手机游戏"生命线"主打实时交互与具有极强代入感的剧情。该游戏没有太多游戏画面，却通过极强的氛围营造能力，带给玩家独特的剧情体验及全新的沉浸感受，激发了许多科幻迷玩家的兴趣。

图 2-3　手机游戏"生命线"

3．美术上的创新——视觉体验

突破固有风格的美术创新可以吸引玩家的注意，包括对 UI 界面、色彩、原画、风格、氛围和特效等进行美术创作。

例如，小游戏"蛇它虫"采用"皮影戏"和"剪纸"等传统艺术元素，浓浓的中国风让传统的推箱子游戏焕发新的生机，如图 2-4 所示。

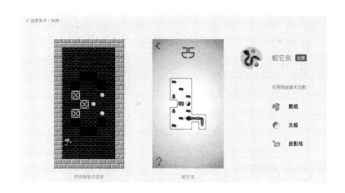

图 2-4　小游戏"蛇它虫"

4．音乐上的创新——听觉体验

切合游戏内容的背景音乐和音效（如原创、古典音乐、打击乐、乐器合成、自然采集等），可以提升游戏的沉浸感。

例如，小游戏"木水火土"的背景音乐采用了空山鸟鸣声，操作音效采用悦耳的木鱼声，营造了禅意的游戏氛围，让玩家更享受汉字组合的乐趣，如图 2-5 所示。

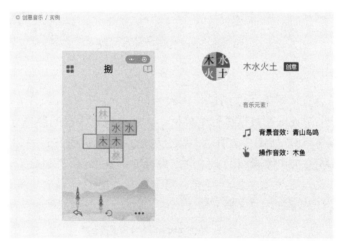

图 2-5　小游戏"木水火土"

5．新手引导

一个游戏需要设计良好的新手引导内容，使玩家在游戏中有比较清晰、流畅的游戏体验。设计新手引导内容需要注意以下几点。

- 渐进式的游戏引导教程：如果游戏玩法较为复杂，新手引导应该分为几个步骤，使玩家一步步熟悉游戏的玩法。
- 简洁易懂的玩法演示教程：游戏教程应让玩家边玩边学，不可使用大量文本来描述游戏规则。
- 教程应有明确的入口：如果玩家选择重新学习游戏规则，应该有清晰的路径可以让其轻松找到。

- 告知玩家必要的游戏规则：玩家通过引导能了解游戏规则，但不需要把所有的技巧都罗列出来，让玩家失去探索游戏的乐趣。
- 在有需求时引导：玩家在游戏过程中产生需求（如第一次进入某关卡或需要玩家进行新的操作）时，是进行引导的最佳时机，如图 2-6 所示。

图 2-6　简单易懂的动画教程

6．界面布局

游戏界面布局会直接影响玩家的操作体验。

微信官方基于小游戏玩家数据进行了分析，大部分玩家手机的屏幕分辨率比例为 9∶16（数据截至 2019 年 7 月），如图 2-7 所示。综合考虑屏幕分辨率占有率和设计稿通用性，建议选择 4.7 英寸屏幕的 750 像素×1334 像素作为设计稿基准值，并以此对其他设备尺寸进行等比缩放。对于特殊设备类型，如刘海屏，可专门提供独立的兼容方案进行优化。不同手机屏幕分辨率的设计基准如图 2-8 所示。

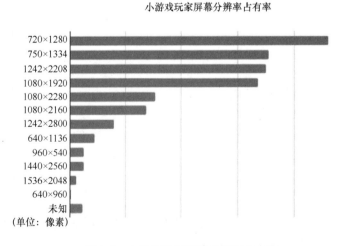

图 2-7　小游戏玩家屏幕分辨率占有率

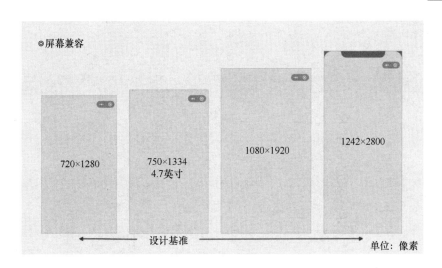

图 2-8　不同手机屏幕分辨率的设计基准

除了屏幕分辨率和比例，还需考虑横屏与竖屏的选择问题。大部分动作类游戏和实时游戏需要玩家完全沉浸式的交互和较大的横向空间，一般以横屏为主，如传统横屏过关类游戏"极品分车"系列、"王者荣耀"等。而休闲益智类游戏，为了方便单手操作，一般以竖屏为主，如"开心消消乐""2048"等。选择横屏和竖屏决定了游戏后续的布局与资源设计等，需要仔细斟酌。根据玩家持手机的方向不同自动切换横屏与竖屏的小游戏并不多见，且在切换横屏与竖屏时，游戏会有短暂的停顿和明显的重新布局操作。若没有非常迫切的需求和充分的理由，不建议采用自动切换横屏与竖屏的方式。

另外，对于页面内部的功能布局，一般可将游戏界面划分为不同的功能区。对于小游戏而言，不需要过多的复杂操作，设计时只需参考游戏操作中的拇指热区即可。微信官方对拇指操作热区给出的参考如图 2-9 所示，屏幕区域划分建议（以 750 像素×1334 像素为例）如图 2-10 所示。

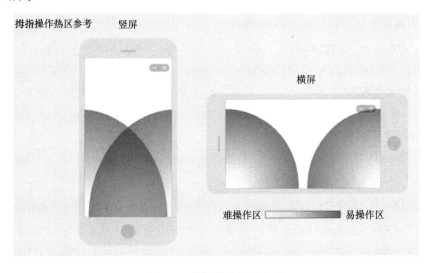

图 2-9　拇指操作热区参考

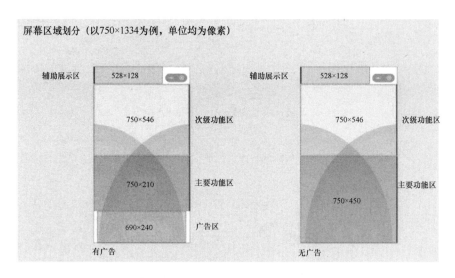

图 2-10　屏幕区域划分建议（以 750 像素×1334 像素为例）

7．游戏场景的衔接

一般微信小游戏是由几个游戏场景（或称为屏幕）衔接在一起的。玩家的游戏过程实际上就是在这些场景之间切换的过程。一个完整的游戏应包含游戏初始屏幕、游戏介绍、游戏引导、正式游戏、游戏结束（成功或失败）等场景。除此之外，还可能包含游戏暂停、游戏断线重连、游戏排行榜等场景。

在游戏策划阶段，需要确定游戏所包含的场景及各场景之间切换的流程，并初步画出场景之间切换的流程图草图。也可以在游戏策划阶段画出每个界面的大体布局图，以及场景切换的具体方案。

2.2.2　利于传播的设计

1．多人玩法、观战——玩家在线互动

小游戏无须下载，在微信内便于传播，非常适合采用邀请好友参与的多人互动玩法，通过邀请好友参与游戏的方式可以增加玩家数量。开发者可以设计好友间的对战或组队功能，提高游戏的社交传播能力。对于分享到微信群内的结构化消息，如果人数状态有变化，可接入动态结构化消息，增加消息吸引力，同时避免挫败感。多人玩法游戏示例如图 2-11 所示。

针对分享到微信群内的邀请卡片，增加观战/战局回顾功能，可能转化微信群内未及时参与对战或组队的好友。小游戏"跳一跳"对战模式中的观战功能如图 2-12 所示。

2．排行榜、群排行——游戏互动

排行榜是小游戏必不可少的元素，好友间的对比能够有效激发玩家的游戏动力和传播动力。微信内除了好友关系，还存在群关系，小游戏针对群内成员生成排行榜，能有效调动游戏话题，扩大游戏的传播范围。排行榜示例如图 2-13 所示。

图 2-11　多人玩法游戏示例

图 2-12　"跳一跳"对战模式中的观战功能

图 2-13　排行榜示例

3．分享节点选择与分享功能设计——游戏有效传播

开发者要想引导玩家分享游戏应设置合理的分享节点。开发者要充分关注分享功能的设计，以达到更好的传播效果。分享操作应是玩家的真实意愿表达，不能通过利诱（包含道具利诱）、强制等方式进行，通过玩法、进度等巧妙设计，与玩家情感、认知、人设呼应，激发玩家分享欲望。分享节点示例如图 2-14 所示。

图 2-14　分享节点示例

4．留住玩家的设计

（1）为用户设计不同周期的目标

在游戏中为玩家设计不同周期的目标，能让玩家有动力再次进入游戏。也可以为游戏设置单次、每日、每周或更长期的目标，添加成就系统。目标应围绕游戏的主线展开，在进行游戏主要进度的同时，为玩家提供达成成就的乐趣。"王者荣耀"的成就系统如图 2-15 所示。

图 2-15　"王者荣耀"的成就系统

（2）周期性的冲榜目标

设置排行榜时，可以通过"更新周期"字段设置排行榜的清除周期，设置周期性的冲榜目标。在每次玩家发生超越、登顶事件时重新引起讨论。排行榜选项示例如图 2-16 所示。

"跳一跳"的榜单更新如图 2-17 所示。

图 2-16　排行榜选项示例　　　　　　图 2-17　"跳一跳"的榜单更新

长期的收集性目标也能够增加游戏趣味性，在游戏中设置收集图鉴，容易使玩家不断回到游戏，享受收集带来的满足感，如"口袋妖怪"系列的怪兽图鉴，"王者荣耀"的英雄、皮肤、头像，"天天飞喵"的伙伴、对手图鉴。小游戏"天天飞喵"的收集元素如图 2-18 所示。

图 2-18　小游戏"天天飞喵"中的收集元素

（3）创造更多特殊的游戏目标

特殊的游戏目标可以使游戏内容更加丰富，增加游戏的趣味性，从而带给玩家惊喜感。除游戏目标外，还可以借助成就系统、道具系统等为玩家设置更多主线之外的趣味目标。例如，引导玩家完成特殊的挑战或彩蛋奖励，并给予玩家额外奖励。"红点杀手"的彩蛋奖励如图 2-19 所示。

图 2-19 "红点杀手"的彩蛋奖励

（4）维护玩家关系

小游戏中的玩家关系是指开发者可通过配置游戏圈、游戏客服等沟通渠道，收集玩家反馈并与玩家互动，从而建立起与玩家之间的沟通。与玩家的沟通是游戏运营的重要环节，开发者根据玩家反馈调整游戏系统的设计，提高玩家的满意度，将使玩家更愿意持续投入游戏中。

开发者可以通过微信官方的游戏圈组件，在小游戏中为玩家提供游戏交流、用户互动、反馈收集等社区功能。"星途 WeGoing"的游戏圈如图 2-20 所示。

2.2.3 赢利设计

1. 虚拟支付

游戏中商业系统的设计是开发者获得利润不可或缺的部分，设计得当可提升核心玩家的游戏体验。而引导玩家进行虚拟消费的方式多种多样，如角色和皮肤的解锁、游戏币充值、功能性道具购买、周期性增值服务（如 VIP、月卡）、抽奖活动等。"欢乐斗地主"的游戏币充值如图 2-21 所示。

2. Banner 广告

Banner 广告（横幅广告，也称为旗帜广告），是网络广告中最早、最常见的广告形式。在微信平台上，广告是大部分小程序、小游戏进行商业化变现的重要

图 2-20 "星途 WeGoing"的游戏圈

途径。微信官方对 Banner 广告位置的建议是在游戏开始页面、排行榜页面、结算页面的底部插入广告，如图 2-22 所示，在这些位置插入广告能增加广告的曝光机会。

图 2-21　"欢乐斗地主"的游戏币充值

图 2-22　适用小游戏场景的 Banner 广告位置

3．激励式视频广告

激励式视频广告运作的方式是玩家在小游戏中主动触发广告，并达成奖励下发标准——完整播放广告视频并手动单击"关闭广告"按钮，将获得该小游戏下发的奖励（激励式视频广告目前仅对微信小游戏开放），如图 2-23 所示。

4．注意广告的规范

广告的引入涉及商业、法律等多个领域，在引入广告前，开发者必须充分了解相关领

域的知识，并研读微信官方对小程序、小游戏广告的应用规范及违规处罚信息，如图 2-24
所示。

开发者在小游戏中自定义广告入口与奖励内容　　　视频广告自动静音播放，播放完毕后可关闭广告　　　用户播放完视频，并手动点击"关闭广告"按钮
　　　用户手动点击入口，触发广告　　　　　　　　　　点击广告卡片外跳至落地页　　　　　　　　　　返回小游戏下发奖励内容

图 2-23　激励式视频广告的运作方式

图 2-24　应用规范及违规处罚

第 3 章　JavaScript 基础知识

本章从基本语法、逻辑结构、函数、对象与继承及 JSON 对象等方面介绍 JavaScript 编程语言基础，这是开发微信小程序和微信小游戏的语言基础。

3.1　JavaScript 简介

JavaScript 是 Web 前端的主要编程语言。微信小程序和微信小游戏都使用 JavaScript 作为主要编程语言。实际上，这个语言的标准称为 ECMAScript（简称 ES）。因为"Java"已经被注册为商标（原属于 SUN 公司，后被 Oracle 公司收购）。目前，只有 Mozilla（即 Firefox 浏览器的开发公司）被正式允许使用"JavaScript"。但 JavaScript 这个名字已被广泛使用。ES 有不同的版本，目前最流行的版本是 ES6，但不是所有浏览器（包括微信小程序和微信小游戏的运行环境）都支持 ES6 的全部特性。与 Web 前端开发相比，游戏开发（特别是使用游戏引擎）过程中完全可以不使用高级的 ES6 技巧，只需掌握基本的 JavaScript 语法即可，更重要的是理解微信 API 和游戏引擎 API，并掌握其调用方法。

除 ES 外，前端 JavaScript 开发还包括其他如 DOM（Document Object Model）和 BOM（Browser Object Model）等，但在微信小游戏的开发过程中不会涉及，本书不再赘述。对于完全没有 JavaScript 开发经验的读者，通过学习本章可以掌握基本的 JavaScript 语法和用法，以满足小游戏的开发需求。

3.2　JavaScript 的运行

为了学习 JavaScript，必须亲自编写代码并运行它。而要编写和运行 JavaScript 代码，首先将这些 JavaScript 代码保存为单独的文件，并以 js 作为扩展名，这样的文件称为 JavaScript 脚本；然后创建一个标准的 HTML 文件，并在 HTML 文件中引用该脚本；最后在浏览器中打开 HTML 文件，即可运行。考虑到这种方法对初学者来说相对烦琐，而且在实际的小游戏开发中，并不需要在 HTML 文件中引用 JavaScript 脚本，本章介绍一种简单的 JavaScript 运行方法，即直接在浏览器的调试窗口中输入示例代码来运行。

打开一个浏览器，如 Firefox、Edge 或 Chrome（一般不推荐用 IE 浏览器进行 JavaScript 测试），按 F12 键，打开浏览器调试窗口。一般默认位于浏览器窗口下方，切换到 Console（控制台）调试窗口即可在其中输入并运行 JavaScript 代码。图 3-1 所示为在 Chrome 浏览器中打开 Console 调试窗口的示例。如果在当前 Console 调试窗口中有错误信息干扰查看当前运行结果，可以使用 Ctrl+L 组合键对已有输出信息进行清除。

图 3-1　在 Chrome 浏览器中打开 Console 调试窗口

在 Console 调试窗口中的"＞"提示符后输入 JavaScript 代码，按 Enter 键即可直接运行，如图 3-2 所示。如果代码执行后有返回值，则在"＜"提示符后直接输出。

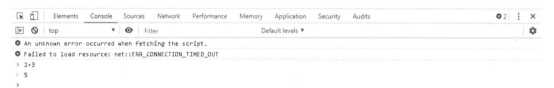

图 3-2　在 Console 调试窗口中直接运行 JavaScript 代码

在本章后续内容中，"＞"提示符后的内容表示输入的内容，"＜"提示符后的内容表示输出的内容，并且在代码展示过程中省略了部分无关的输出内容。

3.3　JavaScript 基本语法

3.3.1　变量

和 C、C++、Java 等静态语言不同，JavaScript 的变量是没有类型的，声明变量时不需要指定数据类型，而是直接使用 var 关键字声明。例如：

```
var foo;
```

也可以在同一行中声明多个变量，不同变量之间使用逗号分隔。例如：

```
var foo, bar;
```

变量名的第一个字符可以是任何 Unicode 字符、美元标志符（$）或下画线（_），但不能是数字；其余字符可以是任意字符或数字。合法的变量名的例子有：foo1、_cwnd、$tag、 π。其中，π 是 Unicode 字符。然而由于有些字符难以输入，因此一般不推荐使用字母、数字、$和下画线以外的字符作为变量名。除此之外，有一些标识符被 JavaScript 作为关键字使用，也不能作为变量名，例如：

arguments，break，case，catch，class，const，continue，debugger，default，delete，do，else，enum，eval，export，extends，false，finally，for，function，if，implements，import，in，instanceof，interface，let，new，null，package，private，protected，public，return，static，super，switch，this，throw，true，try，typeof，var，void，while，with，yield

有些标识符不是关键字，但也不推荐作为变量名，例如：

Infinity，NaN，undefined，class，import，super

使用 var 声明的变量会提前声明，所有通过 var 声明的变量无论其在程序中的哪个位置，都会被提前到所在代码块的开头。因此，在使用 var 声明变量前就可以使用该变量，且变量可以重复声明。程序清单 3-1 展示了如何使用 var 声明变量。

程序清单 3-1　使用 var 声明变量

```
> function foo(){
      console.log("bar is", bar); //bar 在实际声明前就可以使用
      var bar = 3;
      console.log("bar is", bar);
      var bar = 6; //bar 可以重复被定义
      console.log("bar is", bar);
      if(true) {
          var bar = 10; //使用 bar 定义的局部变量和外面的变量实际是同一个变量，改变
了局部变量的值，外面的值也会改变
          console.log("bar in if is", bar);
      }
      console.log("bar out of if is", bar);
  }
> foo()
< bar is undefined
< bar is 3
< bar is 6
< bar in if is 10
< bar out of if is 10
```

除了 var，使用 let 关键字也可以声明变量。与 var 完全不同，使用 let 声明变量不会提前声明，也不能重复定义，也不会与作用域外的变量合并。因此在实际使用时，更推荐使用 let 声明变量。

const 关键字可以用来声明一种特殊的变量，在声明时必须给变量赋初值，且之后也不能改变变量的指向，这种特殊的变量称为常量。如果给一个常量二次赋值，会出现错误。

3.3.2　数据类型

JavaScript 声明变量虽然不用声明类型，但数据是有类型的。一旦给变量赋值后，变量就指向了某个类型的数据，但给变量重新赋值可以改变其指向的数据类型。赋值是指使用赋值运算符 "=" 将符号右边的值赋给左边的变量，或者使左边的变量指向右边的值。

例如：

```
foo = 3;
```

变量的声明和赋值可以同时进行。例如：

```
var foo = 3;
```

JavaScript 的数据类型主要分为原始数据类型和对象类型两种。下面介绍数据类型的相关知识。

1. 原始数据类型

原始数据类型主要包括 boolean、number、string、null、undefined 和 bigint。

- boolean：布尔类型只能取 true 和 false 两个值，分别表示"真"和"假"。
- number：数值类型主要包括整型（如 3）和浮点型（如 3.0）。JavaScript 中所有的数字都是浮点数，但某些 JavaScript 引擎内部也有整数。

📖 注意

> 某些数字非常特殊，如 NaN 表示 not a number；+Infinity 表示正无穷大，−Infinity 表示负无穷大；0 分正负，但在实际使用时几乎没有差别。number 表示浮点型数字时会存在数据精度问题。

- string：字符串类型表示文本数据，通常通过字符串字面值来创建。字面值是使用单引号或双引号括起来的字符，如'hello'或"hello world"。字符串类型是一种特殊的原始数据类型，它具有很多属性和方法，下面将单独介绍。
- null：空类型只能取一个值 null，表示对象未初始化，它和空对象{}不同。
- undefined：未定义类型表示一个变量在声明时未初始化。
- bigint：表示任意精度的整数。使用 bigint 类型可以安全地存储和操作大整数。bigint 数值可以通过在整数末尾附加 n 来表示，如 9007199254740992n。bigint 不能和普通数值类型混合运算，但可以和普通数值类型比较大小。

程序清单 3-2 展示了原始数据类型。

程序清单 3-2 原始数据类型

```
> var foo = true; //定义 foo 变量，并且将 foo 赋值为布尔类型
> foo
< true
> foo = 3; //将 foo 变量赋值为整型
< 3
> foo = 3.0; //将 foo 变量赋值为浮点型
< 3
> foo = 'hello'; //将 foo 变量赋值为字符串类型
< "hello"
> foo = null; //将 foo 变量赋值为空类型
< null
> foo = undefined; //将 foo 变量赋值为未定义类型
< undefined
> foo = 90071992540992n; //将 foo 变量赋值为 bigint 类型
< 90071992540992n
> foo + 3 //bigint 类型和数值类型进行加法运算
```

```
< Uncaught TypeError: Cannot mix BigInt and other types, use explicit conversions
//出现异常
> foo > 999999 //比大小
< true
```

2．字符串类型

字符串是一组以 16 位的无符号整数值作为"元素"的序列。在字符串中，每个元素占字符串的一个索引位置。第一个元素的索引为 0，第二个元素的索引为 1，以此类推。字符串的长度是其中元素的数量，可以通过 length 属性获取。

字符串类型有大量的方法可以简化字符串的使用。例如，charAt(index)返回指定位置的字符；indexOf(str,index)返回指定字符串在原字符串中从指定位置开始首次出现的位置；substring(index1,index2)返回 index1 和 index2 指定位置之间的子字符串，但不包含 index2 所指向的字符；split(str)返回以指定字符为分隔符将原字符串进行分隔后所形成的字符串。

程序清单 3-3 展示了字符串类型的用法。

程序清单 3-3　字符串类型

```
> var foo = 'hello';  //使用单引号字面值定义字符串变量
> var bar = "world"; //使用双引号字面值
> var foobar = foo + " " + bar; //使用+连接不同字符串
> foobar
< "hello world" //输出 foobar 的值
> foobar.length //使用 length 属性获取字符串长度
< 11
> foobar.charAt(7)  //使用 charAt 获取单个字符
< "o"
> foobar.indexOf('l') //获取子字符串的位置
< 2
> foobar.lastIndexOf('l') //获取最后一个子字符串的位置
< 9
> foobar.indexOf('oo') //试图查找不存在的字符串位置
< -1 //不存在的子串将返回位置-1
> foobar.substring(7, 9) //获取子字符串
< "or" //结果不包含位置为 9 的字符 l
> foobar.split(' ') //使用空格分隔字符串
< (2) ["hello", "world"] //获得两个字符串的数组
```

3．对象类型

在 JavaScript 中，所有非原始数据类型的值类型都是对象类型。对象类型也称为引用类型。常见的对象类型有以下几种。

（1）简单对象类型（Object）

简单对象可以看成一组属性的集合。属性可以看成对象中的变量，通过属性名指向不同的值类型。例如，在程序清单 3-4 中定义了一个对象并用变量 obj 引用了这个对象，该对象有两个属性，一个为 name，指向的类型为字符串；另一个为 age，指向的类型为数值。使用"对象名.属性名"的方式可以访问对象的属性。

程序清单 3-4　对象和属性

```
> var obj = new Object();
> obj.name = "Kitty"; //为对象增加属性
< "Kitty"
> obj.age = 21; //为对象增加属性
< 21
> obj.age //访问对象的属性
< 21
```

如果将属性指向一个函数，会为这个对象创建一个方法。例如，程序清单 3-5 为 obj 对象定义了一个名为 showInfo 的方法，并通过"对象名.方法名"的方式调用了该方法。

程序清单 3-5　对象和方法

```
> obj.showInfo = function () { //为对象定义方法
      console.log(this.name + "," + this.age);
  };
> obj.showInfo(); //调用对象的方法
< "Kitty",21
```

（2）数组（Array）

数组可以用一个变量指向一系列的值，每个值称为数组的一个元素，元素可以是任何数据类型。数组对象提供了 length 属性用于获取当前存储的元素的个数。此外，数组对象提供了丰富的方法，用于对元素进行各种操作。例如，join(sep)根据指定的分隔符把数组中的元素连接成一个字符串，sort 对数组中的元素进行排序，push(element)向数组最后增加新的元素，remove(index,count)删除数组中从指定位置开始数量为 count 个的元素。程序清单 3-6 展示了数组类型。

程序清单 3-6　数组类型

```
> var nums = new Array(3); //创建一个初始容量为 3 个元素的数组
> nums[0] = 1; //为数组的第 1 个元素赋值，数组下标是从 0 开始的
< 1
> nums[1] = 6; //为数组的第 2 个元素赋值
< 6
> nums[2] = 3; //为数组的第 3 个元素赋值
< 3
> nums.length
< 3 //输出数组长度
> nums.push(100, -3, -2)
< 6
> nums
< (6) [1, 6, 3, 100, -3, -2]        //输出数组长度和每个元素
> nums.splice(3, 2)                  //删除从第 3 个元素开始的 2 个元素
< (2) [100, -3]                      //输出被删除的元素
> nums
< (4) [1, 6, 3, -2]                  //输出数组中剩余的元素
> nums.join('&')                     //使用&符号连接所有数组元素
< "1&6&3&-2"                         //输出类型是字符串
> nums.sort()                        //对数组中的元素进行排序
< (4) [-2, 1, 3, 6]
```

（3）函数（Function）

函数也是一种对象类型，将在 3.6 节中介绍。

（4）日期（Date）

日期（Date）用于表示日期和时间。如程序清单 3-7 所示，创建日期对象并输出当前时间。

程序清单 3-7　日期对象

```
> var now = new Date();
> console.log(now.getHours() + ":" + now.getMinutes() + ":" + now.getSeconds());
< 16:44:14
```

（5）正则表达式（RegExp）

正则表达式是以"/"开始、以"/"结尾的一个表达式，用于匹配字符串。例如，/^a.*b$/ 表示所有以字母 a 开头，以字母 b 结尾，中间可以是零个或多个任意字符的字符串。

4．包装类型

每个原始数据类型都有一个关联类型，称为包装类型。包装类型将原始数据类型的每个单词的首字母大写。例如，布尔类型的包装类型是 Boolean，数值类型的包装类型是 Number。包装类型可以生成实例，它们的实例是对象类型，但实际使用时很少使用这些对象。包装类型最常见的作用是作为函数调用并将值转换为原始数据类型。程序清单 3-8 展示了包装类型的用法。

程序清单 3-8　使用包装类型进行类型转换

```
> Number('123')          //将字符串类型转换为数值类型
< 123
> Number(true)           //将布尔类型转换为数字类型
< 1
> String(false)          //将布尔类型转换为字符串类型
< "false"
```

5．获取数据类型

由于在声明变量时不需要指定其类型，同时可以给变量赋不同类型的值，因此需要知道变量现在所指向的值的类型。这通过使用 typeof 运算符可以实现。typeof 是一个一元运算符，以字符串的形式返回其后数据的类型。程序清单 3-9 展示了 typeof 的用法。

程序清单 3-9　使用 typeof 获取数据类型

```
> var foo = undefined;
> typeof foo
< "undefined"
> foo = null;
> typeof foo
< "object" //返回"object"是 JavaScript 的一个 bug，从未被修复
> foo = true;
> typeof foo
< "boolean"
> foo = 3;
> typeof foo
```

```
< "number"
> foo = 3.1;
> typeof foo
< "number"
> foo = new Object();
> typeof foo
< "object"
> foo = new Array();
> typeof foo
< "object" //数组也是对象类型
```

6. 原始数据类型与对象类型的区别

原始数据类型和对象类型的区别主要有以下 3 点。

（1）如何比较两个值是否相等

比较原始数据类型是比较内容是否相等；而比较对象类型是比较两个对象是否为同一个对象。程序清单 3-10 展示了二者的区别。

程序清单 3-10　原始数据类型和对象类型的区别

```
> var foo = 123;
> var bar = 123;
> foo == bar
< true //对于原始数据类型，只要值相等就相等
> foo = 'hello world';
> bar = 'hello' + ' ' + 'world';
> foo == bar
< true //字符串也可以直接通过==运算符进行比较
> var obj1 = new Object();
> var obj2 = new Object();
> obj1 == obj2
< false //对于对象类型，即使都是空对象，它们也不相等
> var arr1 = [1,2,3];
> var arr2 = [1,2,3];
> arr1 == arr2
< false //对于数组类型，即使它们的元素都相等，两个数组也不相等
> var arr3 = arr1; //将变量 arr3 指向和 arr1 同一个对象
> arr1 == arr3
< true //对象类型只和自己相等
```

（2）是否可以修改、添加和删除属性

原始数据类型的固有属性是无法添加和删除的，也无法修改其值；而对象类型可以添加、删除属性，也可以修改属性的值。程序清单 3-11 展示了二者属性的区别。

程序清单 3-11　原始数据类型属性和对象类型属性的区别

```
> var str = 'hello';
> str.length = 10; //试图修改原始数据类型固有属性
< 10
> str.length
< 5 //属性修改失败
> str.attr = 10; //试图向原始数据类型添加属性
```

```
< 10
> str.attr
< undefined //属性添加失败
> delete str.length //试图删除原始数据类型属性
< false
> str.length
< 5 //属性删除失败
> var obj = new Object();
> obj.attr = 5; //试图向对象类型添加属性
< 5
> obj.attr
< 5 //属性添加成功
> obj.attr = 10; //试图修改对象类型属性的值
< 10
> obj.attr
< 10 //属性修改成功
> delete obj.attr //试图删除对象类型的属性
< true
> obj.attr
< undefined //属性删除成功
```

（3）固定和可扩展

原始数据类型是固定的，开发者无法创建新的原始数据类型；而对象类型是可以扩展的，通过构造函数可以定义新的对象类型。

3.3.3　注释

注释是指对代码的解释，不会被程序执行。JavaScript 主要有两种注释：单行注释和多行注释。单行注释以//开头，以换行符结尾。例如：

```
var foo; //声明了一个变量
```

多行注释放在/*和*/之间。例如：

```
/*
这是一个
多行注释
!!!
*/
```

多行注释内部可以嵌套单行注释，但多行注释不能相互嵌套。

3.3.4　分号

JavaScript 中的分号是可选的，但省略分号可能会带来意想不到的结果，因此语句结束时不应省略分号。但是语句块最后不需要加分号，只有一种情况下的语句块后需要加分号，即函数表达式后面的函数体块后需要加分号。例如：

```
var f = function (x, y) { return x + y };
```

3.3.5 运算符

1．算术运算符

加法+、减法−、乘法*、除法/、取余%、自增++、自减−−。

2．赋值运算符

赋值=、加性赋值+=、减性赋值−=、乘性赋值*=、除性赋值/=、模性赋值%=。

3．关系运算符

等于==、绝对等于===、不等于!=、绝对不等于!==、大于>、小于<、大于等于>=、小于等于<=、三目运算?:。

4．逻辑运算符

与&&、或||、非!。

5．位运算符

按位与&、按位或|、按位非~、异或^、填零左移<<、有符号右移>>、填零右移>>>。

6．类型运算符

类型 typeof、实例 instanceof。

大部分运算符和其他编程语言类似，本书不再赘述。

> **注意**
>
> 在 JavaScript 中，相等判断主要分为两种：普通等于==和绝对等于===。它们之间的差别主要体现在：
> - 普通等于时，null 和 undefined 是相等的，绝对等于时则不相等；
> - 比较 number 和 bigint 的相同数值，普通等于时相等，绝对等于时则不相等；
> - 普通等于在比较时类型可能会自动转换，绝对等于在比较时类型不会自动转换。

程序清单 3-12 展示了普通等于和绝对等于的区别。

程序清单 3-12　普通等于和绝对等于的区别

```
> null == undefined
< true
> null === undefined
< false
> 12n == 12
< true
> 12n === 12
< false
> 123 == '123'   //字符串自动转换为数值类型
< true
> 123 === '123'  //不会自动转换
< false
```

```
> false == ' '   //空字符串自动转换为布尔类型值 false
< true
> false === ' ' //不会自动转换
< false
```

由此可见，绝对等于在比较时更加安全。

3.4 严格模式

严格模式会改变 JavaScript 松散的检查模式，并启动一些特殊的措施，使 JavaScript 变成更整洁和安全的语言。为了提高代码的正确性和保持项目的稳定性，推荐开启严格模式。开启严格模式只需在 JavaScript 代码的第一行中添加如下语句：

```
'use strict';
```

除此之外，也可以选择性地在某个函数上开启严格模式，只需将上面的代码放在该函数的开头即可。例如：

```
function functionInStrictMode() {
    'use strict';
}
```

3.5 逻辑结构

JavaScript 的逻辑结构和 C、C++、Java 等语言类似，下面仅简单介绍。

3.5.1 判断结构

判断结构用于根据某些条件选择性地跳过某些代码执行，主要分为以下几种。

（1）if 结构

简单的 if 结构仅由 if 条件判断，不满足条件时跳过代码执行。例如：

```
if (myvar === 0) {
    // 满足条件时，执行此代码
}
```

（2）if-else 结构

满足条件时执行部分代码，不满足条件时执行另一部分代码。例如：

```
if (myvar === 0) {
    // 满足条件时，执行此代码
} else {
    // 不满足条件时，执行此代码
}
```

（3）多重 if-else 结构

设置多层条件，满足不同条件时执行不同的代码。例如：

```
if (myvar === 0) {
    // 满足条件 1 时，执行此代码
} else if (myvar === 1) {
    // 满足条件 2 时，执行此代码
} else if (myvar === 2) {
    // 满足条件 3 时，执行此代码
} else {
    // 不满足任何条件时，执行此代码
}
```

（4）嵌套 if 结构

在满足某条件情况下对其他条件进行判断。例如：

```
if (myvar === 0) {
if (myvar2 === 1) {
    //同时满足条件 1 和条件 2 时，执行此代码
} else {
    //满足条件 1 但不满足条件 2 时，执行此代码
}
    //只要满足条件 1，不论是否满足条件 2，都执行此代码
}
```

（5）switch 结构

当出现多重 if-else 结构时，结构比较复杂，且不利于阅读，可以使用 switch 结构简化逻辑结构。例如：

```
switch (fruit) {
    case 'banana':
        // ...
        break;
    case 'apple':
        // ...
        break;
    default:  // 所有其他情况
        // ...
}
```

3.5.2 循环结构

当需要根据某些条件重复地执行某些代码时，可以使用循环结构。循环结构主要有 3 种：for 循环、while 循环和 do-while 循环。

（1）for 循环

for 循环的基本格式如下：

```
for(初始化；当条件成立时循环；下一步操作)
```

程序清单 3-13 展示了如何使用 for 循环遍历一个数组中的元素。

程序清单 3-13　使用 for 循环遍历数组中的元素

```
> var arr = [1, 2, 3, 4];
> var total = 0;
> for(var i = 0; i < arr.length; i++) {
```

```
    total += arr[i];
  }
< 10
> total
< 10
```

for 循环还有另外一种形式——for in 循环，多用于遍历数组下标或对象的属性名，格式如下：

```
for(下标变量 in 数组或对象)
```

程序清单 3-14 展示了如何使用 for in 循环遍历数组中的元素。

程序清单 3-14　使用 for in 循环遍历数组中的元素

```
> Var arr = [1, 2, 3, 4];
> var total = 0;
> for(var i in arr) { //in 遍历的是数组的下标
    total += arr[i];
  }
< 10
```

ES6 加入了 for of 循环，可以直接遍历数组中的元素，格式如下：

```
for(元素变量 of 数组或对象)
```

程序清单 3-15 展示了如何使用 for of 循环遍历数组中的元素。

程序清单 3-15　使用 for of 循环遍历数组中的元素

```
> var arr = [1, 2, 3, 4];
> var total = 0;
> for(var elem of arr) { //of 可以直接遍历数组中的元素
    total += elem;
  }
< 10
```

（2）while 循环

while 循环也称为当循环，其特点是先判断再执行。循环体中的代码一定要先判断循环条件才会执行，执行完后再次判断循环条件。程序清单 3-16 展示了如何使用 while 循环遍历数组中的元素。

程序清单 3-16　使用 while 循环遍历数组中的元素

```
> var arr = [1, 2, 3, 4];
> var total = 0;
> var i = 0;
> while(i < arr.length) {
    total += arr[i++];
  }
< 10
```

（3）do-while 循环

do-while 循环和 while 循环的区别是，前者先执行循环体再进行判断，因此无论如何都会至少执行一次循环体中的代码。程序清单 3-17 展示了如何使用 do-while 循环遍历数组中的元素。

程序清单 3-17　使用 do-while 循环遍历数组中的元素

```
> var arr = [1, 2, 3, 4];
> var total = 0;
> var i = 0;
> do {
     total += arr[i++];
  } while (i < arr.length);
< 10
```

📚注意 ┈┈┈┈┈┈┈┈┈┈┈┈┈┈┈┈┈┈┈┈┈┈┈┈┈┈┈┈┈┈┈┈

　　上述代码中存在一个风险，如果数组中没有元素，循环体无论如何都会取其中下标
为零的元素，此时会发生错误。因此，do-while 循环不适合遍历数组中的元素。

3.6　函　　数

3.6.1　函数的定义与使用

函数可以将一段代码统一成一个执行单元，方便在其他位置多次调用。在 JavaScript
中可以通过 function 关键字来定义函数。其格式如下：

```
function 函数名(形式参数列表) {
    函数体
}
```

程序清单 3-18 展示了如何定义一个函数并调用它。

程序清单 3-18　定义并调用函数

```
> function add(param1, param2) {
     return param1 + param2;
  }
> add(6, 1)
< 7
> add('a', 'b')
> "ab"
```

上述代码定义一个名为 add 的函数，接收两个形式参数 param1 和 param2，并且返回
两个参数的和，最后通过函数名调用了两次该函数。

此外，定义函数时也可以不指定函数的名字，这样的函数称为匿名函数。匿名函数定
义后无法再次调用，但可以将匿名函数赋值给某个变量或作为实际参数传递给其他函数。
程序清单 3-19 展示了如何定义一个匿名函数并调用它。

程序清单 3-19　定义并调用匿名函数

```
> var add =   function (param1, param2) {
     return param1 + param2;
  };
> add(7, 3);
< 10
```

匿名函数也可以作为参数传递给其他函数，此时也称为高阶函数。程序清单 3-20 展示了匿名函数作为实际参数传递给其他函数。

程序清单 3-20　匿名函数作为实际参数传递给其他函数

```
> function operate(a, b, c){ //参数 a 是一个函数
      return a(b, c);
  }
> operate(function(x, y){return x + y;}, 3, 2); //将加法运算传入
< 5
> operate(function(x, y){return x - y;}, 3, 2); //将减法运算传入
< 1
```

3.6.2　函数声明

在 JavaScript 中函数会被提前声明，无论在当前作用域中何处定义的函数，都会被移动到当前作用域的开始位置，允许在函数声明前调用。例如：

```
function foo() {
    bar(); // 此处没问题, bar 被提前到 foo 开始位置声明
    function bar() {

    }
}
```

使用匿名函数的方式赋值给变量会出现问题，虽然变量会被提前声明，但是赋值的过程并不会提前。例如：

```
function foo() {
    bar(); // 此处有问题, bar 虽然被提前到 foo 开始位置声明, 但是赋值不会, 因此其值
是 undefined, 无法直接调用
    var bar = function () {

    };
}
```

3.6.3　arguments 变量

在 JavaScript 中，无论在声明函数时声明了多少个形式参数，都可以在调用函数时传入任意数量的实际参数而不出现错误，甚至可以在函数声明时不声明任何形式参数，而在调用时再传入实际参数。在函数内部可以使用特殊变量 arguments 访问传入的所有实际参数。但 arguments 不是数组，没有数组的方法，只能称为类数组（Array-like）。arguments 有一个 length 属性，可以通过方括号索引的方式访问其中的元素，但不能移除元素，或在其上调用任何数组方法。

如果在声明函数时声明的形式参数数量大于调用时传入的实际参数数量，那么未传入的形式参数值为 undefined；相反地，如果声明的形式参数数量小于实际调用时传入的实际参数数量，多余的参数就可以通过 arguments 来访问。程序清单 3-21 展示了如何在传入过多实际参数时使用 arguments 获取多余的参数。

程序清单 3-21　使用 arguments 获取多余的参数

```
> function func(x, y) {
    console.log(x);
    console.log(y);
    for(var i = 2; i < arguments.length; i++) {
        console.log(arguments[i]);
    }
  }
> func(1, 2, 3, 4, 5); //多传入了 3 个参数
< 1
< 2
< 3
< 4
< 5
```

arguments 也可以用于检查传入参数的数量。例如，有些函数必须保证用户传入固定数量的参数才能正常执行，而 JavaScript 本身不提供这个功能，此时可以使用 arguments 检查传入参数的数量，只有符合要求才执行。程序清单 3-22 展示了如何检查参数的数量。

程序清单 3-22　检查参数的数量

```
function pair(x, y) { //函数必须传入两个参数
    if (arguments.length !== 2) {
        throw new Error('只接收两个参数'); //如果传入参数数量不正确，就抛出错误
    }
//只有参数数量正确，才执行正常代码
}
```

3.6.4　可选参数

在传入参数数量不够时，可以为未传入的参数设置默认值，如程序清单 3-23 所示。

程序清单 3-23　设置参数默认值

```
> function pair(x, y) {
    x = x || 1; //如果 x 未传入，则 x 默认值为 1
    y = y || 3; //如果 y 未传入，则 y 默认值为 3
    console.log(x, y);
  }
> pair()
< 1 3 //如果两个参数均未传入，则都取默认值
> pair(3)
< 3 3 //如果传入第一个参数，则第二个参数取默认值
> pair(3, 5) //两个参数均传入
< 3 5
> pair(undefined, null)
< 1 3 //如果传入的参数是 null 或 undefined，则变成默认值
```

3.7　对象和继承

与所有的值类型一样，对象有属性。实际上，可以将对象当成一组属性的集合，每个属性都是一对键和值。键是字符串，值可以是任意 JavaScript 值类型。键是标识符的属性，点（.）操作符处理的键必须为标识符。另外，还有一种访问属性的方法能将任意字符串当成键。

3.7.1　单个对象（single object）

在 JavaScript 中，通过对象字面量可以直接创建对象，例如：

```
var jane = {
    name: 'Jane',                    //属性
    describe: function () {          //方法
        'use strict';                //严格模式
        return 'Person named '+this.name;
    }
};
```

上面对象有两个属性：name 和 describe。name 属性的值是一个字符串，describe 属性的值是一个匿名函数（对象），describe 也称为方法。

能读（get）和写（set）属性的程序如下。

```
> jane.name  // get
< 'Jane'
> jane.name = 'John';  // set
> jane.newProperty = 'abc';  // 自动创建一个新属性
```

属性是函数（如 describe），可当成方法被调用，在调用时，在其内部通过 this 引用对象，例如：

```
> jane.describe()  // 调用方法
< 'Person named John'
> jane.name = 'Jane';
> jane.describe()
< 'Person named Jane'
```

in 操作符用来检查一个属性是否存在，例如：

```
> 'newProperty' in jane
< true
> 'foo' in jane
< false
```

如果读取一个不存在的属性，会得到 undefined 值。因此检查函数也可以写成如下形式。

```
> jane.newProperty !== undefined
< true
> jane.foo !== undefined
< false
```

delete 操作符用来删除一个属性，例如：

```
> delete jane.newProperty
< true
> 'newProperty' in jane
< false
```

3.7.2　任意键属性（arbitrary key property）

属性的键可以是任意字符串。对象字面量中和点操作符后的属性关键字只能使用标识符。如果想用其他任意字符串作为键名，必须给对象字面量加上引号，并使用方括号获取和设置属性，例如：

```
> var obj = { 'not an identifier': 123 };
> obj['not an identifier']
< 123
> obj['not an identifier'] = 456;
```

方括号允许动态计算属性关键字，例如：

```
> var x = 'name';
> jane[x]
< 'Jane'
> jane['na'+'me']
< 'Jane'
```

3.7.3　引用方法（extracting method）

如果使用变量引用一个方法，会失去与对象的连接。就其本身而言，函数不是方法，其中 this 值为 undefined（严格模式下），例如：

```
> var func = jane.describe;
> func()
< TypeError: Cannot read property 'name' of undefined    //无法通过 func 来引用
this.name
```

解决方法是使用函数内置的 bind 方法（函数本身也是对象，因此也具有方法），创建一个新函数，将其 this 值固定为参数给定的值，例如：

```
> var func2 = jane.describe.bind(jane);
> func2()
< 'Person named Jane'
```

3.7.4　方法内部的函数

每个函数都有一个特殊变量 this。方法内部的 this 变量指向其所属的对象，但如果在方法内部嵌入函数，则不能从内嵌函数中访问方法的 this。调用 forEach 循环一个数组的程序如下。

```
var jane = {
    name: 'Jane',
    friends: [ 'Tarzan', 'Cheeta' ],
    logHiToFriends: function () {
        'use strict';
        this.friends.forEach(function (friend) {
```

```
        // 这里的"this"是 undefined
        console.log(this.name+' says hi to '+friend);
    });
  }
}
```

调用 logHiToFriends 会产生如下错误：

```
> jane.logHiToFriends()
< TypeError: Cannot read property 'name' of undefined
```

解决上述错误有以下两种方法。

第一种方法是将 this 存储在不同的变量中，例如：

```
logHiToFriends: function () {
    'use strict';
    var that = this;    //使用 that 变量，避免与内嵌函数的 this 变量重名
    this.friends.forEach(function (friend) {
        console.log(that.name+' says hi to '+friend);
    });
}
```

第二种方法是 forEach 的第二个参数允许提供 this 值，例如：

```
logHiToFriends: function () {
    'use strict';
    this.friends.forEach(function (friend) {
        console.log(this.name+' says hi to '+friend);
    }, this);
}
```

> 注意
>
> 在 JavaScript 中，函数表达式经常作为函数参数使用，因此要时刻注意函数表达式中的 this 变量实际所指的内容。

3.7.5　构造函数：对象工厂

通过了解 JavaScript 对象字面量，可能会认为 JavaScript 对象只是键值对的集合，类似于其他语言中的映射/字典（map/dictionary）。其实，JavaScript 对象支持真正意义上的面向对象特性——继承（inheritance）。在微信小游戏开发中使用真正意义上继承的概率很小，很多框架，如 Cocos Creator，都有自己的一套继承规则，因此本节仅对继承进行简单介绍。

除了作为"真正"的函数和方法，函数还在 JavaScript 中扮演第三种角色：如果通过 new 操作符调用，会变为构造函数，即对象工厂。构造函数是对其他语言中的类的粗略模拟。约定俗成，构造函数的第一个字母为大写形式。例如：

```
// 设置实例数据
function Point(x, y) {
    this.x = x;
    this.y = y;
}
// 方法
Point.prototype.dist = function () {
    return Math.sqrt(this.x*this.x + this.y*this.y);
}
```

构造函数分为两部分：Point 函数设置实例数据，Point.prototype 属性包含对象的方法。前者的数据是每个实例私有的，后者的数据是所有实例共享的。

通过 new 操作符调用 Point 的代码如下。

```
> var p = new Point(3, 5);
> p.x
< 3
> p.dist()
< 5.830951894845301
//p 是 Point 的一个实例
> p instanceof Point
< true
> typeof p
< 'object'
```

3.8　JSON

3.8.1　JSON 基础

JSON 可以将 JavaScript 对象中表示的一组数据转换为字符串，然后在函数之间轻松地传递这个字符串，或在异步应用程序中将字符串从客户端传递给服务器端。JSON 字符串对于初学者来说可能有些难以理解，但是 JavaScript 很容易解释，而且 JSON 可以表示比键值对更复杂的结构。例如，JSON 可以表示数组和复杂的对象，而不仅仅是键和值的简单列表。

3.8.2　简单 JSON 示例

按照最简单的形式，JSON 表示键值对（实际上已经是一个 JSON 对象）的程序如下。

```
{ "firstName": "Brett" }
```

以上代码非常简单，而且实际上比等效的纯文本键值对（程序如下）占用更多的空间。

```
firstName="Brett"
```

但是，当将多个键值对串在一起时，JSON 就体现出它的价值了。例如，创建包含多个键值对的记录，程序如下。

```
{
  "firstName": "Brett",
  "lastName":"McLaughlin",
  "email": "brett@newInstance.com"
}
```

从语法角度来看，这与纯文本键值对相比并无优势，但是在同种情况下，JSON 更容易使用，而且可读性强。JSON 明确地表示以上三个值都是同一记录（对象）的一部分；花括号使这些值产生了某种联系，并界定了这些键值对的归属范围。

3.8.3　值的数组

当需要表示一组值时，JSON 不但提高了可读性，而且减少了复杂性。例如，表示一个人名列表，在 XML 中需要很多开始标记和结束标记；如果使用典型的键值对，就必须建立一种专有的数据格式，或将键名修改为 person1-firstName 的形式。

如果使用 JSON，就只需将多个带花括号的记录分在同一个组中即可，例如：

```
{
  "people":
  [
    {
      "firstName": "Brett",
      "lastName":"McLaughlin",
      "email": "brett@newInstance.com"
    },
    {
      "firstName": "Jason",
      "lastName":"Hunter",
      "email": "jason@servlets.com"
    },
    {
      "firstName": "Elliotte",
      "lastName":"Harold",
      "email": "elharo@macfaq.com"
    }
  ]
}
```

在上述代码中，只有一个名为 people 的变量，值是包含三个条目的数组，每个条目是一个人的记录，包含名、姓和电子邮件地址。上述代码演示了如何使用花括号将记录组合成一个值。也可以使用相同的语法表示多个值（每个值包含多个记录），例如：

```
{
  "programmers":
  [
    {
      "firstName": "Brett",
      "lastName":"McLaughlin",
      "email": "brett@newInstance.com"
    },
    {
      "firstName": "Jason",
      "lastName":"Hunter",
      "email": "jason@servlets.com"
    },
    {
      "firstName": "Elliotte",
      "lastName":"Harold",
      "email": "elharo@macfaq.com"
    }
```

```
        ],
        "authors":
        [
          {
            "firstName": "Isaac",
            "lastName": "Asimov",
            "genre": "science fiction"
          },
          {
            "firstName": "Tad",
            "lastName": "Williams",
            "genre": "fantasy"
          },
          {
            "firstName": "Frank",
            "lastName": "Peretti",
            "genre": "christian fiction"
          }
        ],
        "musicians":
        [
          {
            "firstName": "Eric",
            "lastName": "Clapton",
            "instrument": "guitar"
          },
          {
            "firstName": "Sergei",
            "lastName": "Rachmaninoff",
            "instrument": "piano"
          }
        ]
      }
```

📖 **注意**

JSON 能够表示多个值，每个值又包含多个值，即数组和对象的相互嵌套。在不同的主条目（programmers、authors 和 musicians）之间，记录中实际的键值对可以不相同。JSON 是完全动态的，允许在 JSON 结构的中间改变表示数据的方式。

在处理 JSON 格式的数据时，没有需要遵守的预定义约束。因此，在同样的数据结构中，可以改变表示数据的方式，甚至可以不同方式表示同一数据。

3.8.4 JSON 原理

1. JSON 基本结构

JSON 只有两种基本结构：对象和数组。

（1）对象

对象是键值对的集合，用一对花括号（{}）表示，里面可以有零个、一个或多个键值对。若有多个键值对，它们之间用逗号（,）分隔。键值对在对象中也称为对象的属性。属性由键和值组成，它们之间用冒号（:）分隔。键必须是字符串类型的，并且在新版本的 JSON 规定中，键的字符串的引号（" "）可以省略（但开发者必须意识到这是字符串）。JSON 中的对象和 JavaScript 中的简单对象是一致的。

（2）数组

数组是值的集合，用一对方括号（[]）表示，里面可以有零个、一个或多个值。若有多个值时，它们之间用逗号（,）分隔。在数组中，每个值称为数组的一个元素。数组中的每个元素的值类型可以都不同。JSON 中的数组和 JavaScript 中的数组是一致的，可以调用原生数组的任何属性和方法。

2．JSON 值类型

JSON 通常可以使用 7 种值类型，分别为对象、数组、字符串、数值、true、false 和 null。它们可以作为属性的值或数组的元素。

这些值类型的定义与 JavaScript 一致。由此可知，对象和数组是可以相互嵌套的。

3.8.5　在 JavaScript 中使用 JSON

JSON 是 JavaScript 的原生格式，意味着在 JavaScript 中处理 JSON 数据不需要任何特殊的 API 或工具包。

例如，创建一个新的 JavaScript 变量，然后将 JSON 格式的数据字符串直接赋值给它，程序如下。

```
var people =
  {
    "programmers":
    [
      {
        "firstName": "Brett",
        "lastName":"McLaughlin",
        "email": "brett@newInstance.com"
      },
      {
        "firstName": "Jason",
        "lastName":"Hunter",
        "email": "jason@servlets.com"
      },
      {
        "firstName": "Elliotte",
        "lastName":"Harold",
        "email": "elharo@macfaq.com"
      }
    ],
    "authors":
    [
      {
        "firstName": "Isaac",
```

```
        "lastName": "Asimov",
        "genre": "science fiction"
      },
      {
        "firstName": "Tad",
        "lastName": "Williams",
        "genre": "fantasy"
      },
      {
        "firstName": "Frank",
        "lastName": "Peretti",
        "genre": "christian fiction"
      }
    ],
    "musicians":
    [
      {
        "firstName": "Eric",
        "lastName": "Clapton",
        "instrument": "guitar"
      },
      {
        "firstName": "Sergei",
        "lastName": "Rachmaninoff",
        "instrument": "piano"
      }
    ]
  }
```

变量 people 指向了一个 JSON 对象，并可以通过 JavaScript 的方式来访问其中的数据。

3.8.6 访问数据

实际上，只需用点表示法来表示数组元素即可。例如，要想访问 programmers 条目中的第一个记录的姓氏，只需在 JavaScript 中使用如下程序即可。

```
people.programmers[0].lastName;
```

📖 **注意** --------------------------------

> 数组索引是从零开始的。因此，上面代码首先访问 people 变量中的数据；然后访问名为 programmers 的条目，再访问第一个记录（[0]）；最后访问 lastName 键的值。结果是字符串值 "McLaughlin"。

下面是使用同一变量的几个示例。

```
people.authors[1].genre      // Value is "fantasy"
people.musicians[3].lastName    // Undefined. This refers to the fourth entry,
and there isn't one
people.programmers.[2].firstName // Value is "Elliotte"
```

因此在 JavaScript 中，可以使用原生的语法处理任何 JSON 格式的数据，而不需要使用任何额外的 JavaScript 工具包或 API。

3.8.7　修改 JSON 数据

使用点和括号可以访问数据，也可以修改数据。例如：

```
people.musicians[1].lastName = "Rachmaninov";
```

在将字符串类型转换为 JavaScript 对象类型后，可以采用这种方法修改变量中的数据。

3.8.8　转换回字符串

在 JavaScript 中，将对象类型转换回字符串类型的程序如下。

```
String newJSONtext = people.toJSONString();
```

现在获得了一个可以在任何地方使用的文本字符串。例如，可以将它作为 Ajax 应用程序中的请求字符串。

更重要的是，可以将任何 JavaScript 对象转换为 JSON 文本，并非只能处理原来用 JSON 字符串赋值的变量。为了对名为 myObject 的对象进行转换，需执行相同形式的程序如下。

```
String myObjectInJSON = myObject.toJSONString();
```

这就是 JSON 与其他数据格式之间最大的区别。如果使用 JSON，只需调用一个简单的函数，即可获得经过格式化的数据；对于其他数据格式，则需要在原始数据和格式化数据之间进行转换。

第4章 微信 API

本章着重介绍微信相关的 API，这是开发微信小游戏的基础，可以帮助开发者获取玩家的好友关系、加载外部资源等。

4.1 小游戏相关 API 概述

4.1.1 小游戏相关 API 简介

小游戏 API 和小程序 API 都是微信 API 的组成部分。小程序 API 类似传统网页 HTML+JavaScript+CSS 的编写，然而小游戏 API 更像在一个画布上进行渲染。

微信 API 数量较多，本章仅介绍与小游戏相关的部分。与小游戏相关的 API 主要分为 5 类：登录授权类、音乐类、图片类、网络请求类和数据类。登录授权类是指在游戏初期对玩家相关信息进行检测，并赋予一定权限，通过登录授权类可以检测一些功能，如检测登录账号是否过期、版本是否更新，查询手机相关权限是否开启和获取游戏中的地理位置等。音乐类是指对音乐进行播放、暂停等相关设置，可以应用于背景、特定场景或特定行为的播放，满足开发者的特定需求。图片类是指对图片进行渲染，产生特定的效果，如通过帧控制子弹的发射，通过相关 API 控制小鸟的飞翔等。网络请求类和数据类是小游戏 API 中最重要的部分，同时也是联系最密切的两类。通过学习这两类，可以了解客户端与服务器之间的联系，以及如何搭建两者的联系，如游戏排行榜等。

4.1.2 微信 API 的共性

所有微信 API 命名都以 wx 开头，然后使用各种方法调用微信本身的功能。wx 可以认为是一个名称空间或包，表明其功能的同时解决和其他库 API 的重名问题。在 wx 名称空间中封装了大量的函数使开发者可以调用微信内部封装的各种功能。

微信 API 的调用方法可分为同步和异步两种。同步方法在调用结束后会立即给出结果，一般通过返回值的形式给出，且同步方法的名称一般以 Sync 结尾。异步方法在调用结束后不会立即给出结果，而是等结果准备好后通知调用者，且异步方法的名称结尾没有 Sync。相对于同步方法，异步方法更加灵活且不会阻塞程序，更适合于轻量级应用。微信 API 采用的调用方法大都是异步方法。

4.1.3 微信 API 注意事项

目前微信 API 并不稳定。微信官方经常会修改微信 API 的函数名、参数、返回值的定义，有时甚至会由于性能、安全或命名一致性等因素直接删除某些 API 函数。有些函数被删除后，微信官方会在文档中指定一个可用的替代方法；而有些函数被删除后，并没有提供功能相同的替代方法。这样可能造成前面写的代码过几天再编译出现错误，或已经上线的游戏在几天后突然不能运行的问题。因此开发者需要紧跟微信官方的最新开发文档。在编写本书的过程中，一些实例代码经过反复调整与测试，以适应最新的微信 API 标准。

4.2 登录授权类

登录授权类主要介绍用户信息、系统信息、登录、授权、位置、更新和交互等接口。通过这些接口可以在游戏的初始阶段进行对登录用户信息的检测、登录态的鉴别、版本更新的检测，以及通过交互界面向用户发送授权的请求。

4.2.1 用户信息

1. wx.getUserInfo(Object object)

功能：获取用户信息。

注意事项：调用前需要用户授权 scope.userInfo。

该函数接收一个 JSON 对象作为参数，该对象的属性如表 4-1 所示。其中，显示信息语言 lang 属性的取值如表 4-2 所示。该方法是一个异步方法，其结果会通过 success、fail 或 complete 三个回调接口传回。当调用成功时，其回调函数的参数如表 4-3 所示。用户信息返回示例如图 4-1 所示。

该方法的使用见程序清单 4-1 的综合应用。

表 4-1 获取用户信息参数表

属 性	类 型	默认值	必填	说 明
withCredentials	boolean		否	是否带上登录态信息。为 true 时，要求此前调用过 wx.login 且登录态尚未过期，此时返回的数据包含 encryptedData、iv 等敏感信息；为 false 时，不要求有登录态，返回的数据不包含 encryptedData、iv 等敏感信息
lang	string	en	否	显示用户信息的语言
success	function		否	接口调用成功的回调函数
fail	function		否	接口调用失败的回调函数
complete	function		否	接口调用结束的回调函数（调用成功或失败都会执行）

表 4-2 语言参数表

值	说 明
en	英文
zh_CN	简体中文
zh_TW	繁体中文

表 4-3　成功回调函数参数表

属　　性	类　　型	说　　明	最低版本
userInfo	UserInfo	用户信息对象，不包含 openid 等敏感信息	
rawData	string	不包括敏感信息的原始数据字符串，用于计算签名	
signature	string	使用 sha1(rawData+sessionkey)得到字符串，用于校验用户信息	
encryptedData	string	包括敏感数据在内的完整用户信息的加密数据	
iv	string	加密算法的初始向量	
cloudID	string	敏感数据对应的云 ID，开通云开发的小程序才会返回，可通过云调用直接获取开放数据	2.7.0

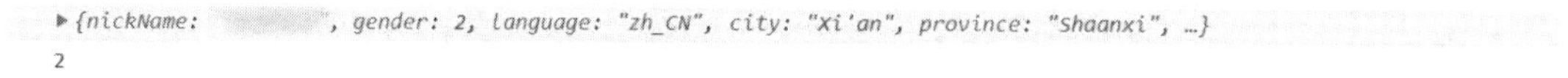

▶ {nickName:　　　　　", gender: 2, language: "zh_CN", city: "Xi'an", province: "Shaanxi", …}
2

图 4-1　用户信息返回示例

程序清单 4-1　登录

```
//检查登录态是否过期
  wx.checkSession({
    success(){
     console.log("登录态未过期");
     wx.getUserInfo({
       success(res) {
        console.log(res.userInfo);
        console.log(res.userInfo.gender);//性别 0：未知，1：男，2：女
       }
     }),
      //授权
      wx.getSetting({
       success(res) {
         if (!res.authSetting['scope.werun']) {
          wx.authorize({
            scope: 'scope.werun',
            success(res) {

            }
          })
         } else {
          wx.showToast({
            title: '成功授权',
            icon: 'success',
            duration: 2000
          })
         }
       },
       fail(){
        console.log("开启失败");
       }
      })
```

```
    },
    fail() {
      console.log("登录态已经过期") ;
    }
  })
```

 注意 --
授权窗口只会出现一次。

2. wx.createUserInfoButton(Object object)

功能：创建用户信息按钮。

注意事项：从基础库 2.0.1 开始支持，较低版本需进行兼容处理。

该函数接收一个 JSON 对象作为参数，该对象的属性如表 4-4 所示。其中，按钮类型 type 属性的合法值如表 4-5 所示，按钮样式 style 属性的取值如表 4-6 所示，style 中的文本对齐方式 textAlign 属性的取值如表 4-7 所示，lang 属性的取值如表 4-2 所示。该方法直接作用于用户界面，没有返回值。

表 4-4　创建用户信息按钮参数表

属　　性	类　　型	默认值	必填	说　　　　明
type	string		是	按钮的类型
text	string		否	按钮上的文本，仅当 type 为 text 时有效
image	string		否	按钮的背景图像，仅当 type 为 image 时有效
style	Object		是	按钮的样式
withCredentials	boolean		否	是否带上登录态信息。为 true 时，要求此前调用过 wx.login 且登录态尚未过期，此时返回的数据包含 encryptedData、iv 等敏感信息；为 false 时，不要求有登录态，返回的数据不包含 encryptedData、iv 等敏感信息
lang	string	en	否	显示用户信息的语言

表 4-5　type 合法值参数表

值	说　　　　明
text	可以设置背景颜色和文本的按钮
image	只能设置背景图像的按钮，背景图像会直接拉伸到与按钮的宽、高相同

表 4-6　style 参数表

属　　性	类　　型	必填	说　　　　明
left	number	是	左上角横坐标
top	number	是	左上角纵坐标
width	number	是	宽度
height	number	是	高度
backgroundColor	string	是	背景颜色
borderColor	string	是	边框颜色
borderWidth	number	是	边框宽度
borderRadius	number	是	边框圆角

（续表）

属　性	类　型	必填	说　明
color	string	是	文本颜色，格式为 6 位十六进制数
textAlign	string	是	文本的水平居中方式
fontSize	number	是	文本的字号
lineHeight	number	是	文本的行高

表 4-7　style.textAlign 参数表

值	说　明
left	居左
center	居中
right	居右

4.2.2　系统信息

wx.getSystemInfo(Object object)

功能：获取系统信息。

该函数接收一个 JSON 对象作为参数，但是该对象并不提供任何传入的参数，只提供 3 个异步回调函数，如表 4-8 所示。当调用成功时，返回的信息通过表 4-9 所示的回调函数参数传回，其中 safeArea 对象的属性如表 4-10 所示。

表 4-8　系统信息参数表

属　性	类　型	必填	说　明
success	function	否	接口调用成功的回调函数
fail	function	否	接口调用失败的回调函数
complete	function	否	接口调用结束的回调函数（调用成功或失败都会执行）

表 4-9　成功回调函数参数表

属　性	类　型	说　明	最低版本
brand	string	设备品牌	1.5.0
model	string	设备型号	
pixelRatio	number	设备像素比	
screenWidth	number	屏幕宽度，单位为像素（pixel）	1.1.0
screenHeight	number	屏幕高度，单位为像素（pixel）	1.1.0
windowWidth	number	可使用窗口宽度，单位为像素（pixel）	
windowHeight	number	可使用窗口高度，单位为像素（pixel）	
statusBarHeight	number	状态栏的高度，单位为像素（pixel）	1.9.0
language	string	微信设置的语言	
version	string	微信版本号	
system	string	操作系统及版本	
platform	string	客户端平台	
fontSizeSetting	number	用户字体大小（单位为像素）。以微信客户端"我→设置→通用→字体大小"中的设置为准	1.5.0

（续表）

属 性	类 型	说 明	最低版本
SDKVersion	string	客户端基础库版本	1.1.0
benchmarkLevel	number	设备性能等级（仅 Android 小游戏）。取值为−2 或 0（该设备无法运行小游戏），−1（性能未知），>=1（设备性能等级越高，设备性能越好，目前最高不到 50）	1.8.0
albumAuthorized	boolean	允许微信使用相册的开关（仅 iOS 有效）	2.6.0
cameraAuthorized	boolean	允许微信使用摄像头的开关	2.6.0
locationAuthorized	boolean	允许微信使用定位的开关	2.6.0
microphoneAuthorized	boolean	允许微信使用麦克风的开关	2.6.0
notificationAuthorized	boolean	允许微信通知的开关	2.6.0
notificationAlertAuthorized	boolean	允许微信通知带有提醒的开关（仅 iOS 有效）	2.6.0
notificationBadgeAuthorized	boolean	允许微信通知带有标记的开关（仅 iOS 有效）	2.6.0
notificationSoundAuthorized	boolean	允许微信通知带有声音的开关（仅 iOS 有效）	2.6.0
bluetoothEnabled	boolean	蓝牙的系统开关	2.6.0
locationEnabled	boolean	地理位置的系统开关	2.6.0
wifiEnabled	boolean	Wi-Fi 的系统开关	2.6.0
safeArea	Object	在竖屏正方向时的安全区域	2.7.0

表 4-10　res.safeArea 结构参数表

属 性	类 型	说 明
left	number	安全区域左上角横坐标
right	number	安全区域右下角横坐标
top	number	安全区域左上角纵坐标
bottom	number	安全区域右下角纵坐标
width	number	安全区域的宽度，单位为像素（pixel）
height	number	安全区域的高度，单位为像素（pixel）

 注意

Object wx.getSystemInfoSync 是 wx.getSystemInfo 的同步版本。

4.2.3　登录

1. wx.login(Object object)

功能：调用接口获取登录凭证（code）。通过凭证换取用户登录态信息，包括用户的唯一标识符（openid）及本次登录的会话密钥（session_key）等。用户数据的加解密通信需要依赖会话密钥完成。

该函数接收一个 JSON 对象作为参数，该对象的属性如表 4-11 所示。该方法是一个异步方法，当调用成功时，其结果会通过 success 回调返回，其参数如表 4-12 所示。微信登录过程的时序图如图 4-2 所示。

该方法的使用见程序清单 4-1 的综合应用。

表 4-11　登录参数表

属　　性	类　　型	必填	说　　明	最低版本
timeout	number	否	超时时间，单位为 ms	1.9.90
success	function	否	接口调用成功的回调函数	
fail	function	否	接口调用失败的回调函数	
complete	function	否	接口调用结束的回调函数（调用成功或失败都会执行）	

表 4-12　成功回调函数参数表

属　　性	类　　型	说　　明
code	string	用户登录凭证（有效期为 5 分钟）。开发者需要在开发者服务器后台调用 auth.code2Session，使用 code 换取 openid 和 session_key 等信息

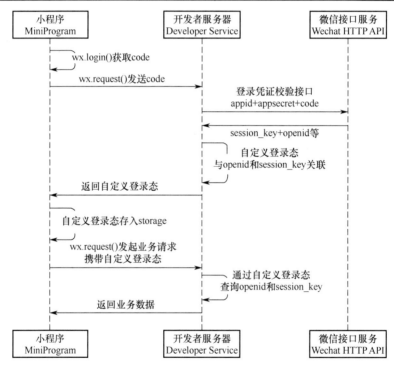

图 4-2　微信登录过程的时序图

说明：

（1）调用 wx.login 获取临时登录凭证 code，并回传到开发者服务器。

（2）调用 auth.code2Session 接口，换取用户唯一标识 openid 和会话密钥 session_key。

开发者服务器可以根据用户标识来生成自定义登录态，用于后续业务逻辑中前后端交互时识别用户身份。

注意

　　会话密钥 session_key 是对用户数据进行加密签名的密钥。为了保证应用自身的数据安全，开发者服务器不应将会话密钥下发给小程序，也不应对外提供这个密钥。临时登录凭证 code 只能使用一次。

2．wx.checkSession(Object object)

功能：检查登录态是否过期。

通过 wx.login 接口获取的用户登录态拥有一定的时效性。用户未使用小程序的时间越久，用户登录态越有可能失效。反之，如果用户一直在使用小程序，则用户登录态一直保持有效。具体时效逻辑由微信维护，对开发者透明。开发者只需要调用 wx.checkSession 接口检测当前用户登录态是否有效。

该函数接收一个 JSON 对象作为参数，该对象的属性如表 4-8 所示。登录态过期后，开发者可以再次调用 wx.login 获取新的用户登录态。该方法是异步方法，调用后没有明确的返回值，只要调用成功，就说明当前 session_key 未过期，如图 4-3 所示；调用失败，则说明 session_key 已过期。

该方法的使用见程序清单 4-1 的综合应用。

登录态未过期

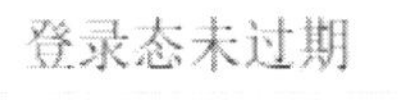

图 4-3　登录态

4.2.4　授权

wx.authorize(Object object)

功能：提前向用户发起授权请求。调用后会立刻弹出窗口询问用户是否同意授权小程序使用某项功能或获取用户的某些数据，但不会实际调用对应接口，如图 4-4 所示。如果用户之前已经同意授权，则不会弹出窗口，直接返回成功。

注意事项：从基础库 1.2.0 开始支持，低版本需进行兼容处理。

该函数接收一个 JSON 对象作为参数，该对象的属性如表 4-13 所示，其中 scope 属性的参数如表 4-14 所示。

该方法的使用见程序清单 4-1 的综合应用。

图 4-4　授权

表 4-13　授权参数表

属　　性	类　　型	必填	说　　明
scope	string	是	需要获取权限的 scope
success	function	否	接口调用成功的回调函数
fail	function	否	接口调用失败的回调函数
complete	function	否	接口调用结束的回调函数（调用成功、失败都会执行）

表 4-14　scope 参数表

参　　数	对应接口	说　　明
scope.userInfo	wx.getUserInfo	用户信息
scope.userLocation	wx.getLocation	地理位置
scope.werun	wx.getWeRunData	微信运动步数
scope.writePhotosAlbum	wx.saveImageToPhotosAlbum	保存到相册中

注意

wx.authorize({scope: "scope.userInfo"})不会弹出授权窗口，因此可以使用 wx.create
UserInfoButton；在需要授权 scope.userLocation 时，必须配有地理位置用途说明。

4.2.5　位置

wx.getLocation(Object object)

功能：获取当前的地理位置、速度。当用户离开小程序后，此接口无法调用。

注意事项：调用前需要用户授权 scope.userLocation。

该函数接收一个 JSON 对象作为参数，该对象的属性如表 4-15 所示。该方法是一个异步方法，其结果会通过 success、fail 或 complete 三个回调接口传回。当调用成功时，其回调函数的参数如表 4-16 所示。

表 4-15　位置参数表

属　　性	类　　型	默认值	必填	说　　明	最低版本
type	string	wgs84	否	wgs84 返回 GPS 坐标，gcj02 返回可用于 wx.openLocation 的坐标	
altitude	string	false	否	传入 true 会返回高度信息。由于获取高度需要较高精度度，因此会减慢接口返回速度	1.6.0
success	function		否	接口调用成功的回调函数	
fail	function		否	接口调用失败的回调函数	
complete	function		否	接口调用结束的回调函数（调用成功或失败都会执行）	

表 4-16　成功回调函数参数表

属　　性	类　　型	说　　明	最低版本
latitude	number	纬度，范围为 -90～90，负数表示南纬	
longitude	number	经度，范围为 -180～180，负数表示西经	
speed	number	速度，单位为 m/s	
Accuracy	number	位置的精确度	
altitude	number	高度，单位为 m	1.2.0
verticalAccuracy	number	垂直精度，单位为 m（Android 无法获取，返回 0）	1.2.0
horizontalAccuracy	number	水平精度，单位为 m	1.2.0

4.2.6　更新

1．wx.getUpdateManager()

功能：获取全局唯一的版本更新管理器，用于管理小程序更新。

该函数没有参数输入，其返回值是一个 UpdateManager 对象。

该方法的使用见程序清单 4-2 的综合应用。

程序清单 4-2　更新游戏版本

```
const updateManager = wx.getUpdateManager()
  updateManager.onCheckForUpdate(function (res) {
    console.log(res.hasUpdate)
  })
  updateManager.onUpdateReady(function () {
    wx.showModal({
      title: '更新提示',
      content: '新版本已经准备好，是否重启应用？',
      success: function (res) {
        if (res.confirm) {
          updateManager.applyUpdate()
        }
      }
    })
  })
  updateManager.onUpdateFailed(function () {
    console.log("新版本下载失败");
  })
```

2．UpdateManager

功能：UpdateManager 对象用来管理更新，可通过 wx.getUpdateManager 接口获取实例。

该对象拥有的方法如表 4-17 所示。

3．UpdateManager.onCheckForUpdate(function callback)

功能：监听向微信后台请求检查更新结果事件。微信在小程序冷启动时自动检查更新，不需要由开发者主动触发。

该函数接收一个向微信后台请求检查更新结果事件的回调函数作为参数，其返回值的属性如表 4-18 所示。

表 4-17　更新对象方法参数表

方　　法	功　　能
UpdateManager.applyUpdate()	强制小程序重启并使用新版本。在小程序新版本下载完成（即收到 onUpdateReady 回调）后调用
UpdateManager.onCheckForUpdate(function callback)	监听向微信后台请求检查更新结果事件。微信在小程序冷启动时自动检查更新，不需要由开发者主动触发
UpdateManager.onUpdateReady(function callback)	监听小程序有版本更新事件。客户端主动触发下载（无须开发者触发），下载成功后回调
UpdateManager.onUpdateFailed(function callback)	监听小程序更新失败事件。如果小程序有新版本，客户端会主动触发下载（无须开发者触发），若下载失败（可能是网络原因等）则回调

表 4-18　监听更新参数表

属　　性	类　　型	说　　明
hasUpdate	boolean	是否有新版本

4.2.7　交互

1．wx.showToast(Object object)

功能：显示消息提示框。

该函数接收一个 JSON 对象作为参数，该对象的属性如表 4-19 所示，其中属性 icon 的合法值如表 4-20 所示。

该方法的使用见程序清单 4-1 的综合应用，其效果如图 4-5 所示。

表 4-19　消息提示框参数表

属　　性	类　　型	默认值	必填	说　　明	最低版本
title	string		是	提示的内容	
icon	string	'success'	否	图标	
image	string		否	自定义图标的本地路径，image 的优先级高于 icon	1.1.0
duration	number	1500	否	提示的延迟时间	
mask	boolean	false	否	是否显示透明蒙层，防止触摸穿透	
success	function		否	接口调用成功的回调函数	
fail	function		否	接口调用失败的回调函数	
complete	function		否	接口调用结束的回调函数（调用成功或失败都会执行）	

表 4-20　object.icon 的合法值参数表

值	说　　明	最低版本
success	显示成功图标，此时 title 文本最多显示 7 个汉字长度	
loading	显示加载图标，此时 title 文本最多显示 7 个汉字长度	
none	不显示图标，此时 title 文本最多可显示两行	1.9.0

注意

（1）wx.showLoading 和 wx.showToast 同时只能显示一个。

（2）wx.showToast 应与 wx.hideToast 配对使用。

图 4-5　授权

2．wx.showModal(Object object)

功能：显示模态对话框。

该函数接收一个 JSON 对象作为参数，该对象的属性如表 4-21 所示。该方法是一个异步方法，其结果会通过 confirm 或 cancel 两个回调接口传回。其回调函数的参数如表 4-22 所示。

该方法的使用见程序清单 4-2 的综合应用。

表 4-21　模态对话框参数表

属　　性	类　　型	默认值	必填	说　　明
title	string		否	提示的标题
content	string		否	提示的内容
showCancel	boolean	true	否	是否显示取消按钮
cancelText	string	'取消'	否	取消按钮的文本，最多 4 个字符
cancelColor	string	#000000	否	取消按钮的文本颜色，必须是表示颜色的十六进制格式的字符串
confirmText	string	'确定'	否	确认按钮的文本，最多 4 个字符
confirmColor	string	#576B95	否	确认按钮的文本颜色，必须是表示颜色的十六进制格式的字符串
success	function		否	接口调用成功的回调函数
fail	function		否	接口调用失败的回调函数
complete	function		否	接口调用结束的回调函数（调用成功或失败都会执行）

表 4-22 成功回调函数参数表

属　　性	类　　型	说　　明	最低版本
confirm	boolean	为 true 时，表示用户单击了确定按钮	
cancel	boolean	为 true 时，表示用户单击了取消按钮（用于 Android 系统区分单击蒙层关闭还是单击取消按钮关闭）	1.1.0

3．wx.showLoading(Object object)

功能：显示 loading 提示框。只有主动调用 wx.hideLoading，才能关闭提示框。

注意事项：从基础库 1.1.0 开始支持，低版本需进行兼容处理。

该函数接收一个 JSON 对象作为参数，该对象的属性如表 4-23 所示。

表 4-23 loading 提示框参数表

属　　性	类　　型	默认值	必填	说　　明
title	string		是	提示的内容
mask	boolean	false	否	是否显示透明蒙层，防止触摸穿透
success	function		否	接口调用成功的回调函数
fail	function		否	接口调用失败的回调函数
complete	function		否	接口调用结束的回调函数（调用成功或失败都会执行）

4．wx.hideToast(Object object)

功能：隐藏消息提示框。

该函数接收一个 JSON 对象作为参数，但是该对象不提供任何传入的参数。该方法是一个异步方法，其结果会通过 success、fail 或 complete 三个回调接口传回，其返回函数的参数由如表 4-8 所示。

5．wx.hideLoading(Object object)

功能：隐藏 loading 提示框。

注意事项：从基础库 1.1.0 开始支持，低版本需进行兼容处理。

该函数接收一个 JSON 对象作为参数，但是该对象不提供任何传入的参数。该方法是一个异步方法，其结果会通过 success、fail 或 complete 三个回调接口传回。其返回函数的参数由如表 4-8 所示。

4.3 音乐类

本节主要从音频和触摸事件两个接口，介绍如何设置背景音乐、特定动作、场景并对音乐进行操作，以满足开发者的特定需求，还可以产生一个炫酷的游戏体验。

4.3.1 音频

1．wx.createInnerAudioContext()

功能：创建内部 audio 上下文 InnerAudioContext 对象。

注意事项：从基础库 1.6.0 开始支持，低版本需进行兼容处理。

该函数不接收传入的参数，用于创建内部 audio 上下文，返回值是一个 InnerAudioContext 对象。

该方法的使用见程序清单 4-3 的综合应用。

程序清单 4-3　音乐播放

```
const music = wx.createInnerAudioContext();
music.autoplay = true;
wx.onTouchStart((res) => {
    music.play();
})
music.loop = true;//循环播放
music.currentTime;//设置断点
    music.onTimeUpdate(() => {
      console.log(music.duration)
      console.log(music.currentTime);
    music.src = 'music/bgm.mp3';
    music.onPlay(() => {
     console.log('音乐开始播放');
    })
```

2．InnerAudioContext

功能：InnerAudioContext 实例，可通过 wx.createInnerAudioContext 接口获取实例。

该对象的属性如表 4-24 所示，其方法如表 4-25 所示。

表 4-24　InnerAudioContext 参数表

属　　性	说　　明
string src	音频资源的地址，用于直接播放。从版本 2.2.3 开始支持云文件 ID
number startTime	开始播放的位置（单位为 s），默认为 0
boolean autoplay	是否自动开始播放，默认为 false
boolean loop	是否循环播放，默认为 false
boolean obeyMuteSwitch	是否遵循系统静音开关，默认为 true。为 false 时，即使用户打开了静音开关，也能继续发出声音。从版本 2.3.0 开始此参数不生效，而使用 wx.setInnerAudioOption 接口统一设置
number volume	音量。范围为 0～1，默认为 1。从版本 1.9.90 开始支持
number duration	当前音频的长度（单位为 s）。只在当前有合法的 src 时返回（只读）
number currentTime	当前音频的播放位置（单位为 s）。只在当前有合法的 src 时返回，时间保留小数点后 6 位（只读）
boolean paused	当前是否为暂停或停止状态（只读）
number buffered	音频缓冲的时间点，仅保证当前播放时间点到此时间点的内容已缓冲（只读）

表 4-25　InnerAudioContext 方法表

方　　法	说　　明
InnerAudioContext.play()	播放
InnerAudioContext.pause()	暂停。暂停后的音频再播放会从暂停处开始播放
InnerAudioContext.stop()	停止。停止后的音频再播放会从头开始播放

（续表）

方　　法	说　　明
InnerAudioContext.seek(number position)	跳转到指定位置，单位为 s。精确到小数点后 3 位，即支持 ms 级别精确度
InnerAudioContext.destroy()	销毁当前实例
InnerAudioContext.onCanplay(function callback)	监听音频进入可以播放状态的事件，但不保证后续可以流畅播放
InnerAudioContext.offCanplay(function callback)	取消监听音频进入可以播放状态的事件
InnerAudioContext.onPlay(function callback)	监听音频播放事件
InnerAudioContext.offPlay(function callback)	取消监听音频播放事件
InnerAudioContext.onPause(function callback)	监听音频暂停事件
InnerAudioContext.offPause(function callback)	取消监听音频暂停事件
InnerAudioContext.onStop(function callback)	监听音频停止事件
InnerAudioContext.offStop(function callback)	取消监听音频停止事件
InnerAudioContext.onEnded(function callback)	监听音频自然播放至结束的事件
InnerAudioContext.offEnded(function callback)	取消监听音频自然播放至结束的事件
InnerAudioContext.onTimeUpdate(function callback)	监听音频播放进度更新事件
InnerAudioContext.offTimeUpdate(function callback)	取消监听音频播放进度更新事件
InnerAudioContext.onError(function callback)	监听音频播放错误事件
InnerAudioContext.offError(function callback)	取消监听音频播放错误事件
InnerAudioContext.onWaiting(function callback)	监听音频加载中事件。当音频因数据不足而需要停下来加载时触发
InnerAudioContext.offWaiting(function callback)	取消监听音频加载中事件
InnerAudioContext.onSeeking(function callback)	监听音频进行跳转操作的事件
InnerAudioContext.offSeeking(function callback)	取消监听音频进行跳转操作的事件
InnerAudioContext.onSeeked(function callback)	监听音频完成跳转操作的事件
InnerAudioContext.offSeeked(function callback)	取消监听音频完成跳转操作的事件

3．InnerAudioContext.onError(function callback)

功能：监听音频播放错误事件。

该函数接收一个监听音频播放错误事件作为参数。该方法是一个异步方法，当调用成功时，其回调函数的参数如表 4-26 所示，其中，errCode 的合法值如表 4-27 所示。

表 4-26　音频播放错误回调函数参数表

属　　性	类　　型
errMsg	string
errCode	number

表 4-27　errCode 的合法值参数表

值	说　　明
10001	系统错误
10002	网络错误
10003	文件错误
10004	格式错误
−1	未知错误

4.3.2　触摸事件

1．wx.onTouchStart(function callback)

功能：监听开始触摸事件。

该方法的使用见程序清单 4-3 的综合应用。

2．wx.onTouchMove(function callback)

功能：监听触点移动事件。

3．wx.onTouchEnd(function callback)

功能：监听触摸结束事件。

4．wx.onTouchCancel(function callback)

功能：监听触点失效事件。

5．Touch

功能：在触控设备上的触点。通常是指手指或触控笔在触屏设备或触摸板上的操作。该对象的属性如表 4-28 所示。

表 4-28　触点参数表

属　　性	说　　明
number identifier	Touch 对象的唯一标识符，只读属性。一次触摸动作（手指的触摸）在平面上移动的整个过程中，该标识符不变。据此可以判断跟踪的是否是同一次触摸过程
number screenX	触点相对于屏幕左边沿的 x 轴坐标
number screenY	触点相对于屏幕上边沿的 y 轴坐标
number clientX	触点相对于屏幕左边沿的 x 轴坐标
number clientY	触点相对于屏幕上边沿的 y 轴坐标

4.4　图片类

本节主要从画布、帧率、字体、图片和定时器等接口介绍图片类。画布的构建是小游戏渲染的第一步，也是最重要的一步。后面图片、字体、帧率和按钮等组件的应用和导入都要以此为基础。画布相当于游戏的一个主框架，所有内容要在画布上进行渲染。

4.4.1　画布

1．wx.createCanvas()

功能：创建一个画布对象。首次调用创建的是显示在屏幕上的画布，再次调用创建的都是离屏画布（在内存中创建一个 Canvas 元素，未通过指定操作将其显示到页面中）。

该方法的使用见程序清单 4-4 和程序清单 4-5 的综合应用，效果图分别如图 4-6、图 4-7和图 4-8 所示。

程序清单 4-4　事件单击监听

```
var canvas = wx.createCanvas();
    var ctx = canvas.getContext("2d");
    var img = wx.createImage()
    var x = 100
    var y = 300
    var width = 100
    var height = 100
    ctx.fillRect(0, 0, 320, 568);
    img.src = "./image/start_button.png"
    img.onload = function () {
      ctx.drawImage(img, x, y, width, height);
    }

    var gradient = ctx.createRadialGradient(150, 150, 100, 150, 150, 99);
    gradient.addColorStop(0, "white");
    gradient.addColorStop(1, "black");
    ctx.fillStyle = gradient;
    ctx.fillRect(0, 0, 320, 568);

    canvas.addEventListener('touchstart', e => {
      var touch = e.changedTouches[0]
      var clientX = touch.clientX
      var clienty = touch.clientY
      if ((x < clientX && clientX < (x + width)) && (y < clienty && clienty <
(y + height))) {
        console.log("按钮被点中了")
      }
      if (clientX > 50 && clientX < 250 && clienty > 50 && clienty < 250) {
        console.log("图片被点中了")
      }
    });
```

程序清单 4-5　内容加载

```
var canvas = wx.createCanvas();
    var ctx = canvas.getContext('2d');
    var bg = wx. createImage();
    bg.src = "./image/background.png";
    var number = 0;
    bg.onload = function(){
      ctx.drawImage(bg, 0, 0, bg.width, bg.height, 0, 0, bg.width, bg.height);
      ctx.font = '25px Arial';
      ctx.fillStyle = '#ffffff';
      ctx.fillText(number, 150, 30);
      setInterval(() => {
```

```
            number++;
            console.log(number);
        }, 1000);
    }
```

图片被点中了

按钮被点中了

图 4-6　放射渐变图片及按钮图片　　　图 4-7　单击效果图　　　　　　图 4-8　内容加载

2. Canvas

功能：画布对象。

该对象的属性如表 4-29 所示，其方法如表 4-30 所示。

表 4-29　画布参数表

属　　性	说　　明
number width	画布的宽度
number height	画布的高度

表 4-30　画布方法表

方　　法	说　　明
Canvas.toTempFilePath(Object object)	将当前 Canvas 保存为一个临时文件。如果使用开放数据域，则生成后的文件仅能被用于 wx.saveImageToPhotosAlbum、wx.shareAppMessage、wx.onShareAppMessage、RenderingContext 接口
Canvas.getContext(string contextType, Object contextAttributes)	获取画布对象的绘图上下文
string Canvas.toDataURL()	把画布上的绘制内容以一个 data URI 的格式返回

（1）Canvas.getContext(string contextType, Object contextAttributes)

功能：获取画布对象的绘图上下文。

该函数的返回值是一个 CanvasContext 对象，该对象的属性如表 4-31 所示，其中对象

contextAttributes 的合法值如表 4-32 所示。

表 4-31 获取画布参数表

值	说 明
2d	绘图上下文类型为 2D
Webgl	绘图上下文类型为 WebGL

表 4-32 contextAttributes 合法值参数表

属 性	类 型	默认值	必填	说 明
antialias	boolean	false	否	是否抗锯齿
preserveDrawingBuffer	boolean	false	否	完成绘图后是否保留绘图缓冲区
antialiasSamples	number	2	否	抗锯齿样本数。最小值为 2，最大不超过系统限制数量，仅 iOS 支持

 注意 --

　　WebGL 绘图上下文属性仅当 contextType 为 Webgl 时有效。

（2）Canvas.toTempFilePath(Object object)

功能：将当前 Canvas 保存为一个临时文件。如果使用开放数据域，则生成后的文件仅能被用于 wx.saveImageToPhotosAlbum、wx.shareAppMessage、wx.onShareAppMessage 接口。

该函数接收一个 JSON 对象作为参数，该对象的属性如表 4-33 所示，其中属性 fileType 的合法值如表 4-34 所示。该方法是一个异步方法，其结果会通过 success、fail 或 complete 三个回调接口传回。当调用成功时，其回调函数的参数由表 4-35 所示。

表 4-33 临时文件保存参数表

属 性	类 型	默认值	必填	说 明
x	number	0	否	截取 Canvas 的左上角横坐标
y	number	0	否	截取 Canvas 的左上角纵坐标
width	number	Canvas 的宽度	否	截取 Canvas 的宽度
height	number	Canvas 的高度	否	截取 Canvas 的高度
destWidth	number	Canvas 的宽度	否	目标文件的宽度，会将截取的部分拉伸或压缩至该数值
destHeight	number	Canvas 的高度	否	目标文件的高度，会将截取的部分拉伸或压缩至该数值
fileType	string	png	否	目标文件的类型
quality	number	1.0	否	jpg 图片的质量，仅当 fileType 为 jpg 时有效；取值范围为 0.0（最低）～1.0（最高），不含 0。不在范围内时为 1.0
success	function		否	接口调用成功的回调函数
fail	function		否	接口调用失败的回调函数
complete	function		否	接口调用结束的回调函数（调用成功或失败都会执行）

表 4-34　object.fileType 合法值参数表

值	说　明
jpg	jpg 文件
png	png 文件

表 4-35　成功回调函数参数表

属　性	类　型	说　明
tempFilePath	string	Canvas 生成的临时文件路径

> 注意
>
> Canvas.toTempFilePathSync(Object object)是 Canvas.getContext(String context Type，Object contextAttributes)的同步版本。

（3）CanvasRenderingContext2D.createRadialGradient()

功能：Canvas 2D API 根据参数确定两个圆的坐标，绘制放射性渐变的方法，返回由两个指定的圆初始化的放射性 CanvasGradient 对象。

格式：CanvasGradient ctx.createRadialGradient(x0, y0, r0, x1, y1, r1);

该函数接收两个圆的圆心和半径作为参数，该对象的属性如表 4-36 所示。

该方法的使用见程序清单 4-4 的综合应用，效果图如图 4-6 和图 4-7 所示。

表 4-36　CanvasGradient 参数表

参　数	说　明	参　数	说　明
x0	开始圆形的 x 轴坐标	x1	结束圆形的 x 轴坐标
y0	开始圆形的 y 轴坐标	y1	结束圆形的 y 轴坐标
r0	开始圆形的半径	r1	结束圆形的半径

4.4.2　帧率

1. wx.setPreferredFramesPerSecond(number fps)

功能：修改渲染帧率。默认渲染帧率为 60 帧/秒。修改后，requestAnimationFrame 的回调频率会发生改变。

该函数的属性如表 4-37 所示。

表 4-37　帧率参数表

属　性	说　明
number fps	帧率，有效范围为 1～60

2. cancelAnimationFrame(number requestID)

功能：取消由 requestAnimationFrame 添加到计划中的动画帧请求。

3. requestAnimationFrame(function callback)

功能：在下次进行重绘时执行。

该函数接收一个回调函数作为参数，该对象的属性如表 4-38 所示。

表 4-38　重绘参数表

属　性	说　明
number	请求 ID

4.4.3　字体

1．wx.loadFont(string path)

功能：加载自定义字体文件。

该对象的属性如表 4-39 所示。

表 4-39　加载字体参数表

属　性	说　明
string path	字体文件路径。可以是代码包文件路径，也可以是 wxfile://协议的本地文件路径
string	如果加载字体成功，则返回字体 family 值；否则返回 null

2．wx.getTextLineHeight(Object object)

功能：获取一行文本的行高。

该函数接收一个 JSON 对象作为参数，该对象的属性如表 4-40 所示。

表 4-40　字体设置参数表

属　性	类　型	默认值	必填	说　明
fontStyle	string	normal	否	字体样式
fontWeight	string	normal	否	字重
fontSize	number	16	否	字号
fontFamily	string		是	字体名称
text	string		是	文本的内容
success	function		否	接口调用成功的回调函数
fail	function		否	接口调用失败的回调函数
complete	function		否	接口调用结束的回调函数（调用成功或失败都会执行）

4.4.4　图像

1．wx.createImage()

功能：创建一个图像对象。

2．Image

功能：图像对象。

该对象的属性如表 4-41 所示。

表 4-41　图像参数表

属　　性	说　　明
string src	图像的 URL
number width	图像的真实宽度
number height	图像的真实高度
function onload	图像加载完成后触发的回调函数
function onerror	图像加载发生错误后触发的回调函数

3．CanvasContext.drawImage(string imageResource, number sx, number sy, number sWidth, number sHeight, number dx, number dy, number dWidth, number dHeight)

功能：绘制图像到画布。

格式：

drawImage(imageResource, dx, dy)

drawImage(imageResource, dx, dy, dWidth, dHeight)

drawImage(imageResource, sx, sy, sWidth, sHeight, dx, dy, dWidth, dHeight)（从 1.9.0 开始支持）

该对象的属性如表 4-42 所示，其返回值是一个 CanvasContext 对象。

该方法的使用见程序清单 4-4 的综合应用，效果图如图 4-6 和图 4-7 所示。

表 4-42　图像绘制参数表

参　　数	说　　明
string imageResource	所要绘制的图像资源（网络图像要先通过 getImageInfo / downloadFile 下载）
number sx	需要绘制到画布中的 imageResource 的矩形（裁剪）选择框的左上角 x 轴坐标
number sy	需要绘制到画布中的 imageResource 的矩形（裁剪）选择框的左上角 y 轴坐标
number sWidth	需要绘制到画布中的 imageResource 的矩形（裁剪）选择框的宽度
number sHeight	需要绘制到画布中的 imageResource 的矩形（裁剪）选择框的高度
number dx	imageResource 的左上角在目标 Canvas 上 x 轴坐标
number dy	imageResource 的左上角在目标 Canvas 上 y 轴坐标
number dWidth	在目标画布上绘制 imageResource 的宽度，允许对绘制的 imageResource 进行缩放
number dHeight	在目标画布上绘制 imageResource 的高度，允许对绘制的 imageResource 进行缩放

4.4.5　定时器

1．clearInterval(number intervalID)

功能：取消由 setInterval 设置的定时器。

该对象的属性如表 4-43 所示。

表 4-43　取消 setInterval 定时器参数表

属　　性	说　　明
number intervalID	要取消的定时器 ID

2．clearTimeout(number timeoutID)

功能：取消由 setTimeout 设置的定时器。

该对象的属性如表 4-44 所示。

表 4-44　取消 setTimeout 定时器参数表

属　　　性	说　　　明
number timeoutID	要取消的定时器 ID

3．setInterval(function callback, number delay, any rest)

功能：设定一个定时器。按照指定的周期（以 ms 计）执行注册的回调函数。

该对象的属性如表 4-45 所示。

表 4-45　设置 setInterval 定时器参数表

属　　　性	说　　　明
number delay	执行回调函数之间的时间间隔，单位为 ms
any rest	param1, param2, …, paramN 等附加参数，作为参数传递给回调函数

4．setTimeout(function callback, number delay, any rest)

功能：设定一个定时器。在到达指定时间后执行注册的回调函数。

该对象的属性如表 4-46 所示。

表 4-46　设置 setTimeout 定时器参数表

属　　　性	说　　　明
number delay	延迟的时间，函数的调用会在该延迟后发生，单位为 ms
any rest	param1, param2, …, paramN 等附加参数，作为参数传递给回调函数

 注意

number setInterval(function callback, number delay)不能有第 3 个参数 any。如果 callback 需要有参数，可以通过 callback.bind 的方式来实现，即 setInterval(callback.bind (this, any), delay)。

4.5　网络请求类

本章主要从发起请求和 WebSocket 等接口介绍网络请求类，并且辅助一定软件（Node）使开发者能更好地理解客户端和服务器之间的交互，以及请求如何发送和发送的途径。

4.5.1　发起请求

wx.request (Object object)

功能：发起 HTTPS 网络请求。

该函数接收一个 JSON 对象作为参数，该对象的属性如表 4-47 所示，其中请求方法的属性 method 合法值如表 4-48 所示，数据类型的属性 dataType 合法值如表 4-49 所示，响应类型的属性 responseType 合法值如表 4-50 所示。该方法是一个异步方法，其结果会通过 success、fail 或 complete 三个回调接口传回。当调用成功时，其回调函数的参数如表 4-51 所示。

该方法的使用见程序清单 4-6 的综合应用，效果图如图 4-9 和图 4-10 所示。

表 4-47　网络请求参数表

属　　性	类　　型	默认值	必填	说　　明
url	string		是	开发者服务器接口地址
data	string/Object/ArrayBuffer		否	请求的参数
header	Object		否	设置请求的 header，header 中不能设置 Referer。content-type 默认为 application/json
method	string	GET	否	HTTP 请求方法
dataType	string	json	否	返回的数据格式
responseType	string	text	否	响应的数据类型
success	function		否	接口调用成功的回调函数
fail	function		否	接口调用失败的回调函数
complete	function		否	接口调用结束的回调函数（调用成功或失败都会执行）

表 4-48　object.method 合法值参数表

值	说　　明
OPTIONS	HTTP 请求 OPTIONS
GET	HTTP 请求 GET
HEAD	HTTP 请求 HEAD
POST	HTTP 请求 POST
PUT	HTTP 请求 PUT
DELETE	HTTP 请求 DELETE
TRACE	HTTP 请求 TRACE
CONNECT	HTTP 请求 CONNECT

表 4-49　object.dataType 合法值参数表

值	说　　明
json	返回的数据为 JSON 格式，返回后会对返回的数据进行一次 JSON 序列化
其他	不对返回的内容进行 JSON 序列化

表 4-50　object.responseType 合法值参数表

值	说　　明
text	响应的数据为文本
ArrayBuffer	响应的数据为 ArrayBuffer

表 4-51　成功回调函数参数表

属　　性	类　　型	说　　明	最低版本
data	string/Object/Arraybuffer	开发者服务器返回的数据	
statusCode	number	开发者服务器返回的 HTTP 状态码	
header	Object	开发者服务器返回的 HTTP Response Header	1.2.0

最终发送给服务器的数据是 string 类型，如果传入的数据不是 string 类型，会被转换为 string 类型。转换规则如下。

① 对于 GET 方法的数据，会将数据转换为 query string（encodeURIComponent(k)= encodeURIComponent(v)& encodeURIComponent(k)=encodeURIComponent(v)...）。

② 对于 POST 方法且 header['content-type']为 application/json 的数据，会对数据进行 JSON 序列化。

③ 对于 POST 方法且 header['content-type']为 application/x-www-form-urlencoded 的数据，会将数据转换为 query string（encodeURIComponent(k)=encodeURIComponent(v)&encodeURI Component(k)= encodeURIComponent(v)...）。

程序清单 4-6　HTTP 的 POST 请求

```
const http = require('http'); //获取 HTTP 模块
    http.createServer(function (request, response) {
        let dataSum = '';
        request.on('data', function (res) {
            dataSum += res;
        });
        //请求结束
        request.on('end', function () {
            response.end('服务器的返回数据');
            console.log(dataSum);
        })
    }).listen(8080);//前后的端口号要保持一致，可任意设置
//HTTP 请求调用
httpExample() {
        wx.request({
        url: 'http://127.0.0.1:8080/',
        method: 'POST',
        data: 'Hello World',
        success: function (response) {
            console.log(response);
        }
    });
```

📓 注意 _____

上面代码表示的是一个以 Node 为基础的网络请求。

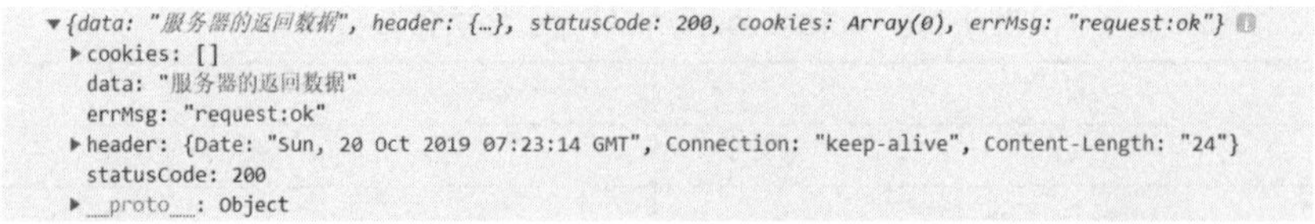

```
▼{data: "服务器的返回数据", header: {…}, statusCode: 200, cookies: Array(0), errMsg: "request:ok"} 🅘
  ▶cookies: []
    data: "服务器的返回数据"
    errMsg: "request:ok"
  ▶header: {Date: "Sun, 20 Oct 2019 07:23:14 GMT", Connection: "keep-alive", Content-Length: "24"}
    statusCode: 200
  ▶__proto__: Object
```

图 4-9　HTTP 的 POST 请求

图 4-10　POST 请求返回值

4.5.2　WebSocket

WebSocket 是一个在单个 TCP 连接上进行全双工通信的协议。WebSocket 通信协议于 2011 年被 IETF 定为标准 RFC 6455，并由 RFC 7936 补充规范。WebSocket API 也被 W3C 定为技术标准之一。

WebSocket 使得客户端和服务器之间的数据交换变得更加简单，允许服务器主动向客户端推送数据。在 WebSocket API 中，浏览器和服务器只需要完成一次握手，两者之间就可以直接创建持久性的连接，并进行双向数据传输。

1．wx.sendSocketMessage(Object object)

功能：通过 WebSocket 连接发送数据。需要先调用 wx.connectSocket，并在 wx.onSocketOpen 回调后才能发送。

该函数接收一个 JSON 对象作为参数，该对象的属性如表 4-52 所示。

该方法的使用见程序清单 4-7 的综合应用，效果图如图 4-11 所示。

表 4-52　WebSocket 数据发送参数表

属　　性	类　　型	必填	说　　明
data	string/ArrayBuffer	是	需要发送的内容
success	function	否	接口调用成功的回调函数
fail	function	否	接口调用失败的回调函数
complete	function	否	接口调用结束的回调函数（调用成功或失败都会执行）

程序清单 4-7　Socket 请求

```
const WebSocketServer = require('ws').Server; //获取 Socket 模块
    const ws = new WebSocketServer({
        port: 8080//前后端口必须保持一致，可设置任意端口
});
ws.on('connection', function (ws) {
    console.log('连接成功');
    ws.on('message', function (data) {
        console.log(data);
        ws.sendSocketMessage ('Hello World');
    });
})
//创建一个 WebSocket 连接
wx.connectSocket({
        url: 'ws://127.0.0.1:8080',
        success: function () {
            console.log('客户端连接成功');
        }
    });
```

```
//监听 WebSocket 连接打开
wx.onSocketOpen(function () {
        wx.sendSocketMessage({
            data: 'Hello'
        });
//监听 WebSocket 接收来自服务器的消息
        wx.onSocketMessage(function (res) {
            console.log(res);
        });
});
```

图 4-11　客户端返回值

2．wx.onSocketOpen(function callback)

功能：监听 WebSocket 连接打开事件。

该函数接收接口的一个监听 WebSocket 连接打开事件作为参数，该对象的属性如表 4-53 所示。

表 4-53　WebSocket 连接监听参数表

属　　性	类　　型	说　　明	最低版本
header	Object	连接成功的 HTTP response Header	2.0.0

该方法的使用见程序清单 4-7 的综合应用，效果图如图 4-12 所示。

```
D:\微信小程序\小游戏实例\test>node socket_server.js
连接成功
Hello
```

图 4-12　服务器返回值

3．wx.onSocketMessage(function callback)

功能：监听 WebSocket 接收来自服务器的消息事件。

该函数接收接口的一个监听 WebSocket 接收来自服务器的消息事件作为参数，该对象的属性如表 4-54 所示。

该方法的使用见程序清单 4-7 的综合应用，效果图如图 4-12 所示。

表 4-54　WebSocket 消息接收监听参数表

属　　性	类　　型	说　　明
data	string/ArrayBuffer	服务器返回的消息

4．wx.onSocketError(function callback)

功能：监听 WebSocket 错误事件。

该函数接收接口的一个监听 WebSocket 错误事件作为参数，该对象的属性如表 4-55 所示。

表 4-55　WebSocket 错误监听参数表

属　　性	说　　明
function callback	WebSocket 错误事件的回调函数

5．wx.onSocketClose(function callback)

功能：监听 WebSocket 连接关闭事件。

该函数接收接口的一个监听 WebSocket 连接关闭事件作为参数，该对象的属性如表 4-56 所示。

表 4-56　WebSocket 关闭监听参数表

属　　性	类　　型
code	number
reason	string

6．wx.connectSocket(Object object)

功能：创建一个 WebSocket 连接。

该函数接收一个 JSON 对象作为参数，该对象的属性如表 4-57 所示。

该方法的使用见程序清单 4-7 的综合应用。

表 4-57　WebSocket 连接参数表

属　　性	类　　型	默认值	必填	说　　明	最低版本
url	string		是	开发者服务器 wss 接口地址	
header	Object		否	HTTP Header，Header 中不能设置 Referer	
protocols	Array.<string>		否	子协议数组	1.4.0
tcpNoDelay	boolean	false	否	建立 TCP 连接时的 TCP_NODELAY 设置	2.4.0
success	function		否	接口调用成功的回调函数	
fail	function		否	接口调用失败的回调函数	
complete	function		否	接口调用结束的回调函数（调用成功或失败都会执行）	

注意

关于并发数的解释。

① 1.7.0 及以上版本，一个小程序最多可以同时存在 5 个 WebSocket 连接。

② 1.7.0 以下版本，一个小程序同时只有一个 WebSocket 连接，如果当前已存在一个 WebSocket 连接，会自动关闭该连接，并重新创建一个 WebSocket 连接。

7．wx.closeSocket(Object object)

功能：关闭 WebSocket 连接。

该函数接收一个 JSON 对象作为参数，该对象的属性如表 4-58 所示。

表 4-58　WebSocket 连接关闭参数表

属　性	类　型	默认值	必填	说　明
code	number	1000（表示正常关闭连接）	否	一个数字值，表示关闭连接的状态号
reason	string		否	一个可读的字符串，表示连接被关闭的原因。这个字符串必须是不长于 123Byte 的 UTF-8 文本（不是字符）
success	function		否	接口调用成功的回调函数
fail	function		否	接口调用失败的回调函数
complete	function		否	接口调用结束的回调函数（调用成功或失败都会执行）

4.6　数据类

本节主要从开放数据和开放数据域等接口介绍数据类，了解在小游戏中如何进行托管数据操作及其基本原理，如何获取好友等级、排名榜等信息。

4.6.1　开放数据

1. wx.setUserCloudStorage(Object object)

功能：对用户托管数据进行写数据操作。允许同时写多组键值对数据。

注意事项：从基础库 1.9.92 开始支持，低版本需进行兼容处理。

该函数接收一个 JSON 对象作为参数，该对象的属性如表 4-59 所示。该方法是一个异步方法，有 3 个回调函数。

该方法的使用见程序清单 4-8 的综合应用。

表 4-59　用户托管数据操作参数表

属　性	类　型	必填	说　明
KVDataList	Array.<KVData>	是	要修改的键值对数据列表
success	function	否	接口调用成功的回调函数
fail	function	否	接口调用失败的回调函数
complete	function	否	接口调用结束的回调函数（调用成功或失败都会执行）

注意

① 每个 openid 所标识的微信用户在每个游戏上托管的数据不能超过 128 个键值对。

② 上报的键值对数据列表中每项的键、值的长度和都不能超过 1KB。

③ 上报的键值对数据列表中每个键的长度都不能超过 128Byte。

程序清单 4-8　数据操作

```
window.wx.getUserCloudStorage({
                // 以键值对形式存储
                keyList: [MAIN_MENU_NUM],
                success: function (getres) {
                    console.log('getUserCloudStorage', 'success', getres)
                    if (getres.KVDataList.length != 0) {
                        if (getres.KVDataList[0].value > score) {
                            return;
                        }
                    }
                    // 对用户托管数据进行写数据操作
                    window.wx.setUserCloudStorage({
                        KVDataList: [{key: MAIN_MENU_NUM, value: "" + score}],
                        success: function (res) {
                            console.log('setUserCloudStorage', 'success', res)
                        },
                        fail: function (res) {
                            console.log('setUserCloudStorage', 'fail')
                        },
                        complete: function (res) {
                            console.log('setUserCloudStorage', 'ok')
                        }
                    });
                },
                fail: function (res) {
                    console.log('getUserCloudStorage', 'fail')
                },
                complete: function (res) {
                    console.log('getUserCloudStorage', 'ok')
                }
            });
        } else {
            cc.log("提交得分:" + MAIN_MENU_NUM + " : " + score)
        }
```

📚 注意 _____

如果托管的分数是最高分，则需要先判断更新的分数是否大于原始托管数据。

2. wx.removeUserCloudStorage(Object object)

功能：删除用户托管数据中对应 key 的数据。

注意事项：从基础库 1.9.92 开始支持，低版本需进行兼容处理。

该函数接收一个 JSON 对象作为参数，该对象的属性如表 4-60 所示。该方法是一个异步方法，有 3 个回调函数。

该方法的使用见程序清单 4-9 的综合应用。

表 4-60　删除用户托管数据 key 参数表

属　　性	类　　型	必填	说　　明
keyList	Array.<string>	是	要删除的 key 列表
success	function	否	接口调用成功的回调函数
fail	function	否	接口调用失败的回调函数
complete	function	否	接口调用结束的回调函数（调用成功或失败都会执行）

程序清单 4-9　删除数据

```
wx.removeUserCloudStorage({
    keyList:[Main_MENU_NUM],
    success:function(){},
    fail:function(){},
    complete:function(){}
});
```

注意 _____

keyList 传入的是数组中的 key 列表。

3．wx.modifyFriendInteractiveStorage(Object object)

功能：修改好友的互动型托管数据，该接口只在开放数据域下使用。

注意事项：从基础库 2.7.7 开始支持，低版本需进行兼容处理。

该函数接收一个 JSON 对象作为参数，该对象的属性如表 4-61 所示。其中，属性 operation 的合法值如表 4-62 所示。该方法是一个异步方法，其结果会通过 success、fail 或 complete 三个回调接口传回。当调用失败时，其回调函数的参数如表 4-63 所示，属性 errCode 的合法值如表 4-64 所示。

表 4-61　修改好友互动型托管数据参数表

属　　性	类　　型	必填	说　　明
key	string	是	需要修改的数据 key
opNum	number	是	需要修改的数值，目前只能为 1
operation	string	是	修改类型
toUser	string	是	目标好友的 openid
success	function	否	接口调用成功的回调函数
fail	function	否	接口调用失败的回调函数
complete	function	否	接口调用结束的回调函数（调用成功、失败都会执行）

表 4-62　object.operation 合法值参数表

值	说　　明
add	加

表 4-63　失败回调函数参数表

属　　性	类　　型	说　　明
errMsg	string	错误信息
errCode	number	错误码

表 4-64　res.errCode 合法值参数表

值	说　　明
−17006	非好友关系
−17007	非法的 toUser openid
−17008	非法的 key
−17009	非法的 operation
−17010	非法的操作数
−17011	JavaScriptServer 校验写操作失败

4．wx.getUserInteractiveStorage(Object object)

功能：获取当前用户互动型托管数据对应 key 的数据。

注意事项：从基础库 2.7.7 开始支持，低版本需进行兼容处理。

该函数接收一个 JSON 对象作为参数，该对象的属性如表 4-65 所示，其中属性 key 的合法值如表 4-66 所示。该方法是一个异步方法，其结果会通过 success、fail 或 complete 三个回调接口传回。当调用成功时，其回调函数的参数如表 4-67 所示；当调用失败时，其回调函数的参数如表 4-68 所示，其中，属性 errCode 的合法值如表 4-69 所示。

表 4-65　获取用户互动型托管数据 key 参数表

属　　性	类　　型	必填	说　　明
keyList	string	是	要获取的 key 列表
success	function	否	接口调用成功的回调函数
fail	function	否	接口调用失败的回调函数
complete	function	否	接口调用结束的回调函数（调用成功或失败都会执行）

表 4-66　key 合法值参数表

属　　性	类　　型	必填	说　　明
keyList	Array.<string>	是	要获取的 key 列表
success	function	否	接口调用成功的回调函数
fail	function	否	接口调用失败的回调函数
complete	function	否	接口调用结束的回调函数（调用成功或失败都会执行）

表 4-67　成功回调函数参数表

属　　性	类　　型	说　　明
encryptedData	string	加密数据，包含互动型托管数据的值。解密后的结果为一个 KVDataList，每项为一个 KVData，包含用户数据的签名验证和加解密
cloudID	string	敏感数据对应的云 ID，只有开通云开发的小程序才会返回，可通过云调用直接获取开放数据

表 4-68 失败回调函数参数表

属　　性	类　　型	说　　明
errMsg	string	错误信息
errCode	number	错误码

表 4-69 res.errCode 合法值参数表

值	说　　明
−17008	非法的 key

5．wx.getUserCloudStorage(Object object)

功能：获取当前用户托管数据对应 key 的数据。该接口只在开放数据域下使用。

注意事项：从基础库 1.9.92 开始支持，低版本需进行兼容处理。

该函数接收一个 JSON 对象作为参数，该对象的属性如表 4-66 所示。该方法是一个异步方法，其结果会通过 success、fail 或 complete 三个回调接口传回。当调用成功时，其返回函数的参数如表 4-70 所示。

表 4-70 成功回调函数参数表

属　　性	类　　型	说　　明
KVDataList	Array.<KVData>	用户托管的键值对数据列表

6．wx.getGroupCloudStorage(Object object)

功能：获取群同玩成员的游戏数据。只有在小游戏通过群分享卡片打开的情况下才可以调用。该接口只在开放数据域下使用。

注意事项：从基础库 1.9.92 开始支持，低版本需进行兼容处理。

该函数接收一个 JSON 对象作为参数，该对象的属性如表 4-66 所示。该方法是一个异步方法，其结果会通过 success、fail 或 complete 三个回调接口传回。当调用成功时，其回调函数的参数如表 4-71 所示。

该方法的使用见程序清单 4-10 的综合应用。

表 4-71 成功回调函数参数表

属　　性	类　　型	说　　明
data	Array.<UserGameData>	群同玩成员的托管数据

程序清单 4-10 获取群同玩成员游戏数据

```
//获取所有好友数据
wx.getGroupCloudStorage({
    shareTicket: shareTicket,
    keyList: [MAIN_MENU_NUM],
    success: res => {
        console.log("wx.getGroupCloudStorage success", res);
        this.loadingLabel.active = false;
        let data = res.data;
        data.sort((a, b) => {
            if (a.KVDataList.length == 0 && b.KVDataList. length == 0) {
```

```
        return 0;
    }
    if (a.KVDataList.length == 0) {
        return 1;
    }
    if (b.KVDataList.length == 0) {
        return -1;
    }
    return b.KVDataList[0].value - a.KVDataList[0]. value;
    });
    for (let i = 0; i < data.length; i++) {
        var playerInfo = data[i];
        var item = cc.instantiate(this.prefabRankItem);
        item.getComponent('RankItem').init(i, playerInfo);
        this.scrollViewContent.addChild(item);
        if (data[i].avatarUrl == userData.avatarUrl) {
            let userItem = cc.instantiate(this. prefabRankItem);
            userItem.getComponent('RankItem').init(i, playerInfo);
            userItem.y = -354;
            this.node.addChild(userItem, 1, "1000");
        }
    }
    if (data.length <= 8) {
        let layout = this.scrollViewContent. getComponent(cc.Layout);
        layout.resizeMode = cc.Layout.ResizeMode.NONE;
    }
},
fail: res => {
    console.log("wx.getFriendCloudStorage fail", res);
    this.loadingLabel.getComponent(cc.Label).string = "数据加载失败，请检测网络,
谢谢。";
},
});
```

7．wx.getSharedCanvas()

功能：获取主域和开放数据域共享的 sharedCanvas。该接口只在开放数据域下使用。

该函数接收一个 JSON 对象作为参数，该对象的属性如表 4-72 所示。该方法是一个异步方法，其结果会通过 success、fail 或 complete 三个回调接口传回。当调用成功时，其回调函数的参数如表 4-71 所示。

表 4-72 sharedCanvas 获取参数表

属　　性	类　　型	必填	说　　　　　明
shareTicket	string	是	群分享对应的 shareTicket
keyList	Array.\<string\>	是	要获取的 key 列表
success	function	否	接口调用成功的回调函数
fail	function	否	接口调用失败的回调函数
complete	function	否	接口调用结束的回调函数（调用成功或失败都会执行）

8．wx.getFriendCloudStorage(Object object)

功能：获取当前用户所有同玩好友的托管数据。该接口只在开放数据域下使用。

注意事项：从基础库 1.9.92 开始支持，低版本需进行兼容处理。

该函数接收一个 JSON 对象作为参数。该方法是一个异步方法，其结果会通过 success、fail 或 complete 三个回调接口传回。

该方法的使用见程序清单 4-11 的综合应用。

程序清单 4-11　获取当前用户所有同玩好友的托管数据

```
//获取所有好友数据
    wx.getFriendCloudStorage({
        keyList: [MAIN_MENU_NUM],
        success: res => {
            console.log("wx.getFriendCloudStorage success", res);
            let data = res.data;
            data.sort((a, b) => {
                if (a.KVDataList.length == 0 && b.KVDataList. length == 0) {
                    return 0;
                }
                if (a.KVDataList.length == 0) {
                    return 1;
                }
                if (b.KVDataList.length == 0) {
                    return -1;
                }
                return b.KVDataList[0].value - a.KVDataList[0]. value;
            });
            for (let i = 0; i < data.length; i++) {
                var playerInfo = data[i];
                var item = cc.instantiate(this.prefabRankItem);
                item.getComponent('RankItem').init(i, playerInfo);
                this.scrollViewContent.addChild(item);
                if (data[i].avatarUrl == userData.avatarUrl) {
                    let userItem = cc.instantiate(this. prefabRankItem);
                    userItem.getComponent('RankItem').init(i, playerInfo);
                    userItem.y = -354;
                    this.node.addChild(userItem, 1, "1000");
                }
            }
            if (data.length <= 8) {
                let layout = this.scrollViewContent. getComponent(cc.Layout);
                layout.resizeMode = cc.Layout.ResizeMode.NONE;
            }
        },
        fail: res => {
            console.log("wx.getFriendCloudStorage fail", res);
            this.loadingLabel.getComponent(cc.Label).string = "数据加载失败，请检测网
络，谢谢。";
        },
    });
```

9. KVData

功能：托管的键值对数据。

该对象的属性如表 4-73 所示，托管的键值对数据合法值如表 4-74 所示。

表 4-73　托管的键值对数据参数表

属　　性	说　　明
string key	数据的 key
string value	数据的 value

表 4-74　托管的键值对数据合法值参数表

属　　性	类　　型	必填	说　　明
score	int32	是	榜单对应的分数值
update_time	int64	是	分数最后更新的时间，Unix 时间戳

10. UserGameData

功能：托管数据。

该对象的属性如表 4-75 所示。

表 4-75　托管数据参数表

属　　性	说　　明
string avatarUrl	用户的微信头像 url
string nickname	用户的微信昵称
string openid	用户的 openid
Array.<KVData> KVDataList	用户的托管键值对数据列表

11. wx.getUserInfo(Object object)

功能：在无须用户授权的情况下，批量获取用户信息，仅支持获取用户和好友的用户信息。该接口只在开放数据域下使用。

该函数接收一个 JSON 对象作为参数，该对象的属性如表 4-76 所示。其中，属性 lang 合法值如表 4-2 所示。该方法是一个异步方法，其结果会通过 success、fail 或 complete 三个回调接口传回。当调用成功时，其回调函数的参数由表 4-77 所示，其中，属性 data 的合法值如表 4-78 所示。

表 4-76　用户信息获取参数表

属　　性	类　　型	默认值	必填	说　　明
openIdList	Array.<string>	[]	否	要获取信息的用户的 openid 数组，如果要获取当前用户信息，则将数组中的一个元素设为'selfOpenId'
lang	string	en	否	显示用户信息的语言
success	function		否	接口调用成功的回调函数
fail	function		否	接口调用失败的回调函数
complete	function		否	接口调用结束的回调函数（调用成功、失败都会执行）

表 4-77   成功回调函数参数表

属　　性	类　　型	说　　明
data	Array.<Object>	用户信息列表

表 4-78   res.data 合法值参数表

属　　性	类　　型	说　　明
avatarUrl	string	用户头像图片 url
city	string	用户所在城市
country	string	用户所在国家
gender	number	用户性别
language	string	显示所用的语言
nickName	string	用户昵称
openId	string	用户 openid
province	string	用户所在省份

4.6.2　开放数据域

1．wx.getOpenDataContext()

功能：获取开放数据域。

注意事项：从基础库 1.9.92 开始支持，低版本需进行兼容处理。

该方法的使用见程序清单 4-12 的综合应用。

程序清单 4-12　获取开放数据域

```
var odc = wx.getOpenDataContext();
    var c = odc.canvas;//获取 Canvas 对象
    odc.postMessage({///发送消息
      name:'张三',
      score:300
    });
```

2．OpenDataContext

功能：开放数据域对象。

该对象的属性如表 4-79 所示，其方法如表 4-80 所示。

表 4-79   开放数据域参数表

属　　性	说　　明
Canvas canvas	开放数据域和主域共享的 sharedCanvas

表 4-80   开放数据域方法参数表

方　　法	说　　明
OpenDataContext.postMessage(Object message)	向开放数据域发送消息

3. wx.onMessage(function callback)

功能：监听主域发送的消息。

该方法的使用见程序清单 4-13 的综合应用。

程序清单 4-13 数据域相关操作

主域：

```
if (CC_WECHATGAME) {//微信条件下
    // 发消息给子域
    window.wx.postMessage({
        messageType: 1,
        MAIN_MENU_NUM: "x1"
    });
} else {
    cc.log("获取好友排行榜数据。x1" + com.score);
}
```

子域：

```
window.wx.onMessage(data => {
    //cc.log("接收主域发来消息：", data)
    if (data.messageType == 0) {//移除排行榜
        this.removeChild();
    } else if (data.messageType == 1) {//获取好友排行榜
        this.fetchFriendData(data.MAIN_MENU_NUM);
    } else if (data.messageType == 3) {//提交得分
        this.submitScore(data.MAIN_MENU_NUM, data.score);
    } else if (data.messageType == 4) {//获取好友排行榜，横向排列展示模式
        this.gameOverRank(data.MAIN_MENU_NUM);
    } else if (data.messageType == 5) {//获取群排行榜
        this.fetchGroupFriendData(data.MAIN_MENU_NUM, data.shareTicket);
    }
});
```

4. OpenDataContext.postMessage(Object message)

功能：向开放数据域发送消息。

该函数接收一个 JSON 对象作为参数，该对象的属性如表 4-81 所示。该方法是一个异步方法，其结果会通过 success、fail 或 complete 三个回调接口传回。当调用成功时，其回调函数的参数如表 4-82 所示。

该方法的使用见程序清单 4-13 的综合应用。

表 4-81 向开放数据域发送消息参数表

属　　性	说　　明
message	要发送的消息。message 及嵌套对象中 key 的 value 只能是 primitive value，即 number、string、boolean、null、undefined 类型

表 4-82　成功回调函数参数表

属　　性	类　　型	说　　明
result	boolean	是否建议用户休息

注意

    cc.log 是 Cocos 引擎中控制台打印消息的函数。messageType 字段用于区别对排行榜的操作，由于主域传入的是 1，因此子域进行的操作是获取好友排行榜。

    综上所述，登录授权类、音乐类、图片类、网络类、数据类是构成一个小游戏的 5 个组成部分，缺一不可。前三类是前提，登录授权类是为了获取开发者或用户的许可，音乐类是为了制造炫酷的游戏氛围，图片类则是吸引用户眼球的必备类；后两类则贯穿整个游戏，因为一个只有个人而没有同伴的游戏是毫无意义的，人越多，游戏越能展现出它真正的价值。一个好的游戏必然要具备严谨的登录授权、优美的音乐特效、吸引眼球的图片效果、前后端完美的交互，以及玩家信息、战况等清晰的结构。

第 5 章 ⊹ 原生微信小游戏开发

本章介绍如何在微信开发者工具中使用微信原生的 API 来开发小游戏。这种开发方式依赖少，执行效率高，比较适合简单小游戏的开发。

5.1 微信原生小游戏概述

微信原生小游戏是指在开发过程中主要使用微信官方提供的开发工具进行开发的游戏。主要通过直接操作 Canvas（画布）来实现游戏的各个部分功能。其特点是开发环境相对简单，直接使用微信小游戏官方的 API 进行开发，和微信本身的功能结合紧密。游戏开发完成后不依赖于其他的游戏库，发布文件较小。

该开发模式特别适合逻辑和视觉上相对简单的游戏，如腾讯官方游戏"飞机大战"就是使用原生工具进行开发；其缺点是想开发逻辑和视觉上相对复杂的游戏不如使用框架方便。

5.2 Canvas 相关的 API

除了 4.4.1 节介绍的 Canvas 方法，微信 API 中与 Canvas 相关的方法还有如下几个。

1. wx.createOffscreenCanvas()

功能：创建离屏 Canvas 实例。
返回值：OffscreenCanvas。

2. wx.createCanvasContext(string canvasId, Object this)

功能：创建 Canvas 的绘图上下文 CanvasContext 对象。createCanvasContext 参数表如表 5-1 所示。

表 5-1　createCanvasContext 参数表

属　　性	类　　型	说　　明
canvasId	string	要获取上下文的 Canvas 组件 canvasId 属性
this	Object	在自定义组件中当前组件实例的this，表示在这个自定义组件中查找拥有 canvas-id 的 Canvas，如果省略则不在任何自定义组件中查找

返回值：CanvasContext。

3. wx.canvasPutImageData(Object object, Object this)

功能：将像素数据绘制到画布。在自定义组件中，第二个参数传入自定义组件实例 this，以操作组件中的 Canvas 组件。canvasPutImageData 参数表如表 5-2 所示。示例代码如程序清单 5-1 所示。

表 5-2　canvasPutImageData 参数表

属　性	类　型	必填	说　明
canvasId	string	是	画布标识，传入 Canvas 组件的 canvasId 属性
data	Uint8ClampedArray	是	图像像素数据，一维数组，每 4 项表示 1 个像素的 RGBA 颜色值
x	number	是	源图像数据在目标画布中的位置偏移量（x 轴方向的偏移量）
y	number	是	源图像数据在目标画布中的位置偏移量（y 轴方向的偏移量）
width	number	是	源图像数据矩形区域的宽度
height	number	是	源图像数据矩形区域的高度
success	function	否	接口调用成功的回调函数
fail	function	否	接口调用失败的回调函数
complete	function	否	接口调用结束的回调函数（调用成功或失败都会执行）

程序清单 5-1　canvasPutImageData 示例代码

```
const data = new Uint8ClampedArray([255, 0, 0, 1])
wx.canvasPutImageData({
  canvasId: 'myCanvas',
  x: 0,
  y: 0,
  width: 1,
  height: 1,
  data: data,
  success (res) {}
})
```

4．wx.canvasGetImageData(Object object, Object this)

功能：获取 Canvas 区域隐含的像素数据。canvasGetImageData 参数表如表 5-3 所示。

表 5-3　canvasGetImageData 参数表

属　性	类　型	必填	说　明
canvasId	string	是	画布标识，传入 Canvas 组件的 CanvasId 属性
x	number	是	将要被提取的图像数据矩形区域的左上角横坐标
y	number	是	将要被提取的图像数据矩形区域的左上角纵坐标
width	number	是	将要被提取的图像数据矩形区域的宽度
height	number	是	将要被提取的图像数据矩形区域的高度
success	function	否	接口调用成功的回调函数
fail	function	否	接口调用失败的回调函数
complete	function	否	接口调用结束的回调函数（调用成功或失败都会执行）

object.success 回调函数参数表如表 5-4 所示。

表 5-4　object.success 回调函数参数表

属　　性	类　　型	说　　明
width	number	图像数据矩形区域的宽度
height	number	图像数据矩形区域的高度
data	Uint8ClampedArray	图像像素数据，一维数组，每 4 项表示 1 个像素的 RGBA 颜色值

canvasGetImageData 示例代码如程序清单 5-2 所示。

程序清单 5-2　canvasGetImageData 示例代码

```
wx.canvasGetImageData({
  canvasId: 'myCanvas',
  x: 0,
  y: 0,
  width: 100,
  height: 100,
  success(res) {
    console.log(res.width) // 100
    console.log(res.height) // 100
    console.log(res.data instanceof Uint8ClampedArray) // true
    console.log(res.data.length) // 100 * 100 * 4
  }
})
```

5. Canvas

Canvas 实例可通过 SelectorQuery 获取，Canvas 参数表如表 5-5 所示。

表 5-5　Canvas 参数表

属　　性	类　　型	说　　明
width	number	画布宽度
height	number	画布高度

Canvas 的方法如表 5-6 所示。

表 5-6　Canvas 的方法

方　　法	说　　明
RenderingContext Canvas.getContext(string contextType)	返回 Canvas 的绘图上下文
Image Canvas.createImage()	创建一个图像对象。支持在 2D Canvas 和 WebGL Canvas 中使用，但不支持混用 2D 和 WebGL 的方法
number Canvas.requestAnimationFrame(function callback)	在下次进行重绘时执行。支持在 2D Canvas 和 WebGL Canvas 中使用，但不支持混用 2D 和 WebGL 的方法
Canvas.cancelAnimationFrame(number requestID)	取消由 requestAnimationFrame 添加的动画帧请求。支持在 2D Canvas 和 WebGL Canvas 中使用，但不支持混用 2D 和 WebGL 的方法
ImageData Canvas.createImageData()	创建一个 ImageData 对象。仅支持在 2D Canvas 中使用

6．CanvasContext

CanvasContext 是指 Canvas 组件的绘图上下文，参数如表 5-7 所示。

表 5-7　CanvasContext 的参数

属　　性	类　　型	说　　明	最低版本
CanvasGradient fillStyle	string	填充颜色。用法同 CanvasContext.set- FillStyle()	1.9.90
CanvasGradient strokeStyle	string	边框颜色。用法同 CanvasContext.set-Stroke Style()	1.9.90
shadowOffsetX	number	阴影相对于形状在水平方向上的偏移	1.9.90
shadowOffsetY	number	阴影相对于形状在竖直方向上的偏移	1.9.90
shadowColor	number	阴影的颜色	1.9.90
shadowBlur	number	阴影的模糊级别	1.9.90
lineWidth	number	线条的宽度。用法同 CanvasContext.set-LineWidth()	1.9.90
lineCap	string	线条的端点样式。用法同 CanvasContext.set-LineCap()	1.9.90
lineJoin	string	线条的交点样式。用法同 CanvasContext.set-LineJoin()	1.9.90
miterLimit	number	最大斜接长度。用法同 CanvasContext.set-MiterLimit()	1.9.90
lineDashOffset	number	虚线偏移量，初始值为 0	1.9.90
font	string	当前字体样式的属性。符合 CSS font 语法的 DOMString 字符串，至少需要提供字体大小和字体族名。默认值为 10px sans-serif	1.9.90
globalAlpha	number	全局画笔透明度。范围为 0～1，0 表示完全透明，1 表示完全不透明	1.9.90
globalCompositeOperation	string	在绘制新形状时应用的合成操作的类型。目前安卓版本只适用于 fill 填充块的合成，用于 stroke 线段的合成效果都是 source-over	1.9.90

CanvasContext 目前支持的操作如下。

Android：xor, source-over, source-atop, destination-out, lighter, overlay, darken, lighten, hard-light。

iOS：xor, source-over, source-atop, destination-over, destination-out, lighter, multiply, overlay, darken, lighten, color-dodge, color-burn, hard-light, soft-light, difference, exclusion, saturation, luminosity。

lineJoin 的合法值如表 5-8 所示。

表 5-8　lineJoin 合法值参数表

值	说　　明
bevel	斜角
round	圆角
miter	尖角

CanvasContext 的方法如表 5-9 所示。

表 5-9　CanvasContext 的方法

方　　法	说　　明
CanvasContext.draw(boolean reserve, function callback)	将之前在绘图上下文中的描述（路径、变形、样式）画到画布中
CanvasGradient CanvasContext.createLinearGradient(number x0, number y0, number x1, number y1)	创建一个线性的渐变颜色。返回的 CanvasGradient 对象需要使用 CanvasGradient.addColorStop 指定渐变点，渐变点至少要两个
CanvasGradient CanvasContext.createCircularGradient(number x, number y, number r)	创建一个圆形的渐变颜色。起点在圆心，终点在圆环。返回的 CanvasGradient 对象需要使用 CanvasGradient.addColorStop 指定渐变点，渐变点至少要两个
CanvasContext.createPattern(string image, string repetition)	对指定图像创建模式的方法，可在指定的方向上重复原图像
Object CanvasContext.measureText(string text)	测量文本尺寸信息。目前仅返回文本宽度，并同步接口
CanvasContext.save()	保存绘图上下文
CanvasContext.restore()	恢复之前保存的绘图上下文
CanvasContext.beginPath()	开始创建一个路径。需要调用 fill 或 stroke 才会使用路径进行填充或描边。 • 在开始时相当于调用了一次 beginPath； • 同一个路径内多次设置 setFillStyle、setStrokeStyle、setLineWidth 等，以最后一次设置为准
CanvasContext.moveTo(number x, number y)	将路径移动到画布中的指定点，不创建线条。使用 stroke 方法画线条
CanvasContext.lineTo(number x, number y)	增加一个新点，再创建一条从上次指定点到目标点的线。使用 stroke 方法画线条
CanvasContext.quadraticCurveTo(number cpx, number cpy, number x, number y)	创建二次方贝塞尔曲线路径。曲线的起始点为路径中前一个点
CanvasContext.bezierCurveTo(number cp1x, number cp1y, number cp2x, number cp2y, number x, number y)	创建三次方贝塞尔曲线路径。曲线的起始点为路径中前一个点
CanvasContext.arc(number x, number y, number r, number sAngle, number eAngle, boolean counterclockwise)	创建一条弧线。 • 创建一个圆，可以指定起始弧度为 0，终止弧度为 $2 \times$ Math.PI； • 使用 stroke 或 fill 方法在画布中画弧线
CanvasContext.rect(number x, number y, number width, number height)	创建一个矩形路径。需要使用 fill 或 stroke 方法将矩形真正画到画布中

（续表）

方　　法	说　　明
CanvasContext.arcTo(number x1, number y1, number x2, number y2, number radius)	根据控制点和半径绘制圆弧路径
CanvasContext.clip()	从原始画布中剪切任意形状和尺寸。一旦剪切了某个区域，所有之后的绘图就都会被限制在被剪切的区域中（不能访问画布上的其他区域）。可以在使用 clip 方法前通过 save 方法对当前画布区域进行保存，并在以后的任意时间通过 restore 方法对其进行恢复
CanvasContext.fillRect(number x, number y, number width, number height)	填充一个矩形。用 setFillStyle 设置矩形的填充色，如果未设置，则默认为黑色
CanvasContext.strokeRect(number x, number y, number width, number height)	画一个矩形（非填充）。使用 setStrokeStyle 设置矩形线条的颜色，如果未设置，则默认为黑色
CanvasContext.clearRect(number x, number y, number width, number height)	清除画布上在该矩形区域中的内容
CanvasContext.fill()	对当前路径中的内容进行填充。填充色默认为黑色
CanvasContext.stroke()	画出当前路径的边框。颜色默认为黑色
CanvasContext.closePath()	关闭一个路径，会连接起点和终点。如果关闭路径后没有调用 fill 或 stroke 并开启了新的路径，之前的路径就不会被渲染
CanvasContext.scale(number scaleWidth, number scaleHeight)	在调用后，之后创建的路径其横纵坐标会被缩放。多次调用倍数会相乘
CanvasContext.rotate(number rotate)	以原点为中心顺时针旋转当前坐标轴。多次调用旋转的角度会叠加。原点可使用 translate 方法修改
CanvasContext.translate(number x, number y)	对当前坐标系的原点(0, 0)进行变换。坐标系原点默认为页面左上角
CanvasContext.drawImage(string imageResource, number sx, number sy, number sWidth, number sHeight, number dx, number dy, number dWidth, number dHeight)	绘制图像到画布
CanvasContext.strokeText(string text, number x, number y, number maxWidth)	给定(x, y)坐标绘制文本描边的方法
CanvasContext.transform(number scaleX, number skewX, number skewY, number scaleY, number translateX, number translateY)	使用矩阵多次叠加当前变换的方法
CanvasContext.setTransform(number scaleX, number skewX, number skewY, number scaleY, number translateX, number translateY)	使用矩阵重新设置（覆盖）当前变换的方法
CanvasContext.setFillStyle(string|CanvasGradient color)	设置填充色

（续表）

方　　法	说　　明
CanvasContext.setStrokeStyle(string|CanvasGradient color)	设置描边颜色
CanvasContext.setShadow(number offsetX, number offsetY, number blur, string color)	设置阴影样式
CanvasContext.setGlobalAlpha(number alpha)	设置全局画笔透明度
CanvasContext.setLineWidth(number lineWidth)	设置线条的宽度
CanvasContext.setLineJoin(string lineJoin)	设置线条的交点样式
CanvasContext.setLineCap(string lineCap)	设置线条的端点样式
CanvasContext.setLineDash(Array.<number> pattern, number offset)	设置虚线样式
CanvasContext.setMiterLimit(number miterLimit)	设置最大斜接长度。斜接长度是指在两条线相交处内角和外角之间的距离。当 CanvasContext.setLineJoin() 为 miter 时才有效。超过最大倾斜长度的，连接处将以 lineJoin 为 bevel 来显示
CanvasContext.fillText(string text, number x, number y, number maxWidth)	在画布上绘制被填充的文本
CanvasContext.setFontSize(number fontSize)	设置字体的字号
CanvasContext.setTextAlign(string align)	设置文本的对齐方式
CanvasContext.setTextBaseline(string textBaseline)	设置文本的竖直对齐方式

7．Color

Color 是指颜色。可以用以下几种方式表示 Canvas 使用的颜色。

- RGB 颜色：如'rgb(255, 0, 0)'。
- RGBA 颜色：如'rgba(255, 0, 0, 0.3)'。
- 十六进制颜色：如'#FF0000'。
- 预定义颜色：如'red'，预定义颜色有 148 个。

注意

Color Name 对大小写不敏感。

颜色的常见 HEX 值如表 5-10 所示。

表 5-10　颜色的常见 HEX 值

Color Name	HEX	Color Name	HEX
Black	#000000	Lime	#00FF00
Blue	#0000FF	Olive	#808000
Brown	#A52A2A	Orange	#FFA500
DimGray	#696969	Pink	#FFC0CB
Gold	#FFD700	Plum	#DDA0DD
Gray	#808080	Purple	#800080
Green	#008000	Red	#FF0000

Color Name	HEX	Color Name	HEX
GreenYellow	#ADFF2F	Silver	#C0C0C0
LightBlue	#ADD8E6	Snow	#FFFAFA
LightGray	#D3D3D3	White	#FFFFFF
LightPink	#FFB6C1	Yellow	#FFFF00

8．Image

Image 是指图像对象，参数表如表 5-11 所示。

表 5-11　Image 参数表

属　性	类　型	说　明
src	string	图像的 URL
width	number	图像的真实宽度
height	number	图像的真实高度
onload	function	图像加载完成后触发的回调函数
onerror	function	图像加载发生错误后触发的回调函数

9．ImageData

ImageData 对象的参数表如表 5-12 所示。

表 5-12　ImageData 对象参数表

属　性	类　型	说　明
width	number	使用像素描述 ImageData 的实际宽度
height	number	使用像素描述 ImageData 的实际高度
data	Uint8ClampedArray	一维数组，包含以 RGBA 颜色值排序的数据，数据使用 0～255（含）的整数表示

10．OffscreenCanvas

离屏 Canvas 实例可通过 wx.createOffscreenCanvas 创建。OffscreenCanvas 的方法如表 5-13 所示。

表 5-13　OffscreenCanvas 的方法

方　法	说　明
RenderingContext OffscreenCanvas.getContext(string contextType)	返回 OffscreenCanvas 的绘图上下文

11．RenderingContext

RenderingContext 是指 Canvas 绘图上下文。

通过 Canvas.getContext('2d')接口可以获取 CanvasRenderingContext2D 对象，实现 HTML Canvas 2D Context 定义的属性、方法。

通过 Canvas.getContext('Webgl')或 OffscreenCanvas.getContext('Webgl')接口可以获取 WebGLRenderingContext 对象，实现 WebGL 1.0 定义的所有属性、方法、常量。

CanvasRenderingContext2D 的 drawImage 方法自版本 2.10.0 起支持传入通过 Selector Query 获取的 video 对象。

5.3　了解微信开发者工具

5.3.1　注册小游戏账号

在微信公众平台页面中打开小程序注册页面，根据引导输入信息，如图 5-1 所示。然后，在"服务类目"第一个下拉列表中应选择"游戏"选项，如图 5-2 所示，注册完成后就可以拥有自己的小游戏账号。

图 5-1　小程序注册

图 5-2　服务类目

5.3.2　安装并启动微信开发者工具

注册小游戏帐号后，应下载"微信开发者工具"，并将其安装到计算机中。微信开发者工具客户端界面如图 5-3 所示。

打开已安装的微信开发者工具客户端，使用已注册小游戏帐号的微信帐号"扫一扫"

二维码，进入小游戏开发环境，如图 5-4 所示。

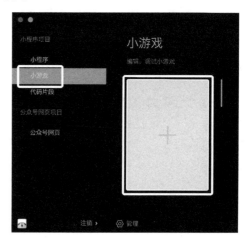

图 5-3　微信开发者工具客户端界面　　　　　图 5-4　小游戏开发环境

选择"小程序项目"栏中的"小游戏"选项，然后单击右侧"+"区域，开始创建小游戏项目，如图 5-5 所示。

先输入合适的项目名称，选择合适的目录，再登录刚刚注册的微信公众平台，打开小程序页面，如图 5-6 所示，找到小程序的 AppID，将其输入微信开发者工具页面的"AppID"文本框中。

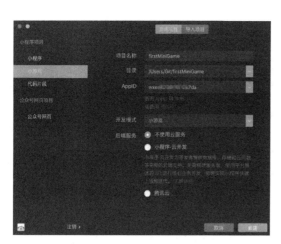

图 5-5　创建小游戏项目　　　　　　　　　图 5-6　小程序页面

输入完成后单击"新建"按钮，即可完成创建小游戏项目。

5.3.3　小游戏开发界面

小游戏开发界面如图 5-7 所示，主要包括模拟器、编辑器、调试器和工具栏。

图 5-7　小游戏开发界面

1. 模拟器

模拟器如图 5-8 所示。

图 5-8　模拟器

为了达到代码所见即所得的效果，编写的代码产生的效果能很快地在模拟器中显示。在浏览器中按 F12 键也可以达到类似的效果。其实，微信开发工具就是对浏览器进行了一定程度的封装，使用起来方便快捷。模拟器还可以模拟不同手机、缩放比例、网络状态等，极大方便了小游戏的开发和测试。

2．编辑器

编辑器是开发者在开发项目时编辑代码的窗口。微信开发者工具的编辑器对不同类型的文件，如 WXML、WXSS、JavaScript 等，都有语法高亮提升。

3．调试器

调试器如图 5-9 所示。

图 5-9　调试器

（1）Storage

Storage 可以理解为一个本地存储数据库，通过 wx.setStorageSync('logs', logs)等方法将需要的数据直接存储和取出。

（2）AppData

AppData 中存储了所有变量，对于开发和调试来说是非常重要的，通过它可以快速看到每个值的赋值情况。

（3）Audits

Audits 是一个程序性能分析的工具，用于在开发过程中和开发完成后测试程序。

4．工具栏

工具栏如图 5-10 所示。

图 5-10　工具栏

（1）预览

单击"预览"按钮后，可以用后台绑定的微信扫描二维码，在真机上查看效果。因为微信开发者工具只是模拟器，运行效果在模拟器上没问题，而在真机上出现问题的情况是常有的，所以开发完成一个功能后，要在真机上查看效果。

（2）真机调试

如果在预览时发现在真机上运行效果有问题，可以单击"真机调试"按钮，在真机上查看调试信息，调试真机问题。

（3）清缓存

如果使用了 Storage 或修改了页面和样式，但在渲染时使用的还是原来的代码，则清缓存是非常必要的操作。

（4）上传

在小游戏开发完成后，单击"上传"按钮，会将代码提交给微信官方审核。只有审核通过后，其他用户才能在微信中搜索和使用自己开发的小游戏。

（5）详情

详情如图 5-11 所示。

图 5-11　详情

在"详情"页面中可以设置关于项目的详细信息，包括"项目设置"选项卡和"域名信息"选项卡。另外，还要关注开发基础库的版本，较低的版本对大多新 API 都不支持，而过高的版本会使很多微信版本较低的用户无法使用小游戏（除非进行兼容处理）。

此外，微信在请求服务器数据时要求使用 HTTPS，而在开发阶段本机域名无法部署 HTTPS 服务时，需要勾选"不校验合法域名、web-view（业务域名）、TLS 版本以及 HTTPS 证书"复选框，这样小游戏才可以调用本地服务。而在"域名信息"选项卡中，可以设置小游戏在进行网络请求时认为合法的域名信息，避免因为流量被"劫持"而造成获取非法数据的问题。

📖 注意

由于微信开发者工具本身也在不断更新版本，不同的微信开发者工具所看到的某些界面可能和图示有所不符，部分设置选项的名称可能会有细微差别，但基本类似，建议读者以实际安装版本为主。

5.3.4 微信小游戏的文件

微信小游戏只有以下两个必要文件。

1. 配置文件 game.json

小游戏开发者通过在根目录编写一个 game.json 配置文件进行配置，微信开发者工具和客户端需要读取这个配置文件，完成相关界面渲染和属性的设置，如表 5-14 所示。

表 5-14　game.json 配置文件参数表

属　　性	数据类型	说　　明	默认值
deviceOrientation	string	支持的屏幕方向	portrait
showStatusBar	boolean	是否显示状态栏	false
networkTimeout	number	网络请求的超时时间，单位为 ms	60000
networkTimeout.request	number	wx.request 的超时时间，单位为 ms	60000
networkTimeout.connectSocket	number	wx.connectSocket 的超时时间，单位为 ms	60000
networkTimeout.uploadFile	number	wx.uploadFile 的超时时间，单位为 ms	6000
networkTimeout.downloadFile	number	wx.downloadFile 的超时时间，单位为 ms	60000
workers	string	多线程 worker 配置项	无

其中，deviceOrientation 的合法值如表 5-15 所示。

表 5-15　deviceOrientation 的合法值参数表

值	说　　明
portrait	竖屏
landscape	横屏

编辑器如图 5-12 所示。双击右侧 "game.json" 配置文件，可以编辑代码。单击 "+" 按钮可以创建需要的文件夹或 js、json 等格式文件，多文件操作可以更好地管理代码。

图 5-12　编辑器

2. 入口文件 game.js

game.js 是写入游戏逻辑代码的文件，整个游戏将会从 game.js 文件开始加载，主要实现游戏的主循环、处理玩家的操作（单击屏幕、按下按键或语音输入等），并通过 Canvas 对用户操作做出响应。也可在 game.js 文件中引入其他的 JavaScript 文件来使用其他功能，引入格式为 import 关键字加 JavaScript 文件路径，不需加 js 后缀。例如：

```
import '../js/libs/note'
```

在引用文件时，一般使用相对路径，"/"表示根文件夹，"./"表示当前文件夹，"../"表示当前文件所在文件夹的上一级文件夹，"../../"表示当前文件所在文件夹的上两级文件夹，以此类推。

下面通过一个贪食蛇的实例介绍小游戏开发主逻辑。

5.4　第一个微信小游戏——贪食蛇

5.4.1　程序开始

首先在编辑器目录中创建 js 文件夹用于存储游戏涉及的精灵、玩家类等（即要存储代码的文件），在 js 文件夹中新建 libs 文件夹，在其中放入 symbol.js 和 weapp-adapter.js 库文件（这两个库文件需要开发者在 https://github.com/crOSSjs/wxg/tree/master/js/libs 下载并自行放入 libs 文件夹中）。weapp-adapter 定义了一个全局的 Canvas 并进行了封装，可利用原生 Canvas 进行绘制。symbol 是 ES6 的简易兼容器，让开发者可以使用标准的 ES6 JavaScript 语法进行游戏开发。在 js 文件夹中创建主函数 main.js，在 game.js 中引入 js 文件夹中的 main.js，使用 new 命令新建一个 main 对象。同时在 game.js 中引入 libs 文件夹中的 symbol.js 和 weapp-adapter.js。具体文件夹结构和 game.js 的内容如图 5-13 所示。

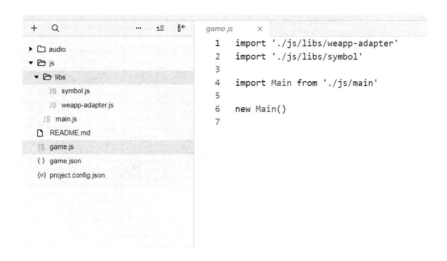

图 5-13　文件夹结构和 game.js 的内容

由图 5-13 可以看出，在本例中，game.js 仅仅作为游戏的入口及对全部库资源的一个整合。后续需要先创建一个全局的 Canvas，再直接引用 main.js 文件，因为大部分的游戏逻辑都是写在 main.js 中的。下面对 main.js 中的程序进行介绍。

5.4.2　变量的定义

在 main.js 中，对在游戏中用到的变量进行定义和初始化，如程序清单 5-3 所示。变量的具体含义参见程序中的注释。

程序清单 5-3　主函数中对变量的定义和初始化

```
// 手指开始位置
var startX = 0;
var startY = 0;

// 手指移动路径
var moveX = 0;
var moveY = 0;
// 差值
var diffX = 0;
var diffY = 0;

var snakeW = 10;
var snakeH = 10;
var offScreenCanvas = null;

let ctx = canvas.getContext('2d')

var image = wx.createImage()
// 蛇头
var snakeHead = {
  image: image,
```

```
      x: 0,
      y: 0,
      w: snakeW,
      h: snakeH
};
// 蛇身数组
var snakeBodys = [];
// 窗口宽和高
var windowW = 0;
var windowH =0;
// 食物
var foods = [];
// 蛇头移动方向
var snakeMoveDirection = "right";
// 总得分(吃到的食物大小-宽度的总和)
var score = 0;
// 蛇身总长(每得 perSocre 分,+1)
var snakeLength = 0;
// 是否变长,即移除蛇身 (每得 perSocre 分,变长-蛇身+1)
var shouldRemoveBody = true;
// (每得 perSocre 分,变长-蛇身+1)
var perSocre = 5;
// 得了 count 个 perSocre 分
var count = 1;
// 蛇移动的速度(帧频率,越大越慢)
var defaultSpeedLevel =10;
var moveSpeedLevel = defaultSpeedLevel;
// 减慢动画
var perform = 0;
// 吃到食物的次数
var eatFoodCount = 0;
// 每 speederPerFood 次吃到食物则加速
var speederPerFood = 2;
//玩家头像
var avatarUrl;
```

5.4.3　屏幕触摸的实现

在 main.js 中通过 wx.onTouchStart 和 wx.onTouchMove 来处理手指滑动,完成交互。首先,通过 wx.onTouchStart 处理玩家手指在屏幕上按下的事件,并记录按下的位置。然后,通过 wx.onTouchMove 处理手指滑动,根据两个手指位置差来判断玩家手指移动方向,并改变贪食蛇的移动方向。而 wx.getUserInfo 用来获取用户信息,wx.getSystemInfo 用来获取系统信息。具体如程序清单 5-4 所示。

程序清单 5-4　主函数中对屏幕触摸的实现

```
wx.onTouchStart(function (e) {
    startX = e.touches[0].clientX;
    startY = e.touches[0].clientY;
})
```

```
//移动方向
wx.onTouchMove(function (e) {
  moveX = e.touches[0].clientX;
  moveY = e.touches[0].clientY;

  diffX = moveX - startX;
  diffY = moveY - startY;
  if (Math.abs(diffX) > Math.abs(diffY) && diffX > 0 && !(snakeMoveDirection ==
"left")) {
    // 向右
    snakeMoveDirection = "right";
    //console.log("向右");
  } else if (Math.abs(diffX) > Math.abs(diffY) && diffX < 0
&& !(snakeMoveDirection == "right")) {
    // 向左
    snakeMoveDirection = "left";
    //console.log("向左");
  } else if (Math.abs(diffX) < Math.abs(diffY) && diffY > 0
&& !(snakeMoveDirection == "top")) {
    // 向下
    snakeMoveDirection = "bottom";
    //console.log("向下");
  } else if (Math.abs(diffX) < Math.abs(diffY) && diffY < 0
&& !(snakeMoveDirection == "bottom")) {
    // 向上
    snakeMoveDirection = "top";
    //console.log("向上");
  }
})

wx.getUserInfo({
  success: function (res) {
    avatarUrl = res.userInfo.avatarUrl;
  }
})

wx.getSystemInfo({
  success: function (res) {
    windowW = res.windowWidth;
    windowH = res.windowHeight;

  }
})
```

5.4.4　游戏主类的实现

在 main.js 中定义了游戏主类 Main。其中，通过一个模式弹窗显示游戏开始信息，如果玩家单击确定，则通过调用自定义方法 beginGame 和 initGame 函数开始游戏，具体如程序清单 5-4 所示。

程序清单 5-4 主函数中用于开始游戏的函数

```
export default class Main {

  constructor() {
    var _this = this;              //为内嵌函数保存对象的引用
    wx.showModal({
      title: '请开始游戏',
      content: "每得" + perSocre + "分,蛇身增长 1 ",
      success: function (res) {
        if (res.confirm) {
          ctx.fillStyle = "white"
          _this.beginGame();
        } else {
          _this.initGame();
        }
      }
    });
  }
```

5.4.5 beginGame 和 initGame 函数的实现

在 main.js 中，函数 beginGame 和 initGame 用来初始化开始游戏的环境，它们是 Main 类的方法，如程序清单 5-5 所示。

程序清单 5-5 初始化开始游戏的环境

```
beginGame() {
  // 初始化游戏环境
  this.initGame();
  function drawObj(obj) {
    if (obj == snakeHead)
    {
      image.src = avatarUrl
      ctx.drawImage(image, obj.x, obj.y, obj.w, obj.h)
      image.onload = function () {

      }

    }else
    {
      var offScreenCanvas = wx.createCanvas()
      var offContext = offScreenCanvas.getContext('2d')
      offContext.fillStyle = obj.color
      offContext.fillRect(obj.x, obj.y, obj.w, obj.h)
      ctx.drawImage(offScreenCanvas, 0, 0)
    }


  }

  // 初始化游戏环境
```

```
initGame() {
 snakeHead.x = 0;
 snakeHead.y = 0;
 snakeBodys.splice(0, snakeBodys.length);//清空数组
 snakeMoveDirection = "right";
 // 上下文
 offScreenCanvas = wx.createCanvas();
 foods.splice(0, foods.length);

 score = 0;
 count = 1;
 moveSpeedLevel = defaultSpeedLevel;  // 恢复默认帧频率
 perform = 0;
 eatFoodCount = 0;

 // 创建 20 个食物
 for (var i = 0; i < 20; i++) {

  var food = this.food();

    foods.push(food);
   }
  }
 }
```

5.4.6 绘制食物与吃食物的实现

在 main.js 中，使用函数 beginDraw 绘制食物，eatFood 函数用于吃到食物，它们也是 Main 类的方法。具体如程序清单 5-6 所示。

程序清单 5-6　主函数中绘制食物与吃食物的函数

```
var _this = this;
 function beginDraw() {
  // 绘制 20 个食物
  for (var i = 0; i < foods.length; i++) {
   var food = foods[i];
    drawObj(food);
   // 吃食物
    if (_this.eatFood(snakeHead, food)) {

     //清除吃掉的食物
     ctx.clearRect(food.x, food.y, food.w, food.h);
    // 食物重置
    _this.reset(food);
    wx.showToast({
     title: "+" + food.w + "分",
     icon: 'success',
     duration: 500
    })
```

```
      score += food.w;
      //吃到食物的次数
      eatFoodCount++
      if (eatFoodCount % speederPerFood == 0) {
        // 每吃到 speederPerFood 次食物，蛇移动速度变快
        moveSpeedLevel -= 1;
        if (moveSpeedLevel <= 2) {
          moveSpeedLevel = 2;
        }
      }
    }
  }
  if (++perform % moveSpeedLevel == 0) {
    // 添加蛇身
    snakeBodys.push({
      color: "green",
      x: snakeHead.x,
      y: snakeHead.y,
      w: snakeW,
      h: snakeH
    });

    //删除绘制的多余部分
    for (var i = 0; i < snakeBodys.length-5; i++)
    {
      var snakeBody = snakeBodys[i];
      ctx.clearRect(snakeBody.x, snakeBody.y, snakeBody.w, snakeBody.h);
    }
    ctx.fillRect(snakeHead.x, snakeHead.y, snakeHead.w, snakeHead.h);
    ctx.fillStyle = 'white'

    // 移除蛇身
    if (snakeBodys.length > 5) {
      if (score / perSocre >= count) { // 得分
        count++;
        shouldRemoveBody = false;
      }
      if (shouldRemoveBody) {
        //清除吃掉的食物
        snakeBodys.shift();
      }
      shouldRemoveBody = true;

    }
    switch (snakeMoveDirection) {
      case "left":
        snakeHead.x -= snakeHead.w;
        break;
      case "right":
        snakeHead.x += snakeHead.w;
        break;
      case "top":
        snakeHead.y -= snakeHead.h;
```

```
                        break;
                    case "bottom":
                        snakeHead.y += snakeHead.h;
                        break;
                }

                // 游戏失败
                if (snakeHead.x > windowW || snakeHead.x < 0 || snakeHead.y > windowH ||
snakeHead.y < 0) {
                    // console.log("游戏结束");
                    wx.showModal({
                        title: "总得分:" + score + "分-----蛇身总长:" + snakeBodys.length + "",
                        content: '游戏失败, 重新开始, 咱又是一条好汉',
                        success: function (res) {
                            console.log(res)
                            if (res.confirm) {
                             _this.beginGame();

                            } else {
                             _this.initGame();
                            }
                        }
                    })

                    return;
                }
            }
            // 绘制蛇头
            drawObj(snakeHead);

            // 绘制蛇身
            for (var i = 0; i < snakeBodys.length; i++) {
                var snakeBody = snakeBodys[i];
                drawObj(snakeBody);
            }
            // 循环执行动画绘制
            requestAnimationFrame(beginDraw);
        }
        beginDraw();
    }
    // (A,B)中随机一个数
    randomAB(A, B) {
        return parseInt(Math.random() * (B - A) + A);
    }
    // 食物方法
    food() {
        var food = {};
        food["color"] = "rgb(" + this.randomAB(0, 255) + "," + this.randomAB(0, 255) + ","
+ this.randomAB(0, 255) + ")";
        food["x"] = this.randomAB(0, windowW);
        food["y"] = this.randomAB(0, windowH);
        var w = this.randomAB(10, 20);
```

```
        food["w"] = w;
        food["h"] = w;
        return food;
    }
    //吃完食物，食物随机产生
    reset(food){
    food["color"] = "rgb(" + this.randomAB(0, 255) + "," + this.randomAB(0, 255) + ","
+ this.randomAB(0, 255) + ")";
        food["x"] = this.randomAB(0, windowW);
        food["y"] = this.randomAB(0, windowH);
        var w = this.randomAB(10, 20);
        food["w"] = w;
        food["h"] = w;
    }

    // 吃到食物的函数
    eatFood(snakeHead, food) {
    var sL = snakeHead.x;
    var sR = sL + snakeHead.w;
    var sT = snakeHead.y;
    var sB = sT + snakeHead.h;
    var fL = food.x;
    var fR = fL + food.w;
    var fT = food.y;
    var fB = fT + food.h;
    if (sR > fL && sB > fT && sL < fR && sT < fB && sL < fR) {
        return true;
    } else {
        return false;
    }
    }
```

完成后在模拟器中运行程序，运行效果如图 5-14 所示。

图 5-14   贪食蛇运行效果

5.5 文件路径和资源加载

5.5.1 内部引用路径

在每个 js 文件中引用文件路径,应以根文件夹相对查找文件,如图 5-13 所示,在 game.js 中引用 js 文件夹中的 main.js。import Main from './js/main',表示引入在 game.js 的当级 js 文件夹中的 main.js。

5.5.2 资源加载

小游戏包内程序和资源大小限制在 4MB 之内,但同时有 50MB 的缓存空间可以使用。因此,要将必要的资源放在小游戏包内,而要将动态加载的资源放在自己的 Web 服务器上跨域加载。

在 Web 服务器上加载资源有以下 4 种方法。

① 如果有一个自己的 Web 服务器,就需要将放在小游戏包外的资源上传到 Web 服务器上,并在 Web 服务器上开启跨域相关权限。

② 在工程的入口类中加入如下程序:

```javascript
//开启跨域
egret.ImageLoader.crossOrigin = "anonymous";
```

③ 如果原来的资源配置文件是 default.res.json,那么需要再新建一个 innerPackage.res.json(名字可任意取)。在 default.res.json 中配置的是所有需要放在小游戏包外加载的资源配置。在 innerPackage.res.json 中配置的是所有放在小游戏包内的资源配置。

④ 修改原来加载 default.res.json 相关的程序如下:

```javascript
//假设 Web 服务器地址是 192.168.1.100,并且资源保持
和默认资源文件夹相同
RES.loadConfig("http://192.168.1.100/resource/default.res.json",
"http://192.168.1.100/resource/");//加载小游戏包外资源配置文件
RES.loadConfig("resource/innerPackage.res.json","resource/");//加载小游戏包
内资源配置文件
RES.addEventListener(RES.ResourceEvent.CONFIG_COMPLETE,this.onResConfigComplete,
this);
```

第 6 章　Cocos 引擎

本章介绍如何使用 Cocos 引擎开发微信小游戏。Cocos 引擎是流行的游戏开发引擎，用于开发较复杂的游戏，目前很多游戏都使用该引擎开发。本章主要介绍如何使用 Cocos 引擎的集成开发环境 Cocos Creator 工具开发微信小游戏，并给出了从安装、使用到开发的完整流程及注意事项。

6.1　Cocos Creator 简介

Cocos Creator 是老牌开源游戏引擎 Cocos2d-x 支持游戏开发集成环境的一次全新尝试。在 Cocos Creator 刚发布了半年，且没有开发者人口红利的情况下，其活跃开发者数量已经和上线推广了 4 年的 Cocos Studio 相当。

Cocos Creator 从 1.8 版本开始支持创建微信小游戏项目，可以一键发布微信小游戏，其对微信小游戏的支持越来越完善，可以方便地集成其他游戏引擎，如 Box2D 等，为开发专业复杂的小游戏提供了可能。

使用 Cocos Creator 开发也有缺点。首先，其发布后必须包含游戏引擎库，占用了游戏空间，玩家可能每次进入游戏都需要重新下载这些库文件。其次，微信 API 不断更新，Cocos Creator 在发布小游戏时，部分功能可能会由于微信 API 更新而无法使用。再次，Cocos Creator 的 API 也会更新，有时需要更新游戏代码以支持新的 API。最后，由于存在 bug，有时发布的游戏会突然缺失部分已经完成的逻辑，需要多次编译或修改代码才能解决问题。

虽然 Cocos Creator 有以上缺点，其仍然是开发微信小游戏最佳的开发环境。本章从安装 Cocos Creator 开始，到介绍 Cocos Creator 的环境和开发原则，最后通过一个案例介绍其开发流程。

6.2　Cocos Creator 下载安装

打开 Cocos Creator 官网，地址为 https://www.cocos.com/，选择产品中的 Cocos Creator 并下载，如图 6-1 所示。

> 📚 **注意**
>
> 不要下载 Cocos2d-x，它只是一个游戏引擎，并不包含完整的开发环境。要创建和导出微信小游戏项目，除了引擎还需要完整开发环境的支持。

6.2.1 版本选择

建议下载最新版本，这样可以使用更多新资源。在编写本书时 Cocos Creator 最新版本为 2.1.2，如图 6-2 所示。但 Cocos Creator 的版本升级速度非常快，官方对 bug 的修复速度也快，建议读者多关注官方的版本发布信息。

图 6-1　Cocos Creator 下载　　　　　　图 6-2　Cocos Creator 更新版本

6.2.2 安装

解压下载的压缩包，得到一个可执行文件，如图 6-3 所示。其文件名表明了其内容和版本。双击该文件，出现如图 6-4 所示的安装向导。根据安装向导，选择安装路径进行安装，安装时间比较长，需耐心等待。

图 6-3　Cocos Creator 的安装文件　　　　　　图 6-4　安装向导

6.2.3 测试

安装完成后，运行 Cocos Creator，会要求先登录。如果没有账号，可以注册，如图 6-5 所示。按照注册向导完成注册，获得账号再登录。登录后，选择"新建项目"→"空白项目"选项创建项目，如图 6-6 所示。

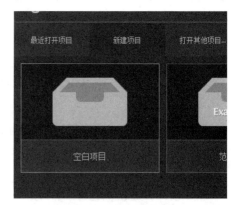

图 6-5　注册账号　　　　　　图 6-6　新建项目

然后选择项目路径并输入项目名，如图 6-7 所示，前为项目路径，后为项目名。

图 6-7　项目路径和路径名

 注意

項目路径和项目名不能出现中文字符。

項目新建成功后会出现一个可视化编辑界面，小游戏主要在此界面中进行开发。初始項目界面如图 6-8 所示，若可以打开此界面，则说明安装已经完成，可以开始使用 Cocos Creator 进行小游戏开发了。

图 6-8　初始项目界面

6.3　Cocos Creator 的界面

Cocos Creator 是以创作为核心的游戏开发引擎，主要以开发 2D 游戏为主，能够整合各种平台小游戏（如 QQ 小游戏、微信小游戏、抖音小游戏），是一个强大的可视化 2D 游戏开发引擎。最新版本的 Cocos Creator 已支持 3D 游戏开发，但基于微信小游戏的特点，本书不介绍 Cocos Creator 3D 部分内容。下面介绍 Cocos Creator 的界面。

6.3.1　场景编辑器

场景编辑器如图 6-9 所示，在场景编辑器下可以选择渲染的样式。使用鼠标左键拖曳可以缩放可视化界面（场景编辑器），而使用鼠标右键拖曳可以决定可视化界面位置，所有模块都可以进行缩放。

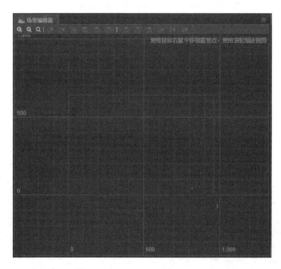

图 6-9　场景编辑器

6.3.2　控件库

控件也称为组件，通常指图形界面上可视的图形化元素。控件库如图 6-10 所示，是 Cocos Creator 为了简化操作、加快游戏开发速度而设计的一个快速建立各种游戏常用 UI 组件的库。其中包含常用的精灵（Sprite）、标签（Label）和按钮（Button）等组件。组件是不能独立存在的，必须被放置到某个节点上才能在游戏中存在。通过控制这个节点可以控制这个物体，而组件则绑定在节点上，如果一个节点上的组件是 Label（文本），就称为 Label 组件。所有的组件都可以简化为一个节点。

图 6-10　控件库

将一个 UI 组件添加到游戏中有三种方法。第一种方法是使用鼠标左键拖曳控件库中的某个组件到场景编辑器中。第二种方法是将组件拖曳到层级管理器中。第三种更精确的方法是在层级管理器中在要创建的节点上单击鼠标右键，选择"创建节点"→"创建 UI"命令，选择要创建的组件。

组件添加成功后，如图 6-11 所示，场景中会显示刚刚添加的组件。

图 6-11　添加组件

6.3.3　层级管理器

如图 6-12 所示，层级管理器包括当前打开场景中的所有节点，不论节点是否包括可见的图像。在层级管理器中可以选择、创建和删除节点，也可以通过拖曳一个节点到另一个节点上来建立节点父子关系。其中，Canvas 是主节点，所有的场景都在 Canvas 中渲染，Canvas 决定了游戏的界面。其他所有节点都是 Canvas 的子节点。Camera 为视角，一般不做更改。

图 6-12　层级管理器

在层级管理器中，组件的层级关系由上下关系决定，在下面的组件层级比在上面的组件高，优先展示。换句话说，当组件在场景中重叠时，下面的组件将覆盖上面的组件。

6.3.4　属性检查器

属性检查器是查看并编辑当前选中节点、节点组件和资源的区域。在场景编辑器或层级管理器中选中节点，或在资源管理器中选中资源，会在属性检查器中显示它们的属性，以供查询和编辑。

例如，在层级管理器中选中 Canvas 节点，属性检查器如图 6-13 所示，显示 Canvas 节点可供设置的属性。

图 6-13　Canvas 节点属性

注意

随着 Cocos Creator 版本的更新，同一个类型节点的属性可能会有较大差别，建议在 Cocos Creator 中实际操作一遍，熟悉各种组件的属性。

在使用属性检查器时，需要检查组件是否激活，如果没有勾选，则此节点无法在场景编辑器中展示。

1.节点的属性

在属性检查器中可以看到，选中节点的属性分为节点的属性和该节点上所绑定的组件属性两大类。节点的属性包括位置（Position）、旋转（Rotation）、缩放（Scale）、尺寸（Size）等变换属性，以及锚点（Anchor）、颜色（Color）、不透明度（Opacity）等。修改节点的属性通常可以即时在场景编辑器中看到节点的外观或位置变化。在节点属性下面，会列出节点上绑定的所有组件和组件的属性。和节点属性一样，单击组件的名称就会切换该组件属性的折叠/展开状态。在节点绑定了很多组件的情况下，通过折叠不常修改的组件属性可以获得更大的工作区域。组件名称的右侧有"帮助文档"和"组件设置"按钮。如图 6-13 中 Canvas 组件右侧的两个按钮，"帮助文档"按钮可以跳转到该组件相关的文档介绍页面，"组件设置"按钮可以对组件执行移除、重置、上移、下移、复制、粘贴等操作。

通过脚本创建的组件，其属性是由脚本声明的。不同类型的属性在属性检查器中有不同的组件外观和编辑方式。通常根据变量使用内存位置的不同将属性分为值类型和引用类型两大类。

（1）值类型

值类型主要是指简单的占用很少内存的变量类型，包括如下几种。

- 数值（Number）：可以直接使用键盘输入，也可以单击输入框右侧的上下箭头逐步增减属性值。
- 向量（Vec2）：包括 X、Y 两个数值输入。
- 字符串（String）：直接在文本框中输入字符串，字符串输入组件分为单行和多行两种，多行文本可以回车换行。
- 布尔（Boolean）：以复选框的形式编辑，选中状态表示属性值为 true，非选中状态表示属性值为 false。
- 枚举（Enum）：以下拉菜单的形式编辑，单击枚举菜单，从弹出的下拉菜单中选择一项，即可完成枚举值的修改。
- 颜色（Color）：单击颜色属性预览框，弹出颜色选择器窗口，使用鼠标直接单击需要的颜色，或在下面的 RGBA 颜色输入框中输入指定的颜色值。单击颜色选择器窗口以外的任何位置会关闭窗口，并以最后选定的颜色作为属性颜色。

（2）引用类型

引用类型包括节点、组件、资源（包括脚本）等。和值类型各式各样的编辑方式不同，引用类型通常只有一种编辑方式：拖曳节点或资源到属性栏中。引用类型的属性在初始化后会显示 None，无法通过脚本为引用类型的属性设置初始值。这时可以根据属性的类型将相应类型的节点或资源拖曳上去，即可完成赋值。

 注意

> 脚本文件也是一种资源，组件所使用的脚本资源也是通过拖曳的方式添加的。

需要拖曳节点赋值的属性栏上会显示白色的标签，标签上显示 Node 表示任意节点都可以拖曳上去；若标签显示组件名如 Sprite、Animation 等，则需要拖曳绑定了相应组件的节点。需要拖曳资源赋值的属性栏上会显示蓝色的标签，标签上显示的是资源的类型，如 sprite-frame、prefab、font 等。只要从资源管理器中拖曳相应类型的资源上去，就可以完成赋值。

当需要批量设置同类型资源的属性时，可在资源管理器中按 Shift 键选中多个资源，在属性检查器中会显示选中的资源数量及可编辑的资源属性。设置完成后单击"应用"按钮即可。

2．Canvas

Canvas 的常见属性（见图 6-13）如下。

- Design Resolution：表示实际游戏舞台的大小，超出 Canvas 的内容最终不会展示在游戏中，W 和 H 分别对应屏幕的宽和高，决定 Canvas 的尺寸单位为像素。
- Fit Height、Fit Width：固定高度和固定宽度，选中后，屏幕在 x 或 y 轴方向上将固定；若没有选中，引擎则自动调节，将屏幕（x 或 y 轴方向）全部填充。
- Anchor：Canvas 的定位点，整个节点将相对于这个点移动。
- Color：此节点的背景颜色。

● 添加组件：添加脚本组件、UI 或物理组件等。

3．Label

Label 组件的常见属性（见图 6-14）如下。

● String：Label 显示的内容。

● Font Size：字体的大小。

● Line Height：字体框的高，也称为行高。

4．Button

Button 组件的常用属性（见图 6-15）如下。

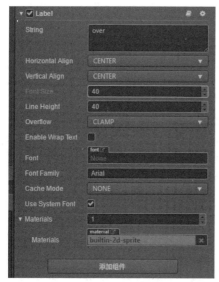

图 6-14　Label 组件属性　　　　　　　图 6-15　Button 组件属性

● Transition：指定单击时的状态表现，包括 NONE、COLOR、SPRITE 和 SCALE 四类，如图 6-16 所示。

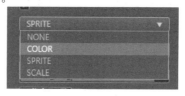

图 6-16　Button 状态选择

● Normal：正常下的样式。

● Pressed：单击后的样式。

● Hover：鼠标指针悬浮在 Button 上时的样式。

● Disabled：单击后的样式。

● Click Events：单击事件对应的程序数量，增加程序后会出现插槽，可以将对应的单击触发事件拖曳到相应插槽中进行绑定。

6.3.5　资源管理器

如图 6-17 所示，资源管理器是用来访问和管理项目资源的工作区域。在开始制作游戏时，添加资源到资源管理器中是必需的步骤。资源管理器将项目资源文件夹中的内容以树状结构显示出来，只有在项目文件夹的 assets 文件夹中的资源文件才会显示。所有资源文件必须存储在 assets 文件夹中，如图 6-18 所示。

 注意

　Cocos 引擎自带的资源文件夹会显示在 internal 文件夹中，而项目所需的其他资源必须存储在 assets 文件夹中。

为了使项目结构清晰，不建议将所有资源全都放在 assets 一级文件夹中，可在此文件夹中建立 3 个或 4 个子文件夹，如 Scenes、Texture、Scripts 等，分别用于存储场景、图片资源、脚本等文件。若需要建立子文件夹，单击 assets 文件夹后再单击"+"图标，或在 assets文件夹上单击鼠标右键，在弹出的快捷菜单中选择"新建"→"文件夹"命令，再输入子文件夹的名字。如图 6-19 所示，新建了一个 Scenes 子文件夹用于存储场景文件。

　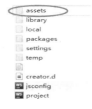　

图 6-17　资源管理器　　　　图 6-18　资源文件夹　　　　图 6-19　场景建立目录

如果资源层级过多，一层一层打开目录查找效率较低，可以在搜索框中以资源名字快速搜索。因此所有资源的命名都应规范且有实际意义。

6.3.6　控制台

控制台用于显示报错、警告或其他 Cocos Creator 编辑器和引擎生成的日志信息，如图6-20 所示。不同重要级别的信息会以不同颜色显示。日志等级划分如下。

- 日志（Log）：灰色文字，显示正在进行的操作。
- 提示（Info）：蓝色文字，显示重要的提示信息。
- 成功（Success）：绿色文字，表示当前执行的操作已成功完成。
- 警告（Warn）：黄色文字，提示用户需进行处理的异常情况，但不处理也不会影响运行。
- 报错（Error）：红色文字，表示出现了严重错误，必须解决才能进行下一步操作或运行游戏。

图 6-20　控制台

若控制台中的信息量很大，可以通过控制台中的选项有效地过滤信息，包括如下操作。

- 清除 🚫：清除控制台面板中的所有当前信息。
- 过滤输入 ⬛⬛⬛⬛⬛⬛⬛：根据输入的文本过滤控制台中的信息，如果勾选"正则"复选框，输入的文本会被当成正则表达式来匹配文本。
- 信息级别 All ▼：在下拉菜单中选择某一种信息级别，控制台只显示指定级别的信息。All 表示所有级别的信息都会显示。
- 切换字体 ▼ 14 ▼：在下拉菜单中选择控制台的字号。
- 合并同类信息 ☑Collapse：处于选中状态时，相同而重复的多条信息会被合并为一条，在信息旁边会有黄色数字提示多少条同类信息被合并了。

6.3.7　工具栏

工具栏位于 Cocos Creator 界面的正上方。

1. 选择变换工具

选择变换工具为场景编辑器提供编辑节点交换属性（如移动、旋转、缩放、矩形）等功能，如图 6-21 所示。

图 6-21　选择变换工具

（1）移动变换工具

移动变换工具是打开编辑器时默认处于激活状态的变换工具，可以通过单击工具栏的第一个按钮来激活，或在使用场景编辑器时按 W 快捷键。

选中任何节点，节点中心（或锚点所在位置）出现由红绿两个箭头和蓝色方块组成的移动控制手柄，如图 6-22 所示。控制手柄是指场景编辑器中在特定编辑状态下显示的可用鼠标进行交互操作的控制器，只用来辅助编辑，不会在游戏运行时显示。

当移动变换工具激活时：

- 按住红色箭头拖曳鼠标，将在 x 轴上移动节点；
- 按住绿色箭头拖曳鼠标，将在 y 轴上移动节点；
- 按住蓝色方块拖曳鼠标，可以自由移动节点。

（2）旋转变换工具

单击工具栏第二个按钮，或在使用场景编辑器时按 E 快捷键，即可激活旋转变换工具。

旋转变换工具的手柄由一个箭头和一个圆环组成，如图 6-23 所示，箭头所指的方向表示当前节点旋转属性的轴。拖曳箭头或圆环内任意一点就可以旋转节点，在控制手柄上可以看到当前旋转属性的角度值。

（3）缩放变换工具

单击工具栏第三个按钮，或在使用场景编辑器时按 R 快捷键，即可激活缩放变换工具。

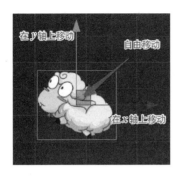
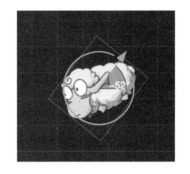

图 6-22　移动变换工具的控制手柄　　　图 6-23　旋转变换工具的控制手柄

缩放变换工具的控制手柄和移动变换工具类似，不同之处在于其水平和垂直方向使用的不是箭头而是方块，如图 6-24 所示。当缩放变换工具激活时：

- 按住红色方块拖曳鼠标，在 x 轴上缩放节点图像；
- 按住绿色方块拖曳鼠标，在 y 轴上缩放节点图像；
- 按住中间的黄色方块，在保持宽高比的前提下自由缩放节点图像。

注意

在缩放节点时，会同比缩放所有的子节点。

（4）矩形变换工具

单击工具栏第四个按钮，或在使用场景编辑器时按 T 快捷键，即可激活矩形变换工具。

矩形变换工具的控制手柄是一个中心的圆圈和四角带有圆点的矩形，如图 6-25 所示。拖曳控制手柄的任一顶点，可以在保持对角顶点位置不变的情况下，修改节点尺寸中的 Width 和 Height 属性。拖曳控制手柄的任一边，可以在保持对边位置不变的情况下，修改节点尺寸中的 Width 或 Height 属性。

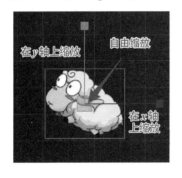
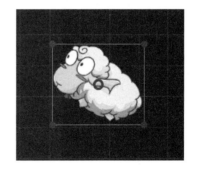

图 6-24　缩放变换工具的控制手柄　　　图 6-25　矩形变换工具的控制手柄

注意

在 UI 组件的排版中，经常需要使用矩形变换工具直接精确控制节点四条边的位置和长度。而对于必须保持原始图像宽高比的图像元素，通常不会使用矩形变换工具来调整尺寸。

2．变换工具显示模式

变换工具显示模式分为以下两组。

（1）位置模式

如图 6-26 所示，位置模式的两个按钮分别表示锚点模式和中心点模式。在锚点模式下，选择变换工具将显示在节点的锚点（Anchor）所在位置；在中心点模式下，选择变换工具将显示在节点的中心点所在位置（受约束框大小影响）。

（2）旋转模式

如图 6-27 所示，旋转模式的两个按钮分别表示本地旋转模式和世界旋转模式。在本地旋转模式下，选择变换工具的旋转（手柄方向）将和节点的旋转属性保持一致；在世界旋转模式下，选择变换工具的旋转（手柄方向）保持不变，x 轴手柄、y 轴手柄和世界坐标系方向保持一致。

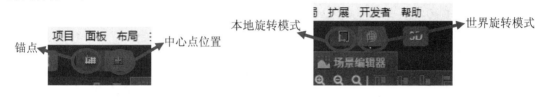

图 6-26　位置模式按钮　　　　　　图 6-27　旋转模式按钮

上述两组共 4 种显示模式，没有具体的规定和规则，视不同任务可自行确定。若一种显示模式很难或无法完成希望的移动或旋转任务，则可以考虑使用另一种显示模式。

3．游戏预览

从 Cocos Creator 2.0 版本开始，在游戏完成阶段性开发后，使用游戏预览功能可进行简单预览。单击 Cocos Creator 界面正上方的"预览"按钮，可以随时看到游戏运行的实际情况。在"预览"按钮左边的下拉菜单中可以从模拟器和浏览器中选择预览平台。

> 注意
>
> 必须有当前打开的场景才能预览游戏内容，在没有打开任何场景或新建一个空场景的情况下，预览是看不到任何内容的。

如图 6-28 所示，选择在浏览器中预览，单击"刷新"按钮，再单击"运行"按钮，在浏览器中预览刚刚开发的游戏。每次改变部分游戏后最好先单击"刷新"按钮再预览。

在 Cocos Creator 开发过程中，测试的桌面浏览器包括 Chrome、Firefox（火狐）、IE11 等。其他浏览器只要内核版本足够高，也可以正常使用，对部分浏览器来说不可开启 IE6 兼容模式。

在移动设备上测试的浏览器包括 Safari（iOS）、Chrome、QQ 浏览器、UC 浏览器、百度浏览器、微信内置 WebView 等。

4．预览地址

如图 6-29 所示，Cocos Creator 界面的右上角显示运行 Cocos Creator 的计算机的局域网地址，连接同一个局域网的移动设备可以访问这个地址来预览和调试游戏；最后的数字表示连接的设备数量。

图 6-28　游戏刷新预览　　　　　　图 6-29　预览地址

5．打开项目文件夹

如图 6-30 所示为打开项目文件夹的按钮组，包括"项目"和"编辑器"两个按钮。"项目"按钮的作用是打开项目所在的文件夹，方便对其中的文件进行操作；"编辑器"按钮的作用是打开程序的安装路径。

图 6-30　打开项目文件夹的按钮组

6.4　Cocos Creator 游戏开发流程

6.4.1　创建项目

一个新游戏的开发是从创建一个全新的游戏项目开始的。新建一个游戏项目，要先启动 Cocos Creator，选择"新建项目"→"空白项目"选项创建项目，如图 6-31 所示。

输入项目路径和项目名，如图 6-32 所示，前为项目路径，后为项目名。

图 6-31　新建项目　　　　　　　　图 6-32　项目路径和路径名

 注意

项目路径和项目名不能出现中文字符。

创建项目成功后，会出现如图 6-33 所示的初始项目界面，游戏主要在此界面中进行开发。至此一个全新的游戏项目已经创建完成，但这个项目是空的，需要向项目中添加各种组成部分。

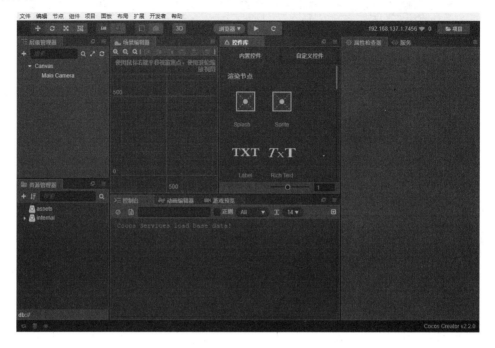

图 6-33　初始项目界面

6.4.2　建立基础文件夹

项目建成后，需要组织项目的目录结构，使游戏中的各种资源可以有条不紊地被组织在项目中，这样在使用或替换资源时，可以轻易地找到资源的位置。

切换到资源管理器，右键单击 assets 文件夹，在弹出的快捷菜单中选择"新建"→"文件夹"命令，将新建的文件夹命名为 Scenes。使用同样方法分别建立两个文件夹 Scripts和 Texture，结果如图 6-34 所示。文件夹的名字也可以按照自己的习惯命名，如 Texture 也称为 Resources。如果工程比较复杂，在这些文件夹下可能还包含子文件夹。

📚 注意

由于当前版本存在 bug，在 assets 或子文件夹下新建子文件夹并重命名后需要回车确认。如果不回车而直接在其他位置单击退出编辑状态，有时会导致文件夹错误，此时可以到原文件夹下查看新文件夹是否新建或已经重命名成功。例如，在 Windows 自带的文件浏览器中打开 Texture 文件夹，右键单击 Texture 文件夹，在弹出的快捷菜单中选择"在资源管理器中显示"命令，打开 Windows 资源管理器，在其中显示 Texture 文件夹所在的目录，如图 6-35 所示，此处可以最终确认文件夹是否已经建立成功。

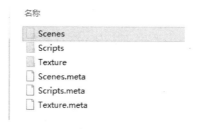

图 6-34　基础文件夹　　　　　　图 6-35　在资源管理器中查看

6.4.3　准备素材

微信小游戏的素材主要包含图片资源和声音资源，如游戏背景图片、游戏角色图片、背景音乐、事件音效、按钮单击音效及语音旁白等。将这些素材组织好放入 assets 相应的文件夹中。如图 6-36 所示，在 assets 文件夹中建立了 Texture 文件夹，用于放置准备好的游戏素材。其中，游戏素材又分成图片和声音两个类别，分别用 images 和 sounds 表示，然后将图片资源和声音资源放入对应的文件夹中。

图 6-36　游戏素材的导入

6.4.4　创建游戏场景

在准备好游戏素材后，需要将素材展示在相应的游戏场景中，可以根据在游戏策划阶段确定好的场景在 Cocos Creator 中创建对应的场景。游戏场景是开发时组织游戏内容的中心，也是呈现给玩家所有游戏内容的载体。当玩家运行游戏时，会加载游戏场景，游戏场景加载后会自动运行所包含组件的游戏脚本，实现开发者设置的逻辑功能。因此除了资源，游戏场景是一切内容创作的基础。游戏场景可以理解为游戏的一个阶段。当场景发生切换时，玩家在手机屏幕中看到的内容也会随之切换。游戏中常见的场景有开始场景、游戏介绍场景、游戏场景、结束场景（成功、失败、平局等场景）、排行榜场景及分享场景等。

在新建的游戏项目中，场景为空。下面以游戏场景为例介绍如何创建一个新场景。为了项目的良好组织结构，将场景都创建在新建的 Scenes 文件夹中。在资源管理器中右键单击 Scenes 文件夹，在弹出的快捷菜单中选择"新建"→"Scene"命令新建一个场景，并将其重命名为 gameScene，回车确认，游戏场景创建完成，如图 6-37 所示。

图 6-37　游戏场景创建

6.4.5　添加元素

新建一个场景后，可以在资源管理器中通过双击该场景名称将其打开。打开场景后，场景编辑器和层级管理器也会同步打开该场景的内容。默认情况下，一个新场景的场景编辑器为空，如图 6-38 所示，且层级管理器中只有一个 Canvas 节点，如图 6-39 所示。

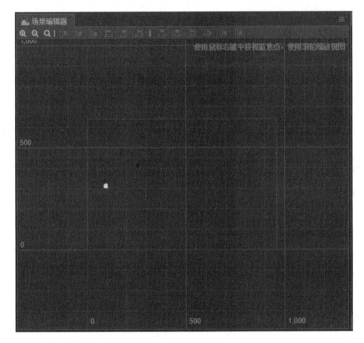

图 6-38　新建场景的场景编辑器

打开场景后，需要将游戏的资源或组件放置到场景中，否则玩家只能看到一个空界面。可以通过从控件库中将组件拖曳到层级管理器的 Canvas 节点下来完成组件的添加。也可以在层级管理器中右键单击 Canvas 节点，在弹出的快捷菜单中选择"创建节点"→"创建渲染节点"→"Label"命令，即可创建一个 Label 节点。将新创建的节点重命名为 helloLabel 并回车完成创建，结果如图 6-40 所示。通过相同的方法可以在场景中添加其他节点。

图 6-39　新建场景的层级管理器　　　　　图 6-40　创建 helloLabel 节点

将组件添加到场景中，一般不会使用组件的默认属性值，而根据实际需要对该组件的某些属性进行设置，如颜色、大小、位置等。

单击刚创建的 helloLabel 节点选择该组件，在属性检查器中显示 helloLabel 组件的属性，可以在其中设置其属性，如颜色属性（见图 6-41）或字体大小属性（见图 6-42）。

图 6-41　颜色属性　　　　　　　　　　图 6-42　字体大小属性

6.4.6　创建脚本

1．场景初始化脚本

创建场景且添加场景中的组件完成后，在游戏中需要能够使用程序控制游戏场景和场景中的组件。因此，必须在项目中创建场景脚本。

在资源管理器中右键单击 Scripts 文件夹，在弹出的快捷菜单中选择"新建"→"JavaScript"命令，新建一个脚本，并将其重命名为 gameScript，回车完成脚本创建。一般来说，场景脚本应尽量和场景名称保持一致，这样会比较容易管理项目，特别是在文件比较多的项目中，这种一致性会减少很多后续的麻烦。例如，本例中场景名称是 gameScene，因此创建的场景脚本名称为 gameScript，然后需要将场景和脚本关联起来。确定当前打开的场景是 gameScene，若当前打开的是其他场景，则可以在资源管理器中双击 gameScene 节点将其打开；再在层级管理器中单击 Canvas 选中该节点，然后在属性检查器中单击"添加组件"按钮，选择"添加用户脚本组件"→"gameScript"命令，将场景和脚本关联。也可以将 gameScript 脚本从资源管理器中拖曳到属性检查器中进行关联，结果如图6-43 所示。

下面查看 Cocos Creator 默认创建的脚本。在资源管理器中双击 gameScript 会使用第三方编辑器打开该脚本。

> **注意**
>
> 如果在安装 Cocos Creator 后第一次打开脚本，Cocos Creator 会要求绑定一个编辑器。可以选择自己熟悉的编辑器，如 GVim、Sublime、Visual Studio Code 等。若要在完成 Cocos Creator 安装后就绑定一个默认的编辑器，可以通过选择"文件"→"设置"→"数据编辑"命令打开"数据编辑"对话框，然后单击"外部脚本编辑器"选项后面的"浏览"按钮，找到需要的编辑器所在的路径并确认即可。如图 6-44 所示，此处选择 Visual Studio Code 作为默认脚本编辑器。

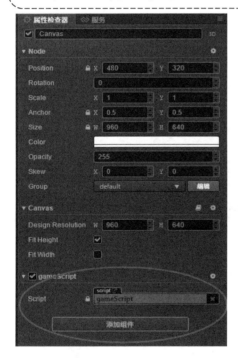

图 6-43　添加用户脚本

图 6-44　外部脚本编辑器绑定

绑定编辑器后就可以通过双击打开脚本了。双击 gameScript 脚本，打开 Visual Studio Code 编辑器，并在其中自动打开 gameScript 脚本的内容，如图 6-45 所示。

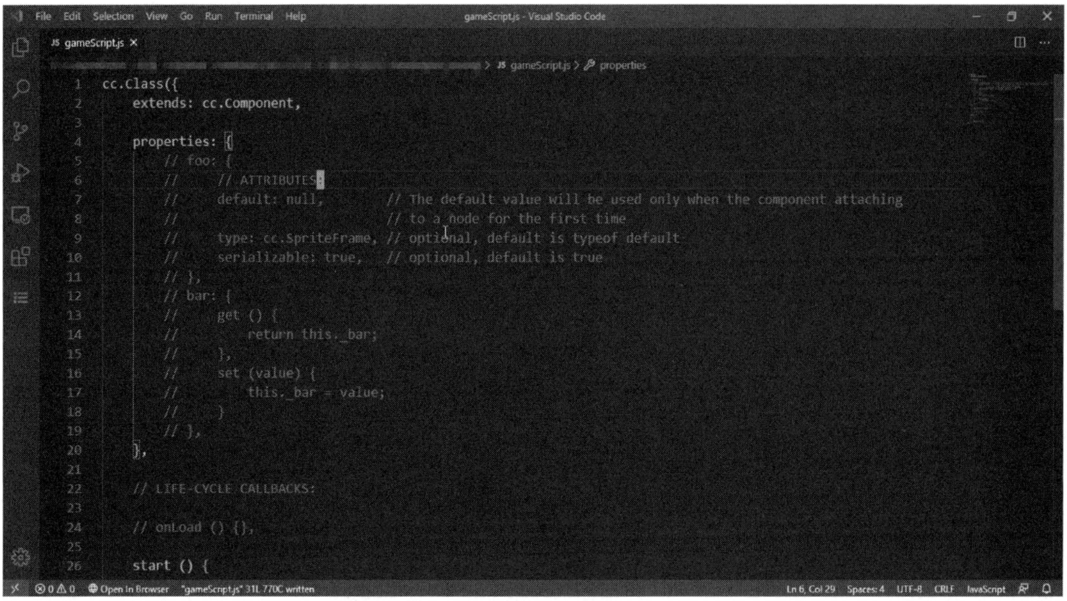

图 6-45　gameScript 脚本内容

为了使读者更容易理解 gameScript 脚本中代码的作用，下面简单介绍 Cocos 框架的基本脚本语法和基本结构。和微信 API 中的 wx 类似，所有 Cocos 框架的 API 都放置在 cc 命名空间中，以防和其他框架的 API 命名产生冲突。因此，若任何函数和类的名称前面出现 cc.，则说明这是 Cocos 框架的组成部分。

2．cc.Class

cc.Class 是一个常用 API，用于声明 Cocos Creator 中的类。

（1）cc.Class 用法

调用 cc.Class，传入一个原型对象，在原型对象中以键值对的形式设定所需类型的参数，可以创建所需要的类。例如，下面的程序用 cc.Class 创建了一个类，并且将其赋给了 Sprite 变量，还通过 name 属性将类名设为"sprite"，类名用于序列化，一般可以省略。在之后的代码中，就可以直接使用 Sprite 这个类了。

```
var Sprite = cc.Class({
    name: "sprite"
});
```

（2）实例化

此时 Sprite 变量保存的是一个 JavaScript 构造函数，可以直接创建一个对象。例如，下面程序创建了一个 Sprite 类的实例对象，并被 obj 变量所引用。

```
var obj = new Sprite();
```

（3）判断类型

需要判断类型时，可以使用 JavaScript 原生的 instanceof，例如：

```
cc.log(obj instanceof Sprite);        // true
```

（4）构造函数

使用 ctor 声明构造函数的示例如下。

```
var Sprite = cc.Class({
    ctor: function () {
        cc.log(this instanceof Sprite);    // true
    }
});
```

（5）实例方法

实例方法是必须生成为这个类的实例对象才能通过对象调用的方法。下面的程序在 Sprite 类中定义了一个名为 print 的方法，这个方法接收任何参数。

```
var Sprite = cc.Class({
    // 声明一个名为 "print" 的实例方法
    print: function () { }
});
```

（6）继承

在 Cocos 框架中，使用 extends 属性实现继承，属性的值为需要指定的父类。例如，下面的程序创建了一个 Shape 类，然后使用 Rect 类继承了 Shape 类。

```
// 父类
var Shape = cc.Class();

// 子类
var Rect = cc.Class({
    extends: Shape
});
```

继承后，cc.Class 会统一自动调用父构造函数，开发者不需要显式调用。例如：

```
var Shape = cc.Class({
    ctor: function () {
        cc.log("Shape");    // 实例化时，父构造函数会自动调用
    }
});

var Rect = cc.Class({
    extends: Shape
});

var Square = cc.Class({
    extends: Rect,
    ctor: function () {
        cc.log("Square");    // 再调用子构造函数
    }
});

var square = new Square();
```

上述代码执行后将依次输出"Shape"和"Square"。

此时再次查看 Cocos Creator 默认创建的 gameScript 脚本，可以看出实际上它创建了一个 cc.Components 子类。cc.Components 是 Cocos Creator 中的一个类，表示所有的组件。此

处表示继承组件并创建一个新类。

（7）声明属性

在组件脚本中声明属性，可以将脚本组件中的字段可视化地显示在属性检查器中，从而方便地在场景中调整属性值。

要声明属性，仅需要在 cc.Class 定义的 properties 字段中填写属性名称和属性参数即可。下面的程序声明了 userID 和 userName 两个属性。

```
cc.Class({
    extends: cc.Component,
    properties: {
        userID: 20,
        userName: "Foobar"
    }
});
```

一旦在程序中声明完属性，就可以在属性检查器中看到刚声明的属性，如图 6-46 所示。

图 6-46　使用属性检查器查看声明的属性

在 Cocos Creator 中，提供以下两种声明属性的方法。

① 简单声明。

简单声明适用于以下几种情况。

当声明的属性为基本 JavaScript 类型时，可以直接赋予默认值。例如：

```
properties: {
    height: 20,       // number
    type: "actor",    // string
    loaded: false,    // boolean
    target: null,     // object
}
```

当声明的属性具备类型（如 cc.Node，cc.Vec2）时，可以在声明处填写它们的构造函数来完成声明。例如：

```
properties: {
    target: cc.Node,
    pos: cc.Vec2,
}
```

当声明属性的类型继承自 cc.ValueType（如 cc.Vec2，cc.Color 或 cc.Rect）时，除了构造函数，还可以直接使用实例作为默认值。例如：

```
properties: {
    pos: new cc.Vec2(10, 20),
    color: new cc.Color(255, 255, 255, 128),
}
```

当声明的属性是一个数组时，可以在声明处填写它们的类型或构造函数来完成声明。例如：

```
properties: {
    any: [],        // 不定义具体类型的数组
    bools: [cc.Boolean],
    strings: [cc.String],
    floats: [cc.Float],
    ints: [cc.Integer],

    values: [cc.Vec2],
    nodes: [cc.Node],
    frames: [cc.SpriteFrame],
}
```

② 完整声明。

除了以上几种情况，其他情况都需要使用完整声明的方式。

有时需要为属性声明添加参数，这些参数控制了属性在属性检查器中的显示方式，以及属性在场景序列化过程中的行为。例如：

```
properties: {
    score: {
        default: 0,
        displayName: "Score (player)",
        tooltip: "The score of player",
    }
}
```

上述程序为 score 属性设置了 3 个参数 default、displayName 和 tooltip。这 3 个参数分别指定了 score 的默认值为 0，在属性检查器中其属性名将显示为"Score (player)"，当鼠标指针移到参数上时显示对应的 tooltip。

声明属性时常用的参数有如下几种。

- default：属性的默认值，这个默认值只在组件第一次添加到节点上时才使用。
- type：属性的数据类型。
- visible：若为 false，则在属性检查器中不显示该属性。
- serializable：若为 false，则不序列化（保存）该属性。
- displayName：在属性检查器中显示指定名称。
- tooltip：在属性检查器中添加属性的 tooltip。

📚 注意

数组的 default 必须设置为[]，如果要在属性检查器中编辑，还需要设置 type 为构造函数、枚举或 cc.Integer、cc.Float、cc.Boolean、cc.String。例如：

```
properties: {
    names: {
        default: [],
        type: [cc.String]   // 用 type 设置数组的每个元素都是字符串类型的
    },
}
```

```
        enemies: {
            default: [],
            type: [cc.Node]        // 将 type 同样写成数组，提高代码可读性
        },
    }
```

若在属性中设置了 get 或 set，则在访问属性时，可以触发预定义的 get 或 set 方法。例如：

```
properties: {
    width: {
        get: function () {
            return this._width;
        },
        set: function (value) {
            this._width = value;
        }
    }
}
```

如果只定义 get 方法，就相当于属性只读。

3．生命周期

在 Cocos Creator 默认创建的 gameScript 脚本中，可以看到 cc.Class、extends 和 properties 关键字，并对其都进行了解释。其中还有 onLoad、update 和 start 三个函数，前两个被注释。这三个函数具有特殊的意义，要明白它们的作用，必须先了解组件的生命周期。

Cocos Creator 为组件脚本提供了生命周期的回调函数。只要定义回调函数，Cocos Creator 就会在指定的时期自动执行相关脚本，不需要手动调用它们。

目前，生命周期的回调函数主要有如下几个。

（1）onLoad

在组件脚本的初始化阶段，提供了 onLoad 回调函数。onLoad 回调函数会在首次激活节点时触发，如所在场景被加载或所在节点被激活的情况下。在 onLoad 阶段，保证了可以获取到场景中的其他节点，以及节点关联的资源数据。onLoad 总是会在任何 start 方法调用前执行，用于安排脚本的初始化顺序。通常在 onLoad 阶段可以进行一些初始化相关的操作。例如：

```
cc.Class({
    extends: cc.Component,

    properties: {
        bulletSprite: cc.SpriteFrame,
        gun: cc.Node,
    },

    onLoad: function () {
        this._bulletRect = this.bulletSprite.getRect();
        this.gun = cc.find('hand/weapon', this.node);
```

```
    },
  });
```

（2）start

start 回调函数会在组件第一次激活前，即第一次执行 update 前触发。start 通常用于初始化某些中间状态的数据，这些数据可能在更新时发生改变，并且被频繁 enable 和 disable。例如：

```
cc.Class({
  extends: cc.Component,

  start: function () {
    this._timer = 0.0;
  },

  update: function (dt) {
    this._timer += dt;
    if ( this._timer >= 10.0 ) {
      console.log('I am done!');
      this.enabled = false;
    }
  },
});
```

（3）update

游戏开发过程中的一个关键点是在每帧渲染前更新物体的行为、状态和方位。这些更新操作通常都放在 update 回调函数中。例如：

```
cc.Class({
  extends: cc.Component,

  update: function (dt) {
    this.node.setPosition( 0.0, 40.0 * dt );
  }
});
```

（4）lateUpdate

update 会在所有动画更新前执行，但如果要在动画和效果（如粒子、物理等）更新后才进行一些额外操作，或希望在所有组件的 update 都执行完才进行其他操作，就需使用 lateUpdate 回调函数。例如：

```
cc.Class({
  extends: cc.Component,

  lateUpdate: function (dt) {
    this.node.rotation = 20;
  }
});
```

（5）onEnable

当组件的 enabled 属性从 false 变为 true，或所在节点的 active 属性从 false 变为 true 时，会激活 onEnable 回调函数。如果节点第一次被创建且 enabled 为 true，则会在 onLoad 后、

start 前被调用。

（6）onDisable

当组件的 enabled 属性从 true 变为 false，或所在节点的 active 属性从 true 变为 false 时，会激活 onDisable 回调函数。

（7）onDestroy

当组件或所在节点调用了 destroy，则会调用 onDestroy 回调函数，并在当帧结束时统一回收组件。

6.4.7　使用脚本控制游戏

1．加载和切换场景

在 Cocos Creator 中，使用场景文件名（不包含扩展名）来索引指代场景，而且通过以下接口进行加载和切换操作：

```
cc.director.loadScene("MyScene");
```

（1）通过常驻节点进行场景资源管理和参数传递

Cocos 引擎同时只运行一个场景，当切换场景时，默认会将场景中所有节点和其他实例销毁。如果需要用一个组件控制所有场景的加载，或在场景之间传递参数，就需要将该组件所在的节点标记为"常驻节点"，使它在场景切换时不被自动销毁，而常驻内存。例如：

```
cc.game.addPersistRootNode(myNode);
```

上面的接口会将 myNode 变为常驻节点，这样绑定在其上的组件都可以在场景之间持续作用，可以使用这样的方法来存储玩家信息，或在下一个场景初始化时需要的各种数据。

例如，取消一个节点的常驻属性的程序如下：

```
cc.game.removePersistRootNode(myNode);
```

📚 注意 _____

　上述程序并不会立即销毁指定节点，只是将节点还原为可在场景切换时销毁的节点。

（2）场景加载回调

加载场景时，可以附加一个参数用于指定场景加载后的回调函数。例如：

```
cc.director.loadScene("MyScene", onSceneLaunched);
```

onSceneLaunched 是声明在本脚本中的一个回调函数，在场景加载后可以用于进行初始化或数据传递的操作。

由于回调函数只能写在本脚本中，因此场景加载回调通常用于配合常驻节点，在常驻节点上绑定的脚本中使用。

（3）预加载场景

cc.director.loadScene 会在加载场景后自动切换运行新场景，有时需要在后台静默加载新场景，并在加载完成后手动进行切换。此时可以预先使用 preloadScene 接口对场景进行预加载，程序如下。

```
cc.director.preloadScene("table", function () {  //预加载名为 table 的场景
```

```
    cc.log("Next scene preloaded");
  });
```

然后在合适的时间调用 loadScene，即可以真正切换场景，程序如下。

```
cc.director.loadScene("table");
```

即使预加载还未完成，也可以直接调用 cc.director.loadScene，预加载完成后场景就会启动。

 注意 _____

在旧版本中使用预加载场景资源配合 runScene 进行预加载场景的方法已被废除。例如：

```
// 请不要再使用下面的方法预加载场景
cc.loader.loadRes('MyScene.fire', function(err, res) {
    cc.director.runScene(res.scene);
});
```

2. 监听事件和触发事件

（1）监听事件

事件处理是在节点（cc.Node）中完成的。对于组件，可以通过访问节点 this.node 来注册和监听事件。监听事件可以通过 this.node.on 函数注册，方法如下。

```
cc.Class({
  extends: cc.Component,

  properties: {
  },

  onLoad: function () {
    this.node.on('mousedown', function ( event ) {
      console.log('Hello!');
    });
  },
});
```

值得一提的是，事件监听函数 on 可以传递第 3 个参数 target，用于绑定响应函数的调用者。绑定调用者的目的是将处理函数中的 this 对象绑定为当前触发事件的对象。以下两种调用方法的效果是相同的。

```
// 使用函数绑定
this.node.on('mousedown', function ( event ) {
  this.enabled = false;
}.bind(this));
```

```
// 使用第 3 个参数
this.node.on('mousedown', function (event) {
  this.enabled = false;
}, this);
```

除了使用 on 监听，还可以使用 once 监听。once 监听在监听函数响应后，会关闭监听事件。

（2）关闭监听

当不再关心某个事件时，可以使用 off 方法关闭对应的监听事件。注意，off 方法的参数必须和 on 方法的参数——对应，才能完成关闭。

推荐的程序如下。

```
cc.Class({
  extends: cc.Component,

  _sayHello: function () {
    console.log('Hello World');
  },

  onEnable: function () {
    this.node.on('foobar', this._sayHello, this);
  },

  onDisable: function () {
    this.node.off('foobar', this._sayHello, this);  //必须与 on 方法参数一致
  },
});
```

（3）触发事件

触发事件可以通过两种方式：emit 和 dispatchEvent。两者的区别在于，后者可以进行事件传递。触发事件的示例如下。

```
cc.Class({
  extends: cc.Component,

  onLoad () {
    // 回调函数的参数可选
    this.node.on('say-hello', function (msg) {  //定义自定义事件 say-hello
      console.log(msg);
    });
  },

  start () {
    // 最多可以传递 5 个参数
    this.node.emit('say-hello', 'Hello, this is Cocos Creator'); //触发自定义事件
  },
});
```

（4）事件参数说明

Cocos Creator 2.0 优化了事件的参数传递机制。在触发事件时，可以在 emit 函数的第 2 个参数开始传递事件参数。同时，在 on 注册的回调函数中，可以获取到对应的事件参数。例如：

```
cc.Class({
  extends: cc.Component,

  onLoad () {
    this.node.on('foo', function (arg1, arg2, arg3) {
      console.log(arg1, arg2, arg3);  // print 1, 2, 3
```

```
        });
    },

    start () {
        let arg1 = 1, arg2 = 2, arg3 = 3;
        // 除事件名外，最多可以传递 5 个参数，本例为 3 个
        this.node.emit('foo', arg1, arg2, arg3);
    },
});
```

📚 **注意**

考虑到底层事件派送的性能，此处最多只支持传递 5 个事件参数。因此，在传递参数时需要控制参数的传递个数。

（5）派送事件

前面提到，通过 dispatchEvent 方法触发的事件，会进入事件派送阶段。在 Cocos Creator 的事件派送系统中，采用了冒泡派送的方式。冒泡派送会将事件从事件发起节点不断向上传递给其父级节点，直至到达根节点或在某个节点的响应函数中进行了中断处理，如 event.stopPropagation。

如图 6-47 所示，从节点 c 派送事件"foobar"，倘若节点 a 和 b 均进行了"foobar"事件的监听，则事件会经由节点 c 依次传递给节点 b、a，程序如下。

图 6-47　派送事件示例

```
// 节点 c 的组件脚本
this.node.dispatchEvent( new cc.Event.EventCustom('foobar', true) );
```

如果希望在节点 b 截获事件后就不再传递事件，可以通过调用 event.stopPropagation 函数来完成，程序如下。

```
// 节点 b 的组件脚本
this.node.on('foobar', function (event) {
    event.stopPropagation();
});
```

此时，若节点 c 触发事件"foobar"，则节点 b 可以正确接收事件，但节点 a 无法接收事件，因为节点 b 在处理事件时阻断了事件继续向上冒泡。

📚 **注意**

在派送用户自定义事件时，不要直接创建 cc.Event 对象，因为它是一个抽象类，可以创建 cc.Event.EventCustom 对象来进行派送。

（6）事件对象

在事件监听回调中，开发者会接收到一个 cc.Event 类型的事件对象 event，cc.Event 的标准 API 如表 6-1 所示。

表 6-1　cc.Event 的标准 API

API	类　型	说　　明
type	string	事件的类型（事件名）
target	cc.Node	接收到事件的原始对象
currentTarget	cc.Node	接收到事件的当前对象，事件在冒泡派送阶段当前对象可能与原始对象不同
getType	function	获取事件的类型
stopPropagation	function	停止冒泡派送阶段，事件将不会继续向父节点传递，当前节点的剩余监听器仍然会接收到事件
stopPropagationImmediate	function	立即停止事件的传递，事件将不会传递给父节点及当前节点的剩余监听器
getCurrentTarget	function	获取当前接收到事件的目标节点
detail	function	自定义事件的信息（属于 cc.Event.EventCustom）
setUserData	function	设置自定义事件的信息（属于 cc.Event.EventCustom）
getUserData	function	获取自定义事件的信息（属于 cc.Event.EventCustom）

（7）节点系统事件

cc.Node 有完整的事件监听和分发机制。Cocos 引擎提供了基础的节点相关的系统事件。

Cocos Creator 支持的系统事件包含鼠标、触摸、键盘、重力传感四种。其中，鼠标和触摸事件是被直接触发在相关节点上的，因此也称为节点系统事件；键盘和重力传感事件称为全局系统事件。

系统事件遵守通用的注册方式，开发者既可以使用枚举类型也可以直接使用事件名来注册事件的监听器，事件名的定义遵守 DOM 事件标准。例如：

```
// 使用枚举类型注册
node.on(cc.Node.EventType.MOUSE_DOWN, function (event) {
  console.log('Mouse down');
}, this);

// 使用事件名注册
node.on('mousedown', function (event) {
  console.log('Mouse down');
}, this);
```

（8）触摸事件类型和事件对象

触摸事件在移动平台和桌面平台都会触发，目的是方便开发者在桌面平台调试，只需要监听触摸事件即可同时响应移动平台的触摸事件和桌面平台的鼠标事件。系统提供的触摸事件类型如表 6-2 所示。

表 6-2　系统提供的触摸事件类型

枚举对象定义	对应的事件名	事件触发的时机
cc.Node.EventType.TOUCH_START	touchstart	当手指触点落在目标节点区域内时
cc.Node.EventType.TOUCH_MOVE	touchmove	当手指在屏幕上目标节点区域内移动时
cc.Node.EventType.TOUCH_END	touchend	当手指在目标节点区域内离开屏幕时
cc.Node.EventType.TOUCH_CANCEL	touchcancel	当手指在目标节点区域外离开屏幕时

触摸事件（cc.Event.EventTouch）的重要 API（cc.Event 标准事件 API 除外）如表 6-3 所示。

表 6-3　触摸事件的重要 API

API	类　　型	说　　　　明
touch	cc.Touch	与当前事件关联的触点对象
getID	number	获取触点的 ID，用于多点触摸的逻辑判断
getLocation	Object	获取触点位置对象，对象包含 x 和 y 属性
getLocationX	number	获取触点的 x 轴坐标
getLocationY	number	获取触点的 y 轴坐标
getPreviousLocation	Object	获取触点上一次触发事件时的位置对象，对象包含 x 和 y 属性
getStartLocation	Object	获取触点初始时的位置对象，对象包含 x 和 y 属性
getDelta	Object	获取触点上一次事件移动的距离对象，对象包含 x 和 y 属性

📚 注意 ---
触摸事件支持多点触摸，每个触点都会发送一次事件给事件监听器。

3. 使用脚本控制组件

前面已经创建了一个 gameScene 场景，并在场景中添加了一个 helloLabel 组件，但是此时还无法直接使用脚本操作该组件。为了在脚本中操作场景中的任何组件，需要在场景脚本中声明一个属性。以 helloLabel 为例，打开 gameScript.js 脚本，在 properties 属性中添加如程序清单 6-1 所示的程序。该程序定义了一个名为 helloLabel 的属性，其类型为 cc.Label。注意，此时这个属性和场景中的 helloLabel 组件还没有直接关系，它们只是名称相同，目的是在后续编码过程中方便识别属性和组件的关系。

程序清单 6-1　在脚本中为 helloLabel 组件定义属性

```
properties: { //将需要在游戏中引用的变量写入位置
    helloLabel: { //定义一个名为 helloLabel 的属性
        default: null, //初始值
        type: cc.Label //属性的类型
    }
},
```

下面给 helloLabel 属性和 helloLabel 组件建立绑定关系。确定此时打开的是 gameScene 场景，在层级管理器中选择 Canvas，在属性检查器的 gameScript 组件中多了一个 Hello Label 属性，如图 6-48 所示。然后将层级管理器中 Canvas 节点下的 helloLabel 组件拖曳至 Hello Label 属性后面的框中完成绑定。此时，脚本中的 helloLabel 属性和场景中的 helloLabel 组件才真正指的是同一个组件。

图 6-48　绑定 Label 组件

当属性和组件绑定后，即可在脚本中使用程序来控制该组件。以 helloLabel 组件为例，在 gameScript 脚本的 start 函数中添加如程序清单 6-2 所示的程序。通过前面对生命周期的介绍，已经知道在 gameScene 场景的 Canvas 初始化完成并第一次激活时 start 函数会被调用。代码中提供了 3 种方法对 helloLabel 的 String 属性（即标签上的文字）进行修改。游戏运行后，场景中 helloLabel 的默认显示文本将被替换为 hello world。

程序清单 6-2　Label 变量的使用操作

```
start () {
    //this.helloLabel 引用这个变量
    // .string 对 string 这个属性进行改变
    //方法 1
    this.helloLabel.string = "hello world";
    //方法 2
    //this.helloLabel.getComponent(cc.Label).string = "hello world";
    //方法 3。必须获取组件实例，以及 getComponent(cc.Label)
    //var hello = cc.find('Canvas/helloLabel');
    //获取绑定的节点下的路径
    //hello.getComponent(cc.Label).string = "hello world";
},
```

6.4.8　预览游戏

游戏开发过程中需要经常对游戏进行预览，以确定刚刚编写的代码生效，结果符合预期。预览游戏的方法是在工具栏的"预览模式"下拉列表中选择"浏览器"选项，单击"刷新"按钮，再单击"运行"按钮，等待几秒，Cocos 引擎将以计算机默认浏览器打开并运行游戏，如图 6-49 所示。

在浏览器中可以选择运行分辨率，如图 6-50 所示，查看游戏在不同分辨率设备上的显示效果。

图 6-49　游戏预览效果　　　　图 6-50　选择运行分辨率

至此一个完整的使用 Cocos Creator 开发游戏的流程已经全部完成。

6.5 案例——移动物体小游戏

本案例介绍一个简单的移动物体小游戏,玩家通过单击屏幕让一张图片在屏幕中移动,图片会移动到玩家单击的位置。其中涉及场景的切换、Button 组件及单击事件的响应。本节最后介绍将 Cocos 游戏打包为微信小游戏的方法。

6.5.1 创建项目

创建一个空白项目,输入项目路径和名称,如图 6-51 所示。然后在资源管理器中建立如图 6-52 所示的 3 个子文件夹。

图 6-51　创建项目　　　　　　　　图 6-52　建立子文件夹

6.5.2 导入资源

本案例需要使用一张图片表示被移动的物体。将一张自己喜欢的图片复制到 Texture 文件夹中,如图 6-53 所示。

图 6-53　导入资源

6.5.3 创建场景

在资源管理器中创建 gameScene 和 overScene 两个场景,如图 6-54 所示。gameScene 表示游戏场景,用于玩家进行游戏操作;而 overScene 表示结束场景,用于展示游戏结束信息。

图 6-54　创建场景

1．游戏场景

游戏场景建立完成后，完善游戏场景的操作步骤如下。

- 在资源管理器中双击 gameScene 打开游戏场景，然后在层级管理器中 Canvas 节点下新建一个 Label 组件，重命名为 gameLabel。gameLabel 主要是为了显示当前处于游戏场景中。
- 在层级管理器中将此 Label 拖曳到场景编辑器的左上角。
- 在资源管理器中将刚刚导入的图片拖曳到层级管理器中的 Canvas 节点下，并重命名为 player。
- 在层级管理器的 Canvas 节点下新建一个 Button 组件，重命名为 toOverButton。此按钮主要是为了进行场景的切换，玩家单击后将进入结束场景。
- 在层级管理器中将 toOverButton 拖曳到场景编辑器的中间偏下的位置。
- 在层级管理器中选中 toOverButton，在属性检查器中设置 Label 组件的 String 为"over"，如图 6-55 所示。

📚 **注意** _____

　　游戏逻辑是加在 Button 上的，而可见的是其下的 Label，拖曳时注意两个节点是否在同一位置上。

- 在层级管理器中选中 player 图片，在属性检查器中设置图片的 Size 为 W100、H100[①]，如图 6-56 所示。

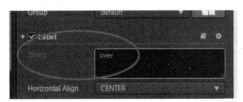

图 6-55　Label 组件 String

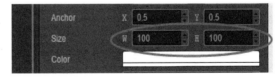

图 6-56　图片 Size

- 最后在层级管理器中将 player 图片拖曳到游戏场景中。

　　上述步骤执行完成后，层级管理器如图 6-57 所示。注意，层级管理器中越靠下的组件，在场景中显示时越在上层，遮挡其下的组件。游戏场景的显示效果如图 6-58 所示，通过移动变换工具可以移动场景中的组件。

_____

① 本书为了方便叙述，采用简写的方式，原意为设置图片 Size 的 W 为 100、H 为 100。全书同此。

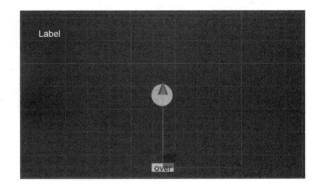

图 6-57　gameScene 的层级管理器　　　　　图 6-58　游戏场景的显示效果

2. 结束场景

完善游戏结束场景的操作步骤如下。

- 在资源管理器中双击 overScene 打开结束场景。
- 在层级管理器的 Canvas 节点下新建一个 Label 组件，重命名为 overLabel。
- 在层级管理器的 Canvas 节点下新建一个 Button 组件，重命名为 toGameButton。
- 在层级管理器中选中 toGameButton，在属性检查器中设置 Label 组件的 String 为 "start"，如图 6-59 所示。
- 在层级管理器中，将 overLabel 拖曳到场景中间的位置，再将 toGameButton 拖曳到场景的中间偏下位置。

结束场景建立完成后，overScene 的层级管理器如图 6-60 所示。

图 6-59　toGameButton 的属性设置　　　　　图 6-60　overScene 的层级管理器

6.5.4　创建脚本

在资源管理器的 Scripts 文件夹中创建控制脚本 gameScript 和 overScript，分别对应游戏场景和结束场景。

6.5.5　开发脚本

1. 游戏场景的脚本

在资源管理器中双击打开 gameScript 脚本，弹出默认编辑器。

在脚本中定义如程序清单 6-3 所示的两个属性 player 和 gameLabel，分别代表游戏中被移动的组件及按钮上的文本。

程序清单 6-3　定义 player 和 gameLabel 属性

```
properties: {
    player: {//player 设置为节点属性
        default: null,
        type: cc.Node
    },
    gameLabel: {//gameLabel 设置为 Label 属性
        default: null,
        type: cc.Label
    }
},
```

在生命周期函数 start 中输入如程序清单 6-4 所示的程序。该程序在 Canvas 节点（this.node）上注册了一个单击事件。当玩家在屏幕上单击时，将执行其后定义的函数，该函数获取了事件后将单击处的屏幕坐标转换为节点坐标。然后创建了一个移动动作（cc.moveTo），最后让 player 图片执行这个动作，即移动到玩家单击的位置。此处没有直接通过设置 player 的坐标属性来移动，主要是因为移动动作可以设定一个延时，让玩家更清楚地看到移动的全过程，而不是只看到"瞬间移动"。

程序清单 6-4　响应单击事件

```
start() {
    //一个完整的 node.on 事件，TOUCH_START 为单击开始时的动作
    this.node.on(cc.Node.EventType.TOUCH_START, function (event) {
        var self = this; //将 this 传承
        const touch = event.getCurrentTarget();//获取单击事件
        //将单击事件的坐标转换为节点坐标
        var location = touch.convertToNodeSpaceAR(event.getLocation());
        //指定一个移动的动作，0.5 为时间，location 为坐标，也可写成 (x,y) 形式
        var m1 = cc.moveTo(0.5, location);
        self.player.runAction(m1); //定义的 player 变量来执行 this (self)
    }.bind(this), this.node);
    // 控制标签的显示
    this.gameLabel.getComponent(cc.Label).string = "游戏场景";
},
```

下面处理场景的跳转，在 gameScript 脚本的类中创建如程序清单 6-5 所示的实例方法。该方法先预加载结束场景，再正式切换场景。

程序清单 6-5　跳转逻辑

```
onClickButton: function () {
    //加载场景前先预加载
    cc.director.preloadScene('overScene');
    cc.director.loadScene('overScene');
}
```

此时单击按钮并不会执行这个跳转操作，还必须要完成按钮与跳转逻辑函数的绑定。返回 gameScene 场景，在层级管理器中选中 Canvas，将 gameScript 从资源管理器中拖曳到属性检查器中，完成 gameScript 与 gameScene 的绑定。此时 gameScript 中的 player 和 gameLabel 为空，需要完成属性和组件的绑定。在层级管理器中将 player 节点和 gameLabel

节点分别拖曳到属性检查器中 gameScript 下的 player 和 GameLabel 框中，结果如图 6-61 所示。

图 6-61　绑定节点

为了让玩家明确知道自己已经单击了按钮，游戏中可以设置单击按钮的效果。在层级管理器中选中 toOverButton，在属性检查器的 Interactable 区域可以看到 Transition 属性，该属性即表示单击按钮的效果。此处设置为 SCALE，表示玩家单击按钮后，按钮有一个放大的效果，如图 6-62 所示。再为 SCALE 设置一个放大参数，将放大的持续时间设置为 0.1 秒，放大倍数设置为 1.1，如图 6-63 所示。

图 6-62　SCALE 效果　　　　　　　　　图 6-63　SCALE 设置放大参数

设置按钮的 Click Events 为 1，表示此按钮响应一个单击事件。将 Canvas 从层级管理器中拖曳到属性检查器中 cc.Node 对应的位置，在后两个框中依次选择 gameScript 脚本和 onClickButton 方法，完成按钮单击事件和具体函数之间的绑定。Canvas 设置结果如图 6-64 所示。

游戏开发过程中应多次预览以测试游戏，确保当前的程序没有错误后再编写后续代码。切忌编写完很多游戏程序后再测试，这将导致无法及时发现哪部分程序有错误。

为了测试游戏，在工具栏中选择"浏览器"预览模式，单击"刷新"按钮，再单击"运行"按钮，在浏览器中将显示此游戏。此时单击屏幕，图片将会移动到指定位置。单击"over"按钮将会跳转到另一个场景，但无法跳回，因为结束场景的逻辑还未完成，如图 6-65 所示。

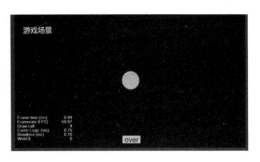

图 6-64　Canvas 设置结果　　　　　　图 6-65　游戏场景效果

2．结束场景的脚本

在资源管理器中双击 overScript 脚本将其打开，在弹出的编辑器中可以查看 overScript 程序。其中，在属性声明部分及生命周期函数 start 中输入如程序清单 6-6 所示的程序。

程序清单 6-6　overLabel 声明并调用

```
properties: {
    overLabel: {
        default: null,
        type: cc.Label
    },
},
start() {
    this.overLabel.getComponent(cc.Label).string = '结束场景';
},
```

在 overScript 的类定义中创建按钮单击处理的实例方法，进行结束场景向游戏场景的跳转，如程序清单 6-7 所示。

程序清单 6-7　跳转到游戏场景

```
onClickButton: function () {
    cc.director.preloadScene('gameScene');
    cc.director.loadScene('gameScene');
}
```

最后使用和 gameScene 同样的方法绑定 overScene 和 overScript，以及 overLabel 属性和 overLabel 组件，如图 6-66 所示。

同样，从结束场景返回游戏场景的按钮也需要设置单击效果并进行事件绑定，其方法和游戏场景中的按钮一致，如图 6-67 所示。

图 6-66　结束场景与脚本绑定　　　图 6-67　按钮的属性设置与绑定函数

预览游戏，进入结束场景，可以看到标签的变化，如图 6-68 所示。单击"start"按钮，可以重新进入游戏场景。

图 6-68　结束场景效果

6.5.6　打包发布

使用 Cocos Creator 创建的游戏，默认是不能直接以微信小游戏的形式运行的，而需要将 Cocos Creator 游戏以微信小游戏的形式进行构建和发布。具体方法为选择"项目"→"构建发布"→"发布平台"→"微信小游戏"→"构建"命令，打开如图 6-69 所示的"构建发布"对话框。

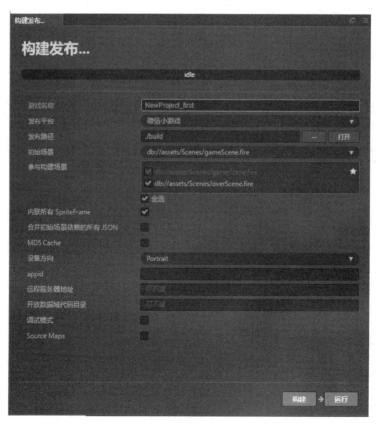

图 6-69　"构建发布"对话框

- 游戏名称：默认为项目名称，也可修改。
- 发布平台：默认为微信小游戏，无须修改。
- 发布路径：生成的微信小游戏程序的路径，默认为工程文件夹中的 build 子文件夹，可以按实际需要修改。
- 初始场景：刚进入游戏时显示的场景。
- 参与构建场景：最终的游戏中需要包含哪些场景，通常勾选"全选"复选框。
- 设备方向：横屏或竖屏，根据实际游戏选择，此处选择 Portrait。
- appid：可以保持默认不变，也可以输入自己在微信平台申请的小游戏 appid。

单击"构建"按钮开始构建。

单击"运行"按钮运行游戏。或在项目路径下找到 build 文件夹，如图 6-70 所示，使用微信开发者工具打开 build 文件夹中的 wechatgame 文件。

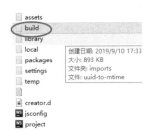

图 6-70　项目文件夹

微信开发者工具中的预览效果如图 6-71 所示。

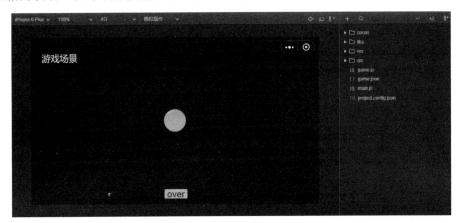

图 6-71　微信开发者工具中的预览效果

第7章 物理引擎 Box2D

目前大部分游戏的角色行动或各种物体运动都受到了约束，好像游戏中真地存在一个物理世界，每个角色和物体都必须遵守其中的物理规律。实际上，这个"物理世界"的实现依靠的就是物理引擎。本章从物理引擎的基本概念、API 和在 Cocos Creator 中的使用等方面介绍物理引擎 Box2D。

7.1 认识物理引擎

7.1.1 模拟物体物理运动

物理引擎是一种用来模拟物体物理运动的程序。物理引擎创造了一个虚拟环境，其中集成了来自物理世界的规律，模拟了存在于这个虚拟环境中的物体之间的相互作用和施加到物体上的力，如物体之间的相互碰撞和物体受到的重力。在许多游戏中，物理引擎常常用来模拟牛顿物理学世界，并处理其中的力和相互作用。

7.1.2 程序性动画

物理引擎是一个程序性动画（procedural animation）的系统，通过程序性动画的方式来实时模拟出物体的物理运动。

制作动画通常有两种方法：一种是预先准备好动画所需的数据，再一帧一帧地播放，称为数据性动画，也称静态动画；另一种是以一定方法动态计算出动画所需的数据，根据数据进行绘图，称为程序性动画，也称动态动画。物理引擎就是以程序性动画的方式将游戏世界中物体的物理运动模拟出来。

目前常见的物理引擎类型包括 2D 物理引擎和 3D 物理引擎，部分开源的物理引擎如图 7-1 所示。

引擎	类型	许可
Box2D	2D	Zlib
Bullet	3D	Zlib
Chipmunk	2D	Massachusetts Institute of Technology (MIT)
Chrono::Engine	3D	GPLv3
DynaMo	3D	GPL
Moby (Physsim)	3D	GPLv2
Newton Game Dynamics	3D	Zlib
Open Dynamics Engine	3D	BSD
Open Physics Abstraction Layer	N/A	BSD/LGPL
OpenTissue	3D	Zlib
Physics Abstraction Layer (PAL)	N/A	BSD
Tokamak	3D	BSD/Zlib

图 7-1 部分开源的物理引擎

7.2　Box2D

7.2.1　Box2D 的由来

Box2D 是一个 2D 物理引擎，最初是 Erin Catto 为了在 2006 年召开的 Game Developers Conference 上进行物理学演示而设计的。Box2D 最初称为 Box2D Lite，是用可移植的 C++ 语言编写的。目前 Box2D 已经被移植到很多平台上，也有了很多"分身"，常见的有 JavaScript 版（Box2D JavaScript、Box2D Web）、Python 版（PyBox2d）、Java 版（JBox2D）、ActionScript 版（Box2D Flash）等。在 Cocos Creator 中也封装了较完整的 Box2D。

Box2D 虽然有不同的版本，但其 API 几乎没有变化，因此可以通过 Box2D 官方手册了解其相关的概念和功能。

7.2.2　Box2D 的优点

Box2D 具有良好的性能，用其开发的游戏具有非常高的流畅度。Box2D 有简单友好的接口设计，开发者学习 Box2D 的难度相对较低，同时还能深入理解 2D 物理引擎的作用机制。

Box2D 物理引擎为许多红极一时的 2D 游戏提供了物理机制。如图 7-2 所示，鼎鼎大名的游戏"愤怒的小鸟"将活泼有趣的玩法、简洁生动的画面与 Box2D 物理引擎机制结合，成了游戏界的经典，至今仍有许多玩家乐在其中。

图 7-2　"愤怒的小鸟"使用了 Box2D 物理引擎

7.3　刚体组成的物理世界——Box2D 核心概念

本节将对 Box2D 的几个核心概念进行简单介绍。如果开发者只需简单使用 Box2D 物理引擎，了解本节中的概念即可；但如果使用 Box2D 物理引擎处理更复杂的物理世界，建议在学习本书的基础上对 Box2D 物理引擎的机制进行更深入的研究。

7.3.1 刚体

1．刚体（rigid body）的概念

刚体（绝对刚体）是指在运动中和受力作用后，形状和大小保持不变，且内部各点的相对位置也保持不变的物体。绝对刚体是一种理想模型，现实世界中不存在绝对刚体，因为任何物体在受力作用后，都会发生形变。在一些工程领域中，如果物体发生形变的程度相对物体本身极其微小而不影响计算的准确度，可以把物体视为刚体。

2．Box2D 中的刚体

（1）组成物理世界的基本对象

在 Box2D 物理引擎中，物理规律（即力学系统）的作用实现在刚体上，可以说物理世界就是由刚体组成的。

（2）绝对刚体

Box2D 物理引擎模拟出来的刚体是绝对刚体，其上任何两点之间的距离都是保持不变的。

（3）刚体类型

Box2D 物理引擎中存在 3 种刚体：动态（dynamic）刚体、静态（static）刚体和运动（kinematic）刚体，如图 7-3 所示。

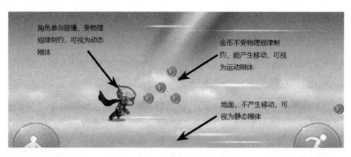

图 7-3 "天天酷跑"中的刚体

- 动态刚体。有质量，有速度，受力作用会产生相应运动的刚体。动态刚体可以和所有类型的刚体发生相互碰撞。在游戏中，动态刚体一般用于模拟会受到物理规律限制的角色或物体。
- 静态刚体。零质量，零速度，不受力作用（包括重力）的刚体。静态刚体可以通过修改位置坐标来改变其所在位置，但一般情况下不产生移动。静态刚体可以和动态刚体发生碰撞，但不会与其他静态刚体和运动刚体发生碰撞。在游戏中，静态刚体会用于模拟地面和墙面这种不会因受力而运动的物体。
- 运动刚体。零质量，有速度，不受力作用（包括重力）的刚体。运动刚体可以通过设置速度来使其产生移动。运动刚体可以和动态刚体发生碰撞，但不会与静态刚体和其他运动刚体发生碰撞。在游戏中，一些特殊的角色或物体（如类似冲击波的技能）可设置为运动刚体。

3．刚体对象

（1）b2Body

b2Body 表示一个刚体对象，可以将初始的刚体对象当成一个看不见也摸不着（没有绘制也不参与碰撞）的物体。此时的刚体具有质量、速度属性，但是抽象的，要使刚体具象化，就需要对刚体进行具体定义。

（2）b2BodyDef

b2BodyDef 是一个用于对刚体进行定义的对象，刚体的类型、初始位置等属性可以在b2BodyDef 对象中设置。

（3）Box2D 中的对象命名

在 Box2D 中，所有对象的名称以"b2"开头。例如，b2Body 表示刚体的对象；b2BodyDef 表示用于定义的对象，用于定义对象的名称一般都以"Def"（即 Definition 的缩写）结尾。

7.3.2　夹具

1．夹具（fixture）的概念

就像将工件加固到机械装置上，Box2D 中的夹具就是一种装置，用来将形状（几何数据）绑定到刚体上，并添加密度（density）、摩擦（friction）系数和恢复（restitution）系数等材料特性，最终将刚体由抽象变得具象化。夹具还将形状放入碰撞系统中，使其可以与其他形状相碰撞。

> 注意
>
> 一个物体和另一个物体碰撞，碰撞后速度和碰撞前速度的比值会保持不变，这个比值称为恢复系数。

2．夹具对象

（1）b2Fixture

b2Fixture 表示一个夹具对象，包含了形状和材料特性。

一般来说，一个夹具应该对应一个刚体，不建议重复使用同一个夹具来渲染多个刚体。刚体和夹具的关系如图 7-4 所示。

具体刚体 = 定义刚体 + 夹具
夹具对象 = 形状 + 材料特性

图 7-4　刚体和夹具的关系

（2）b2FixtureDef

b2FixtureDef 对象用于定义一个夹具，包括设置形状、密度、摩擦系数、恢复系数等。

7.3.3 形状

1．形状（shape）与碰撞

形状描述了可相互碰撞的 2D 几何对象，它的使用独立于物理模拟，即形状本身与力学系统无关。当使用夹具将形状添加到刚体上后，形状和刚体就形成一种以刚体为宿主的寄生关系，形状依托于刚体的运动进行移动。Box2D 的碰撞模块包括形状和操作形状的函数，因此一个刚体要产生碰撞，就需要先通过夹具绑定形状。

另外，对于游戏开发而言，Box2D 中的形状是为了进行碰撞计算而添加的，描述了游戏角色（刚体）的碰撞体积，而不是对游戏角色的外观渲染，在真正的游戏画面中不应出现这些形状。

2．形状对象

Box2D 中的形状一般包括圆形和多边形两种。

（1）b2CircleShape

b2CircleShape 表示一个圆形对象，其构造方式只有一种：b2CircleShape(radius:Number = 0)。

 注意

> b2CircleShape 对象构造的圆形是实心的，无法构造空心圆。

（2）b2PolygonShape

b2PolygonShape 表示一个多边形对象，其构造方式有多种，如以矢量数组进行构造。Box2D 构造的多边形是实心的凸（Convex）多边形，无法直接构造凹（Concave）多边形。

 注意

> 在多边形内部任意选择两点，作一线段，如果所有的线段与多边形的边都不相交，这个多边形就是凸多边形，反之则为凹多边形，如图 7-5 所示。
>
>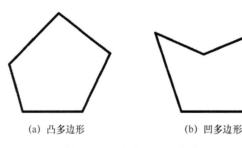
>
> （a）凸多边形　　　　　　（b）凹多边形
>
> 图 7-5　凸多边形和凹多边形

7.3.4 约束

约束（constraint）是指消除物体自由度的物理连接。一个 2D 物体有 3 个自由度（两个平移坐标轴和一个旋转坐标轴）。如果把一个物体钉在墙上，就等于把它约束到了墙上，此物体就只能绕着这个钉子旋转，这个约束就消除了它在两个平移坐标轴上的自由度。

接触约束（contact constraint）是一种防止刚体穿透并模拟摩擦和恢复的特殊约束。接触约束会被 Box2D 自动创建，因此创建好的动态刚体会在接触时自动产生碰撞效果。

7.3.5　关节

1．关节（joint）的概念

关节是一种用于把两个或多个物体固定到一起的约束。这里的"固定"，是指在两个或多个刚体之间建立（除接触约束外的）约束，这些物体就像互相关联的一个整体，其中任何一个物体的运动都会影响该整体中其他物体的运动。

> 📚 注意
>
> 由关节连接的物体中至少应有一个的类型是动态刚体。虽然在两个静态刚体或运动刚体之间建立关节是允许的，但这种关节没有任何实际用途，只会浪费处理器的时间。

2．关节如何作用

关节通过两种方式对连接的刚体进行作用：关节限制（joint limit）和关节马达（joint motor）。关节限制限定了关节的运动范围，就像人类的胳膊肘只能在一定角度范围内旋转。关节马达能依照关节的自由度来驱动所连接的物体，就像给胳膊肘安装了马达来驱动它进行旋转运动。

Box2D 关节中还有一个重要概念——锚点（anchor point）。锚点是指固定于相接物体中的点，是关节限制和关节马达的基准。

3．关节的类型

Box2D 中的关节类型有 11 种：距离关节、旋转关节、移动关节、滑轮关节、齿轮关节、鼠标关节、轮子关节、焊接关节、绳子关节、摩擦关节、马达关节。

所有的关节类型都派生自 b2Joint，类似于定义刚体和定义夹具的对象，每种关节类型也有各自的定义，它们都派生自 b2JointDef。下面介绍前三种较简单的关节。

（1）距离关节（distance joint）

距离关节是最简单的关节之一。距离关节能够连接两个物体，规定两个物体上各有一点，而这两点之间的距离一直固定不变，就像两个物体之间用一根棍子连接起来。

当指定一个距离关节时，两个物体必须已在应有的位置上，然后需指定世界坐标系中的两个锚点，第一个锚点连接到物体 1，第二个锚点连接到物体 2，这两锚点之间的距离就是距离关节约束的长度，如图 7-6 所示。

（2）旋转关节（revolute joint）

旋转关节会强制两个物体共享一个锚点，旋转关节只有一个自由度，即两个物体的相对旋转。相对旋转的角度，称为关节角（angle）。

添加旋转关节后，两个物体之间的相对运动就限制在只能以锚点为圆心相对旋转，如图 7-7 所示。

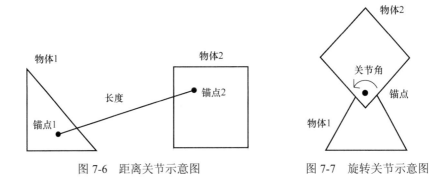

图 7-6　距离关节示意图　　　　　图 7-7　旋转关节示意图

（3）移动关节（prismatic joint）

移动关节允许两个物体沿指定轴相对移动，阻止相对旋转，因此移动关节只有一个自由度，即沿指定轴的方向。移动关节隐含着一个从屏幕射出的轴，这个轴会固定于两个物体上，沿着它们的运动方向。

添加移动关节后，两个物体之间的运动只能沿关节指定轴进行平移，并且不能产生相对旋转，如图 7-8 所示。

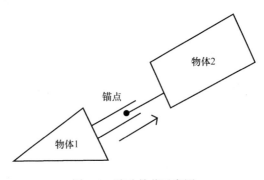

图 7-8　移动关节示意图

7.3.6　世界

世界就是相互作用的刚体、夹具和约束的集合。前几节介绍的所有概念都包含在世界（world）中，如图 7-9 所示，它们在世界中出现、运动、相互作用、消失。

$$世界 = 具体刚体 + 夹具 + 约束$$

图 7-9　世界的组成

1．世界类——b2World

Box2D 中的物理世界是一个 b2World 对象，它模拟了物理世界，并管理着模拟的方方面面。开发者与 Box2D 的大部分交互都将通过 b2World 对象来完成。虽然 Box2D 能够创建多个世界，但通常这么做是不必要的，也是不被推荐的。

b2World 对象的构造方式为 b2World(gravity:b2Vec2, doSleep:Boolean)，即世界的创建需要两个参数——重力（gravity）和休眠（doSleep）。

2．重力系统

（1）重力系统的定义

重力系统是用于模拟物理世界中重力的程序。万有引力是指具有质量的物体之间相互吸引的作用力，重力是万有引力的一种，是物体由于地球的吸引而受到的竖直向下、单位大小约为 9.8N/kg 的力。

（2）Box2D 中的重力

① 矢量对象。

Box2D 中最常用的对象是 b2Vec2。b2Vec2 表示一个二维矢量，它能接收两个参数，这两个参数分别表示矢量起点和矢量终点，构造方式为 b2Vec2(x_:Number = 0, y_:Number = 0)。

② 重力矢量。

重力也是矢量，因此可使用一个 b2Vec2 对象来表示重力。在原生 Box2D 中，重力矢量的正方向默认为平行于屏幕竖直向上的方向。例如，b2Vec2(0, -10)表示方向竖直向下、大小为 10N 的重力。也可以通过改变矢量参数来控制重力的大小和方向。由此可以看到，在创建世界时 Box2D 中的重力可自定义，根据不同游戏机制的需要可以给出不同的重力设定。而在物理世界中，重力一旦确定，其中所有的动态刚体时刻会受到该重力的作用。

③ Box2D 中的单位转换。

原生 Box2D 使用国际标准单位（如 m、kg 和 s 等）作为单位，Box2D 在国际标准单位制下运算的表现是最佳的，因此开发者可以用 m 来计量长度。Box2D 中的单位长度与浏览器的像素长度以一定比例进行转换，一般情况下这个比例设置为 32，按照这个规则，（0, -10）m/s^2 的重力加速度即等于（0, -320）pixel/s^2。

3．Box2D 中的休眠机制

当一个动态刚体在世界中停止运动、保持静止状态（施加到刚体上的力小于临界值并持续了一段时间则称该刚体为静止状态），物理引擎将会把它标记为"休眠"状态，不再对其施加力，直到新的（碰撞产生的或人为的）力施加到刚体上让其再次移动或旋转。这样做为物理引擎节约大量处理时间，可以提高引擎性能。

在创建世界时就可以设置是否开启 Box2D 中的休眠机制。doSleep 参数是布尔类型，为 true 表示允许休眠，为 false 表示不允许休眠。

7.4　Hello Box2D

本节介绍如何使用 Box2D Web 创建简单的物理世界。

7.4.1　使用 Box2D Web 前的准备

1．Web 前端技术基础知识

使用 Box2D Web 前，应掌握 HTML、JavaScript、Canvas（画布）等基础知识。

2．下载 Box2D 并创建项目

Box2D Web 有两个版本的库文件——Box2D.js 和 Box2D.min.js。前者文件大，功能完善；后者文件小，只包含基础功能，如图 7-10 所示，一般建议使用 Box2D.js。

创建一个项目文件夹，将库文件放入项目文件夹中，Hello Box2D 项目目录如图 7-11 所示。

Box2D.js	JavaScript 文件	420 KB
Box2d.min.js	JavaScript 文件	220 KB

図 7-10　Box2D Web 的两个库文件　　　　図 7-11　Hello Box2D 项目目录

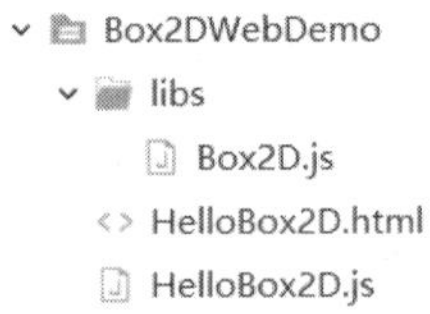

```
∨ 📁 Box2DWebDemo
  ∨ 📁 libs
      📄 Box2D.js
  <> HelloBox2D.html
  📄 HelloBox2D.js
```

3．搭建 HTML 中的程序框架

在 HTML 文件中引入 Box2D.js 库文件。在页面中加入一个画布，Box2D Web 会在该画布中绘制即将创建的物理世界。在项目的 HelloBox2D.js 文件中，建立一个入口函数 init，主要的 Box2D Web 代码将会写在 init 中。在 HTML 文件的<body>标签中设置 onload 属性，加载完 HTML 文件内容就触发 init 函数。HTML 文件中的程序框架如程序清单 7-1 所示。

程序清单 7-1　HTML 文件中的程序框架

```
<!DOCTYPE html>
<html>
  <head>
    <meta charset="utf-8">
    <title>Hello Box2D</title>
    <script src="libs/Box2D.js" type="text/javascript" charset="utf-8"> </script>
    <script src="HelloBox2D.js" type="text/javascript" charset="utf-8"> </script>
  </head>
  <body onload="init()">
    <canvas id="Box2D-canvas" width="640" height="480"></canvas>
  </body>
</html>
```

4．用缩写方式使用库文件中的类

库文件中类的引用格式为"Box2D.package name(包名).class name(类名)"，但这样直接使用对象会让程序显得冗长、易读性低。一般情况下，采用定义缩写类名的方式将要使用的 Box2D 对象赋给全局变量，既方便使用，又提高代码易读性，如程序清单 7-2 所示。

程序清单 7-2 定义缩写类名

```
var b2Vec2 = Box2D.Common.Math.b2Vec2,//2D 矢量对象
  b2BodyDef = Box2D.Dynamics.b2BodyDef,//刚体的定义对象
  b2Body = Box2D.Dynamics.b2Body,//刚体对象
  b2FixtureDef = Box2D.Dynamics.b2FixtureDef,//夹具的定义对象
  b2Fixture = Box2D.Dynamics.b2Fixture,//夹具对象
  b2World = Box2D.Dynamics.b2World,//世界类,管理所有的物理实体和动态模拟
  b2PolygonShape = Box2D.Collision.Shapes.b2PolygonShape,//凸多边形
  b2CircleShape = Box2D.Collision.Shapes.b2CircleShape,//圆形
  b2DebugDraw = Box2D.Dynamics.b2DebugDraw;//调制绘图
```

7.4.2 使用 Box2D 的步骤

1. 创建世界

首先定义重力矢量，然后创建 b2World 对象，如程序清单 7-3 所示。

程序清单 7-3 创建世界

```
var gravity = new b2Vec2(0, 10);//重力矢量，方向竖直向下，大小为10N
var world = new b2World(gravity , true);//创建世界，允许休眠
```

 注意 --

Box2D Web 中重力矢量的正方向默认为竖直向下，原生 Box2D 中重力矢量的正方向为竖直向上。

2. 创建地面盒

（1）刚体的创建步骤

- 用位置（position）、阻尼（damping）等来定义刚体。
- 用世界（world）来创建刚体。
- 用形状（shape）、摩擦（friction）、密度（density）等来定义夹具（fixture）。
- 在创建的刚体上创建夹具。

（2）地面盒实例

地面盒用于模拟地面，是一个静态刚体，由于静态刚体"零质量、零速度、不受力作用"的特性，因此在夹具的定义中只需附加形状即可。根据刚体的创建步骤，创建地面盒的实例如程序清单 7-4 所示。

程序清单 7-4 创建地面盒

```
//定义刚体
var groundBodyDef = new b2BodyDef(); //创建地面盒的定义对象
groundBodyDef.type = b2Body.b2_staticBody; //定义地面盒为静态刚体
groundBodyDef.position.Set(10, 10); //定义地面盒初始位置
//用 world 创建刚体
var groundBody = world.CreateBody(groundBodyDef);
//定义夹具
```

```
var groundBodyShape = new b2PolygonShape(); //定义形状(凸多边形)
groundBodyShape.SetAsBox(10, 0.5); //设置形状为矩形, 大小为10*0.5
var groundFixtureDef = new b2FixtureDef(); //创建夹具定义对象
groundFixtureDef.shape = groundBodyShape; //将形状附加到夹具上
//在刚体上创建夹具
var groudFixture = groundBody.CreateFixture(groundFixtureDef);
```

3. 创建动态刚体

现在已经有了一个地面盒刚体，使用同样的方法可以创建一个动态刚体。除尺寸外二者的主要区别是必须为动态刚体添加质量（即设置密度属性），如程序清单 7-5 所示。

程序清单 7-5　创建动态刚体

```
//定义动态刚体
var bodyDef = new b2BodyDef();
bodyDef.type = b2Body.b2_dynamicBody;
bodyDef.position.Set(5, 5);
//用world创建动态刚体
var body = world.CreateBody(bodyDef);
//定义夹具
var bodyShape = new b2CircleShape();//定义圆形
bodyShape.SetRadius(1);//设置圆形半径大小
var bodyFixtureDef = new b2FixtureDef();
bodyFixtureDef.shape = bodyShape;
bodyFixtureDef.density = 1;//设置密度为1
bodyFixtureDef.friction = 0.5;//设置摩擦系数为0.5
bodyFixtureDef.resitution = 0.5;//设置恢复系数为0.5
//创建夹具
var bodyFixture = body.CreateFixture(bodyFixtureDef);
```

4. 模拟（Box2D 的）世界

初始化地面和动态刚体后，在让"牛顿物理学"接手工作前，还有以下几个问题需要考虑。

（1）调试绘图（debug draw）

在游戏开发中，Box2D 负责给游戏世界和游戏角色赋予物理特性，而不负责游戏画面外观的渲染。在进行外观渲染前，开发者也需要直观地观察到物理世界的运行情况，才能对程序进行更好调试。

Box2D 提供了调试绘图的功能，调试绘图是指将创建的世界中的各种物理信息绘制到画布中，以便开发者进行观察、查错。调试绘图除了能将刚体形状绘制出来，还能绘制关节、重心、对称轴边框等，使开发者方便观察部分程序的运行。调制绘图对象的设置如程序清单 7-6 所示。

程序清单 7-6　设置调制绘图对象

```
var debugDraw = new b2DebugDraw();//定义调试绘图对象
    debugDraw.SetSprite(document.getElementById("Box2D-canvas").getContext
("2d"));//设置绘图精灵, 这里的参数传入画布的绘图上下文
    debugDraw.SetDrawScale(30);//设置绘图比例, 传入参数为实际长度与绘制长度的比值
```

```
    debugDraw.SetFillAlpha(0.5);//设置填充形状的颜色透明度，取值为 0 到 1 之间，0 表示
完全透明
    debugDraw.SetLineThickness(1);//设置线厚度
    debugDraw.SetFlags(b2DebugDraw.e_shapeBit | b2DebugDraw.e_jointBit );//设置绘
图标志，e_shapeBit 绘制形状轮廓，e_jointBit 绘制关节的节点和连接线
    world.SetDebugDraw(debugDraw);//用 world 对象设置调试绘图
```

（2）时间步（time step）

Box2D 采用了一种名为积分器（integrator）的数值算法，积分器能在离散的时间点上模拟物理方程，使 Box2D 中的物理模拟能与传统的游戏动画循环一起运行。Box2D 引入了一个"时间步"的概念：在物理模拟过程中，引擎将整个过程离散为多个细小的过程步骤，而每步需要的时间就是时间步。

时间步的大小取决于需要模拟物理过程的目的，其绝对值越大，计算时间越短；其绝对值越小，计算时间越长，模拟越精细，过程越复杂。通常来说，模拟游戏的物理引擎至少需要 60Hz 的运行速度，即采用 1/60s 的时间步。

时间步通过 b2World 对象下的 Step 方法设置：Step(dt:Number, velocityIterations:int, positionIterations:int)。该方法接收的第一个参数为时间步大小，后两个参数分别为速度迭代和位置迭代，表示在一个时间步内进行的速度迭代和位置迭代的次数。Box2D 建议，速度迭代次数是 8 次，位置迭代次数是 3 次，这是性能与精度的折中：更少的迭代会增加性能但降低精度，更多的迭代会降低性能但提高模拟的质量，开发者需要根据具体情况对迭代次数进行设置。

在每个时间步完成后，都应使用 b2World 对象下的 ClearForces 方法清除在这个时间步中的力，否则在下一个时间步中的计算会产生力的叠加错误（除非开发者希望这个错误发生）。

在开发者需要调试绘图时，在每个时间步中都应该调用 b2World 对象下的 DrawDebugData 方法绘制形状和其他的调制绘图数据。

综上，将时间步的相关设置放入一个函数中，通过循环调用该函数来完成多个时间步从而模拟物理世界，如程序清单 7-7 所示。

程序清单 7-7　设置时间步

```
function update() {
    world.Step(1/60 , 8, 3); //设置时间步为 1/60s，速度迭代和位置迭代的次数分别为 8
次和 3 次
    world.ClearForces(); //清除上一个时间步
    world.DrawDebugData(); //绘制形状和其他调试绘制数据
    }
window.setInterval(update, 1000 / 60);//以 60Hz 的速度调用时间步更新，模拟物理世界
```

5. 效果预览

至此已经创建了第一个 Hello Box2D 程序，并能够看到动态刚体下落的效果，如图 7-12 所示。

使用相同方法在不同位置生成多个动态刚体，它们在接触后会产生碰撞效果，如图 7-13 所示。

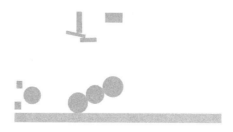

图 7-12　Hello Box2D 预览　　　　图 7-13　多个动态刚体示例

7.5　在 Cocos Creator 中 Box2D 的简单使用

在 Cocos Creator 中使用 Box2D 作为内部物理系统，隐藏了大部分 Box2D 的实现细节（如创建刚体、同步刚体信息到节点中），开发者可以通过添加组件的方式实现 Box2D。除此之外，Cocos Creator 还提供了一个物理系统管理器访问 Box2D 的常用功能，使开发者使用 Box2D 变得更加方便。本节介绍在 Cocos Creator 中如何简单地使用 Box2D。

7.5.1　物理系统管理器

1. 开启物理系统

物理系统默认是关闭的，如果需使用物理系统，要先开启物理系统，否则在编辑器中的所有物理编辑不会产生任何效果，如程序清单 7-8 所示。

程序清单 7-8　开启物理系统

```
cc.director.getPhysicsManager().enabled = true;
```

2. 调试绘图

物理系统默认是不绘制任何调试信息的，如果需要绘制调试信息，可使用 debugDrawFlags。物理系统提供了各种各样的调试信息，开发者可以通过组合这些信息来绘制相关的内容。设置调试绘图如程序清单 7-9 所示。

程序清单 7-9　设置调试绘图

```
cc.director.getPhysicsManager().debugDrawFlags=
cc.PhysicsManager.DrawBits.e_aabbBit |
    cc.PhysicsManager.DrawBits.e_pairBit |
    cc.PhysicsManager.DrawBits.e_centerOfMassBit |
    cc.PhysicsManager.DrawBits.e_jointBit |
    cc.PhysicsManager.DrawBits.e_shapeBit
    ;
```

设置绘制标志位为 0，可以关闭绘制。关闭调试绘图如程序清单 7-10 所示。

程序清单 7-10　关闭调试绘图

```
cc.director.getPhysicsManager().debugDrawFlags = 0;
```

3．物理单位与像素单位的转换

在 Cocos Creator 中，Box2D 使用米−千克−秒（MDS）单位制，物理单位与像素单位的相互转换的一般比值为 32，这个值可以通过 cc.PhysicsManager.PTM_RATIO 获取，并且这个值是只读的。通常物理系统内部会自动对物理单位与像素单位进行转换。

 注意

　　在 Cocos Creator 中，开发者访问和设置的都是进行 2D 游戏开发中开发者熟悉的像素单位。

4．设置物理重力

Cocos Creator 中的重力方向与原生 Box2D 相同，默认的重力加速度是 $(0, -320)$ pixel/s^2，即 $(0, -10)$ m/s^2。

如果希望重力加速度为 0，设置如程序清单 7-11 所示。

程序清单 7-11　设置重力加速度为 0

```
cc.director.getPhysicsManager().gravity = cc.v2();
```

如果希望自定义重力加速度，如每秒加速降落 640 pixel，设置如程序清单 7-12 所示。

程序清单 7-12　自定义重力加速度

```
cc.director.getPhysicsManager().gravity = cc.v2(0, -640);
```

5．设置时间步

Cocos Creator 给 Box2D 物理世界添加了默认的时间步设置，开发者也可以通过物理系统管理器来修改这些设置，如程序清单 7-13 所示。

程序清单 7-13　设置时间步

```
var manager = cc.director.getPhysicsManager();

// 开启时间步的设置
manager.enabledAccumulator = true;

// 物理步长，默认 FIXED_TIME_STEP 为 1/60
manager.FIXED_TIME_STEP = 1/30;

// 每次更新物理系统处理速度的迭代次数，默认为 10
manager.VELOCITY_ITERATIONS = 8;

// 每次更新物理系统处理位置的迭代次数，默认为 10
manager.POSITION_ITERATIONS = 8;
```

6．查询物体

在游戏的某些事件中，需要知道给定的场景中都有哪些实体。例如，在战争类游戏中，如果一个炸弹爆炸了，在涉及范围内的物体都会受到伤害；在策略类游戏中，可能会希望让玩家选择某个范围内的物体进行拖动。

物理系统提供了以下几个方法来高效地查询某个区域中有哪些物体，每种方法通过不同的方式来检测物体，基本满足游戏所需。

（1）点测试

点测试用来测试是否有碰撞体会包含一个世界坐标系下的点，如果测试成功，则返回一个包含这个点的碰撞体。如果有多个碰撞体同时满足条件，如程序清单 7-14 所示的接口只会返回一个随机的结果。

程序清单 7-14　点测试查询物体

```
var collider = cc.director.getPhysicsManager().testPoint(point);
```

（2）矩形测试

矩形测试用来测试指定的一个世界坐标系下的矩形，如果一个碰撞体的包围盒与这个矩形有重叠部分，则这个碰撞体会被添加到返回列表中，如程序清单 7-15 所示。

程序清单 7-15　矩形测试查询物体

```
var colliderList = cc.director.getPhysicsManager().testAABB(rect);
```

（3）射线测试

射线测试用来检测给定的线段穿过哪些碰撞体，还可以获取到线段穿过碰撞体的那个点的法线向量和其他有用的信息，如程序清单 7-16 所示。

程序清单 7-16　射线测试查询物体

```
var results = cc.director.getPhysicsManager().rayCast(p1, p2, type);
for (var i = 0; i < results.length; i++) {
    var result = results[i];
    var collider = result.collider;
    var point = result.point;
    var normal = result.normal;
    var fraction = result.fraction;
}
```

射线测试的最后一个参数指定检测的类型，射线测试支持 4 种类型。因为 Box2d 的射线测试不是从射线起始点最近的物体开始检测的，所以测试结果不能保证结果是按照物体距离射线起始点远近来排序的。Cocos Creator 物理系统将根据射线测试传入的检测类型来决定是否对 Box2d 检测结果进行排序，这个类型会影响最后返回的结果。

① 检测类型。

cc.RayCastType.Any：检测射线路径上的任意碰撞体，一旦检测到任何碰撞体，就立刻结束检测其他的碰撞体，检测速度最快。

cc.RayCastType.Closest：检测射线路径上最近的碰撞体，这是射线检测的默认值，检测速度稍慢。

cc.RayCastType.All：检测射线路径上的所有碰撞体，检测到的结果顺序不是固定的。

cc.RayCastType.AllClosest：检测射线路径上的所有碰撞体，但是会对返回值进行筛选，只返回每个碰撞体距离射线起始点最近的那个点的相关信息，检测速度最慢。

② 射线测试的结果。

射线测试的结果包含许多有用的信息，开发者可以根据实际情况选择如何使用这些信息，如图 7-14 所示。

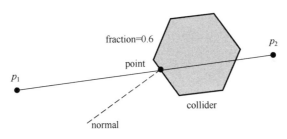

图 7-14　射线测试的结果

collider：指定射线穿过的是哪一个碰撞体。

point：指定射线与穿过的碰撞体在哪一点相交。

normal：指定碰撞体在相交点的表面的法线向量。

fraction：指定相交点在射线线段上的位置分数。

7.5.2　小实例——物理组件的添加与设置

本节将通过一个简单的小实例介绍 Cocos Creator 中物理相关组件的添加与设置方法。

1. 搭建场景

首先在 Cocos Creator 中创建项目，新建一个场景，添加实例中需要创建的节点和精灵，场景中的层级如图 7-15 所示。

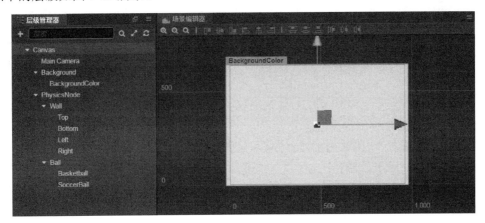

图 7-15　小实例的场景层级

2. 添加并设置刚体组件

在图 7-15 中，Wall 下的节点分别作为上下左右四面静态刚体墙体，Ball 下的节点作为两个动态刚体。在添加刚体组件前，可以设置这几个刚体的位置和大小，如图 7-16 所示。

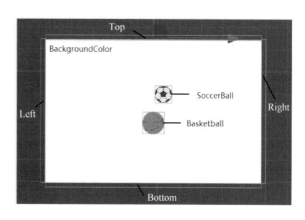

图 7-16　刚体的位置和大小

（1）添加刚体组件

选中要设置为刚体的节点，在菜单栏中选择"组件"→"物理组件"→"Rigid Body"命令，或在属性检查器中单击"添加组件"按钮，在弹出的快捷菜单中选择"物理组件"→"Rigid Body"命令，如图 7-17 所示。

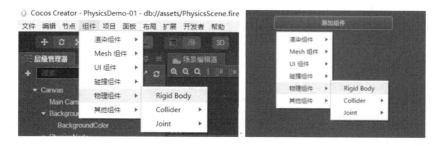

图 7-17　添加刚体组件

（2）设置刚体组件

在刚体组件属性中可以设置刚体所受重力的缩放比例、刚体的阻尼与速度等属性，还可以设置是否开启接触监听（开启接触监听才会调用相应碰撞回调函数）、是否是快速移动刚体（Bullet：快速移动且禁止穿过其他快速移动刚体的刚体，引擎会花费更多性能来模拟该类刚体）、是否允许休眠等。

对于四个墙面刚体，在添加刚体组件后，只需在属性检查器的 RigidBody 中设置"Type"为"Static"即可；对于篮球和足球两个动态刚体，设置"Type"为"Dynamic"，允许接触监听，勾选"Bullet"复选框，如图 7-18 所示。

3．物理组件中的 Collider 组件

（1）物理组件中的 Collider 组件与碰撞组件的区别

物理组件中的 Collider 组件继承自碰撞组件，它们的区别是：碰撞组件直接用于形状之间的碰撞，只有碰撞形状的设置；而 Collider 组件是用于修饰刚体的碰撞组件，类似于原生 Box2D 中的夹具，除了形状，还包含夹具的密度、摩擦、恢复系数（或弹性系数）等属性设置，需要与刚体组件配合使用。

图 7-18 静态刚体（左）与动态刚体（右）属性设置

（2）添加并设置 Collider 组件

对于四面静态刚体墙体，单击"添加组件"按钮，在弹出的快捷菜单中选择"物理组件"→"Collider"→"Box"命令，添加 PhysicsBoxCollider（矩形碰撞组件）；对于两个动态刚体球，单击"添加组件"按钮，在弹出的快捷菜单中选择"物理组件"→"Collider"→"Circle"命令，添加 PhysicsCircleCollider（圆形碰撞组件）。两种组件的属性设置如图 7-19 所示。

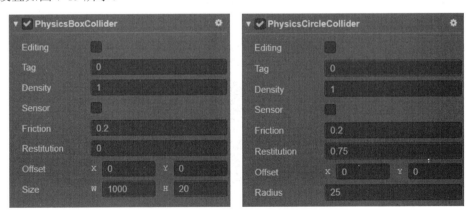

图 7-19 矩形（左）和圆形（右）碰撞组件属性设置

（3）多边形物理碰撞组件对夹具的自动分割

在使用 Collider 定义夹具时，由于 Box2D 本身的限制，一个多边形物理碰撞组件（PhysicsPolygonCollider）在描述较复杂的图形时，可能会由多个 b2Fixture 组成。当多边形物理碰撞组件的顶点组成的形状为凸边形时，物理系统会自动将这些顶点分割为多个凸边形；当多边形物理碰撞组件的顶点数多于 b2.maxPolygonVertices（一般为 8）时，物理系统会自动将这些顶点分割为多个凸边形，如图 7-20 所示。

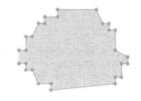

图 7-20　多边形物理碰撞组件描述较复杂图形

当使用射线测试且检测类型为 cc.RayCastType.All 时，一个碰撞体可能会检测到多个碰撞点，原因是检测到了多个 b2Fixture。

4．关节组件

本实例在两个动态刚体球之间创建一个绳子关节（RopeJoint）。选中 Basketball，单击"添加组件"按钮，在弹出的快捷菜单中选择"物理组件"→"Joint"→"Rope"命令。

虽然每种关节都有不同的表现，但是它们都有如下共同的属性。

ConnectedBody：关节连接的另一端的刚体。

Anchor：关节本端连接的刚体的锚点。

Connected Anchor：关节另一端连接的刚体的锚点。

Collide Connected：关节两端的刚体是否能够互相碰撞。

绳子关节可限定两个动态刚体之间的 Max Length（最大距离），属性设置如图 7-21 所示。

图 7-21　绳子关节属性设置

5．碰撞分组管理

至此已经搭建好场景且给物体添加了相应的组件，在进行编译预览前，还需要对产生碰撞的物体进行碰撞分组管理。

在菜单栏中选择"项目"→"项目设置"命令，在"项目设置"选项卡中选择"分组管理"选项。单击"添加分组"按钮，本例中设置两个分组（墙体组 wall 与球体组 ball），并在"允许产生碰撞的分组配对"区域勾选第一列复选框，单击"保存"按钮，如图 7-22 所示。

在每个参与碰撞的物体节点属性的 Group 下拉列表中选择对应分组即可，如图 7-23 所示。

图 7-22 分组管理

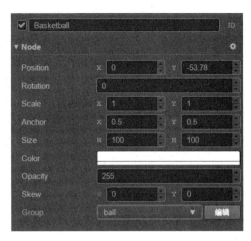

图 7-23 选择 Basketball 节点属性的分组

6. 运行小实例

运行后，就能看到两个不断弹跳的球，并且它们之间就像有一根绳子连接，最大距离不超过 300pixel，实例预览效果如图 7-24 所示。

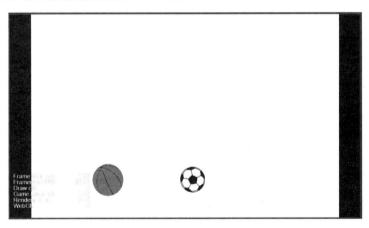

图 7-24 两个不断弹跳的球实例预览效果

7.5.3 碰撞回调

当物体在场景中移动且碰撞到其他物体时，Box2D 会处理大部分必要的碰撞检测，如碰撞后的速度削减、反弹效果等。但在游戏制作中，开发者往往需要考虑的是物体在某些特殊情况下产生碰撞后应该发生什么，如玩家操控的角色碰撞到怪物后会死亡，或弹球撞击地面会产生声音等。

物理引擎提供了碰撞回调的方式，来获取并处理这些特殊的碰撞信息。在碰撞回调中，开发者可以定义在产生碰撞后，物体应该产生什么动作或发生什么变化。

1．碰撞回调注意事项

只有在刚体组件中开启碰撞监听器，才会有相应的回调产生，如图 7-25 所示。

图 7-25　开启碰撞监听器

回调中的信息在物理引擎中都是以缓存的形式存在的，因此信息只有在这个回调中才是有用的，开发者不能在脚本中直接缓存这些信息，但可以缓存这些信息的副本。

在回调中创建的物理物体，如刚体、关节等，不会立刻就创建出 Box2D 对应的物体，而会在整个物理系统更新完成（一个时间步）后再创建这些物体。

2．回调函数

（1）定义回调函数

定义一个碰撞回调函数，只需要在刚体所在的节点上绑定一个脚本，在脚本中添加需要的回调函数即可。

根据被调用的时间不同，碰撞回调函数分为 4 种，如程序清单 7-17 所示。

程序清单 7-17　定义回调函数

```
cc.Class({
    extends: cc.Component,
    // 只在两个碰撞体开始接触时被调用一次
    onBeginContact: function (contact, selfCollider, otherCollider) {
    },
    // 只在两个碰撞体结束接触时被调用一次
    onEndContact: function (contact, selfCollider, otherCollider) {
    },
    // 每次将要处理碰撞体接触逻辑时被调用
    onPreSolve: function (contact, selfCollider, otherCollider) {
    },
    // 每次处理完碰撞体接触逻辑时被调用
    onPostSolve: function (contact, selfCollider, otherCollider) {
    }
});
```

（2）回调函数的调用时间

两个碰撞体碰撞，在碰撞处理逻辑发生前，会有一小部分相互覆盖，Box2D 默认的行为是给每个碰撞体一个冲量将它们分开，但是这个行为不一定能在一个时间步内完成，而每个时间步内都有对碰撞体接触逻辑的处理。因此，onBeginContact 和 onEndContact 在碰撞过程中只会各被调用一次，而 onPreSolve 和 onPostSolve 在每个时间步内各被调用一次。

　　onBeginContact 在两个碰撞体开始接触时被调用一次，在这个回调中可以进行碰撞音频播放等操作；onEndContact 在两个碰撞体结束接触时被调用一次，在这个回调中可以添加碰撞后的反馈操作等。

　　onPreSolve 在每次物理引擎处理碰撞前回调，在这个回调中可以修改碰撞信息；而 onPostSolve 在处理完成这次碰撞后回调，在这个回调中可以获取到物理引擎计算的碰撞的冲量信息。

　　假设一个碰撞发生，需要 3 个时间步处理该碰撞体接触逻辑，那么上述 4 个回调函数对应的调用时间的伪代码如程序清单 7-18 所示。

程序清单 7-18　碰撞回调函数调用时间的伪代码

```
//碰撞开始
//碰撞体接触逻辑处理在每个时间步内发生
Step1{
onBeginContact();
onPreSolve();
onPostSolve();
}
Step2{
onPreSolve();
onPostSolve();
}
Step3{
onPreSolve();
onPostSolve();
}
//碰撞体接触逻辑处理结束
//碰撞体结束接触
Step4{
    onEndContact();
}
```

（3）回调参数

　　回调参数包含所有的碰撞信息，每个回调函数都提供了 3 个参数：contact，selfCollider，otherCollider。

　　selfCollider 是指回调脚本的节点上的碰撞体，otherCollider 是指发生碰撞的另一个碰撞体。通过这两个参数可以获得两个碰撞体对应的刚体，从而对刚体进行操作。

　　碰撞最主要的信息都包含在 contact 中，其是一个 cc.PhysicsContact 类型的实例，contact 中较常用的信息是碰撞的位置和法向量。在 onPreSolve 中可以修改 contact 的信息，因为 onPreSolve 是在物理引擎处理碰撞信息前回调的，所以对碰撞信息的修改会影响后续的碰撞计算。contact 部分信息的修改方式如程序清单 7-19 所示。

程序清单 7-19　修改 contact 信息

```
onPreSolve: function (contact, selfCollider, otherCollider) {
    // 修改碰撞体间的摩擦力
    contact.setFriction(friction);
```

```
        // 修改碰撞体间的弹性系数
        contact.setRestitution(restitution);
    }
```

> **注意**
>
> 上述修改只会在该回调的时间步内生效。

7.6　案例——投篮小游戏

本节将基于小实例中的篮球，制作一个简单的投篮游戏。通过触摸（或鼠标）拖动篮球，即可将篮球扔出，篮球进入篮筐后得一分，如图 7-26 所示。其中，篮球发生撞击的音效触发、篮球进入篮筐的判定均使用碰撞回调完成。

1. 绑定音频

新建一个节点，为节点添加一个音频组件，如图 7-27 所示。

图 7-26　投篮小实例

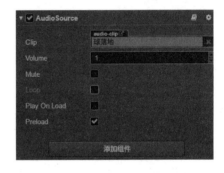

图 7-27　添加音频"球落地"

创建一个脚本，在脚本中添加音频组件，并调用碰撞回调函数修改参数。为 Basketball 精灵添加该脚本，部分脚本如程序清单 7-20 所示。

程序清单 7-20　Basketball.js 部分脚本

```
cc.Class({
    extends: cc.Component,
    properties: {
        //获取音频
        audioSource:{
            type: cc.AudioSource,
            default: null
        },
    },
    // 两个碰撞体开始接触时播放音频
    onBeginContact: function (contact, selfCollider, otherCollider) {
        this.play();
    },
```

```
            //播放音频
        play: function(){
            this.audioSource.play();
        }
    });
```

在 Basketball 精灵的脚本属性中绑定创建好的音频，如图 7-28 所示。

此时运行游戏，篮球在发生碰撞时会触发声音。

2．制作篮板和篮筐

创建用于碰撞的部分和用于作为传感器的刚体，如图 7-29 所示。其中，传感器刚体的节点名称为"Sensor"，其碰撞组件参数设置如图 7-30 所示。

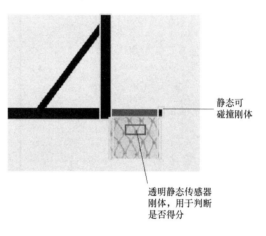

静态可碰撞刚体

透明静态传感器刚体，用于判断是否得分

图 7-28　为脚本绑定音频　　　　图 7-29　篮板和篮筐刚体示意图

3．制作计分板

计分板是一个 Label 组件，其绑定方式与音频组件的绑定方式类似。创建一个名为 Score 的 Label 组件，在 Basketball.js 脚本中添加此 Label 组件，最后将创建好的 Label 组件 Score 绑定到 Basketball 上，如图 7-31 所示。

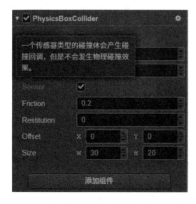

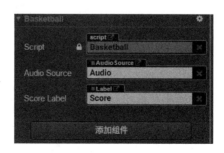

图 7-30　传感器刚体碰撞组件参数设置　　　　图 7-31　Basketball 的脚本

4. 编写篮球触摸移动和碰撞回调的代码

在 Basketball.js 脚本中编写篮球触摸移动和碰撞回调的程序，如程序清单 7-21 所示。其中，触摸作用域是指该函数所绑定的节点在世界坐标系下占用的位置区域，在本例中是指篮球 Basketball 节点占用的区域。

程序清单 7-21　Basketball.js 完整脚本

```
cc.Class({
    extends: cc.Component,
    properties: {
        //添加音频组件
        audioSource:{
            type: cc.AudioSource,
            default: null
        },
        //添加 Label 组件
        scoreLabel:{
            type: cc.Label,
            default: null
        },
    },
    onLoad(){
        this.scoreLabel.string = "0";//初始化分数为 0
        //监听触摸开始事件
        this.node.on(cc.Node.EventType.TOUCH_START, function(t){
            //函数体内写事件发生时的事情
            //当触摸开始时打印以下字样
            console.log("触摸开始")
        }, this);
        //监听触摸移动事件
        //使用自定义回调函数
        this.node.on(cc.Node.EventType.TOUCH_MOVE, this.onTouchMove, this);

        //监听触摸作用域内触摸抬起事件
        this.node.on(cc.Node.EventType.TOUCH_END, function(t){
            console.log("触摸作用区域内结束");
        }, this);
        //监听触摸作用域外触摸抬起事件
        this.node.on(cc.Node.EventType.TOUCH_CANCEL, function(t){
            console.log("触摸作用区域外结束");
        }, this);
    },

    //自定义回调函数，参数为 t
    onTouchMove(t){
        //定义一个 n_pos 变量，存储当前触摸点的位置
        var n_pos = t.getLocation();
        //打印触摸点的坐标
        console.log(n_pos, n_pos.x, n_pos.y);

        //定义变量 delta 存储变化距离
```

```
        var delta = t.getDelta();
        //变化当前节点位置使其跟随触摸点，实现按住移动效果
        this.node.x += delta.x;
        this.node.y += delta.y;

        //为篮球刚体施加一个移动方向的线性速度，使运动更平滑
        this.node.getComponent(cc.RigidBody).linearVelocity = cc.v2(delta.x * 20,
delta.y * 20);
    },

    // 两个碰撞体开始接触时调用
    onBeginContact: function (contact, selfCollider, otherCollider) {
        //发生碰撞即调用音频播放
        this.play();
        //通过碰撞组件名称，判断是否与传感器区域开始碰撞
        if (otherCollider.name == "Sensor<PhysicsBoxCollider>"){
            console.log("开始碰撞")
        }
    },

    // 只在两个碰撞体结束接触时被调用一次
    onEndContact: function (contact, selfCollider, otherCollider) {
        //通过碰撞组件名称，判断是否与传感器区域结束碰撞
        if (otherCollider.name == "Sensor<PhysicsBoxCollider>"){
            console.log("结束碰撞，得分")
            //通过 Number 和 String 间的类型转换，刷新分数
            var score = Number(this.scoreLabel.string);//将 Label 中的分数转换为
Number 类型
            score = score + 1;//分数加一
            this.scoreLabel.string = String(score);//刷新 Label 中的分数
        }
    },

    //播放音频
    play: function(){
        this.audioSource.play();
    }
});
```

当各组件和脚本完成后，即可运行案例，投篮效果如图 7-32 所示。

图 7-32　投篮效果

第 **8** 章 ┃ 实战案例——跑酷游戏

本案例设计的游戏是一个跑酷游戏，属于动作类游戏。玩家通过操作游戏中的角色躲避各种障碍。跑酷游戏属于传统游戏，此类游戏有大量的优秀作品，其中最为人熟知的是"神庙逃亡"系列。考虑到微信小游戏的特点，本案例选择 2D 类的跑酷游戏。另外，作为入门案例，本案例设计的游戏不会引入过于复杂的元素，在游戏的玩法上只有一个创新点。

8.1 游戏策划

8.1.1 游戏屏幕分辨率选择

关于横竖屏的选择，如图 8-1 所示，主要考虑：动作类游戏需要玩家完全投入，横屏沉浸感更强；游戏角色需要在游戏过程中躲避障碍，横屏有更多的空间帮助玩家看清前后的障碍，获得较好的游戏体验；玩家通过左手或右手操作，横屏获得更大操作空间，避免因为手遮挡屏幕上的物体从而使游戏体验较差；横屏纵向屏幕较短，上下单击方便。

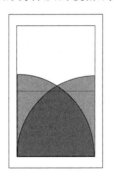 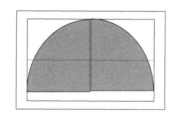

图 8-1　横竖屏握持操作区域示意图

本游戏采用高清分辨率（720P），以 iPhone 11 的 1792 像素×828 像素为基础，在实际设计中主要参考其宽高比例。实际上，以最新款 iPhone 屏幕宽高比例作为游戏屏幕比例已经是行业主流的做法。为了兼容其他屏幕，在准备素材时，可以适当地在横向和纵向上有所预留。

8.1.2 游戏场景切换设计

选择好游戏的握持方式和分辨率后，可以考虑游戏过程中玩家会经历哪些游戏场景，以及这些场景的切换过程。本游戏主要考虑游戏常见的 4 个场景：开始场景、游戏场景、结束场景、排行榜场景。

开始场景也是初始场景，是玩家进入游戏看到的第一个界面，必须具备较高的简洁度，让玩家看到后立即明白如何操作。游戏场景是玩家进行游戏的界面，是整个游戏中最复杂的部分，游戏的成败主要取决于游戏场景的设计。结束场景是游戏完成后玩家看到的界面，其中会告诉玩家刚刚游戏的结果、评价，甚至一些技术统计等。在本游戏中，结束场景只有一种结果，就是角色碰到障碍物游戏失败，不存在胜利场景，因此相对比较单一。

　　游戏的基本场景确定后，画出初步的游戏场景切换流程图，如图 8-2 所示。游戏开始时进入开始场景，玩家正式开始游戏后进入游戏场景，在游戏过程中角色触碰到障碍物后进入结束场景。同时，在开始场景和结束场景中都可以进入排行榜场景，查看自己本局游戏和历史最好成绩在好友之间的排名，查看后可以返回开始场景。

图 8-2　游戏场景切换流程图

　　确定游戏场景切换流程后，还应进一步确定场景的布局草图，以及如何从一个场景切换到另一个场景。草图不需要很复杂，也不需要很精确，只要表明这个场景中大概包含的组件及这些组件的布局即可。下面介绍本游戏中各个场景的设计草图。

1．开始场景的设计草图

　　开始场景的目的是告诉玩家游戏的性质，让玩家做好游戏开始的准备。同时，开始场景是游戏各场景之间的中转站。本游戏开始场景的设计草图如图 8-3 所示。开始场景中包含"游戏名称"，以及"开始游戏"和"排行榜"两个按钮。单击"开始游戏"按钮，切换到游戏场景；单击"排行榜"按钮，则切换到排行榜场景。

2．结束场景设计草图

　　结束场景的目的是通知玩家刚刚游戏的结果和成绩，作为几局游戏之间的衔接。本游戏结束场景的设计草图如图 8-4 所示。游戏中没有胜利的概念，角色触碰到任何障碍物则游戏结束，进入结束场景。在结束场景中，玩家可以看到刚刚这一局游戏中总的得分及在游戏中的距离。此外，玩家单击"重新开始游戏"按钮可以开始新一局的游戏，也可以单击"排行榜"按钮查看自己的游戏成绩排名。

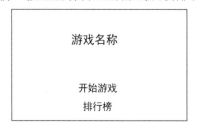

图 8-3　开始场景的设计草图

图 8-4　结束场景的设计草图

3．排行榜场景设计草图

排行榜主要展示玩家成绩在好友之间的排名，为游戏加入社交化属性，增加玩家黏性。好友之间可能为了争夺排名而加大在游戏中的投入时间。本游戏排行榜场景的设计草图如图 8-5 所示。其中，最主要的组件是一个排行列表，展示好友的成绩及自己的排名。单击"返回"按钮可以返回开始场景。

4．游戏场景的设计草图

游戏场景的设计比较复杂，设计草图仅仅代表其基本布局，一般来说游戏场景的设计需要详细设计及说明。本游戏的游戏场景相对简单，其设计草图如图 8-6 所示。在游戏场景中会展示玩家目前游戏的状态，包括得分和移动的距离。考虑到跑酷游戏属于动作类游戏，需要玩家沉浸游戏，当玩家有其他事情时可能会需要暂停游戏，因此游戏设计了"暂停"按钮，单击"暂停"按钮会暂停游戏。

图 8-5　排行榜场景的设计草图　　　　图 8-6　游戏场景的设计草图

当所有场景的设计草图完成后，可以画出更细致的场景切换图，以帮助判断场景之间的切换是否完整。对于场景中没有按钮或元素能够触发跳转的情况，需要标明如何在场景之间切换。如图 8-7 所示为本游戏的场景切换图，各个场景之间几乎都是通过单击按钮实现场景切换。其中，游戏场景和结束场景之间没有跳转按钮，因此在图中标明游戏结束后自动跳转。对于流程比较复杂的游戏，在游戏策划阶段画出场景切换图会对策划人员检查游戏完整性有很大帮助。另外，细化的场景切换图也利于程序员理解策划人员的目的，以及检查游戏开发进度。

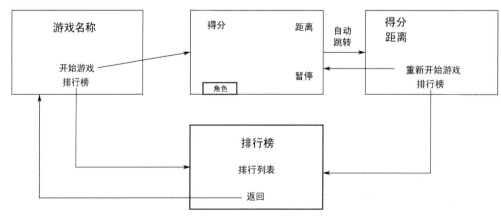

图 8-7　场景切换图

8.2　游戏主逻辑和数值设置

8.2.1　游戏主逻辑

游戏主逻辑是一个游戏的核心，其设置合理与否关系到游戏的成败。游戏主逻辑的说明方式并没有标准，其目的在于把游戏的玩法说清楚。本游戏使用图示加批注的示意图法进行说明。

如图 8-8 所示，整个游戏屏幕被分成左右两大区域，在屏幕左边单击将实现角色的跳跃，屏幕右边又分为上下两个区域供玩家单击。

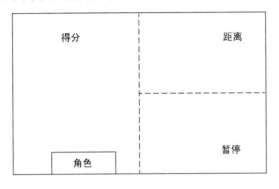

图 8-8　游戏屏幕划分说明

本游戏有一个创新点，即角色和场景可以上下颠倒。当玩家单击屏幕右边上半部分时，整个场景可以颠倒过来，如图 8-9 所示。此时玩家控制的角色会在屏幕上继续行动。当玩家单击屏幕右边下半部分时，场景又会还原。

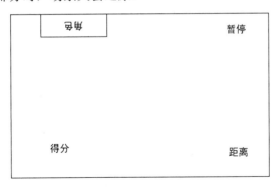

图 8-9　角色和场景颠倒示意图

在整个游戏过程中，玩家控制的角色的水平位置是不会改变的，而角色的移动主要是背景移动产生的效果。此外，玩家可以控制角色跳跃以躲避障碍物，如图 8-10 所示。

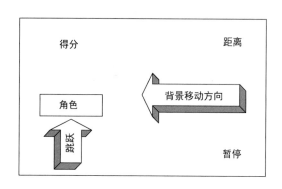

图 8-10　游戏角色和背景移动示意图

为了增加游戏的可玩性和难度，游戏中设置多种障碍物阻止角色继续前进。第一种是固定障碍物。在角色前进方向的地面上，会随机出现固定障碍物，随着角色的前进，障碍物离角色越来越近，玩家必须控制角色跳跃以躲避障碍物。固定障碍物如图 8-11 所示。

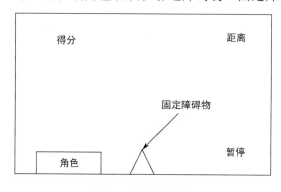

图 8-11　固定障碍物

第二种是移动障碍物，移动障碍物从空中飞来，朝着角色移动，其移动方向是随机的，但其移动方向一旦确定就不会轻易改变，玩家可以通过其轨迹预测其移动状态，通过控制角色跳跃以躲避障碍物。移动障碍物如图 8-12 所示。

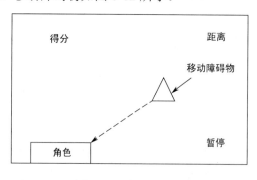

图 8-12　移动障碍物

第三种是反向障碍物，在角色的身后会突然有障碍物冲出，速度比角色快，由于其距离角色较近，玩家必须控制角色及时跳跃以躲避障碍物。反向障碍物如图 8-13 所示。

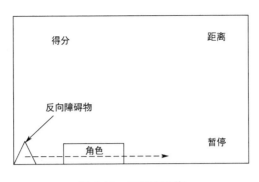

图 8-13　反向障碍物

需要说明的是，由于本游戏的设计有所创新，玩家也可以根据当前的障碍物情况选择在屏幕底端前进或在屏幕顶端前进。例如，当屏幕顶端出现的障碍物明显少于屏幕底端时，可以选择反转屏幕，让角色在顶端前进，反之亦然。

8.2.2　数值设置

游戏的数值设置是游戏可玩性的重要组成部分。如果游戏数值设置不合理，会降低玩家的积极性。本游戏相对简单，游戏数值主要包括以下 3 个。

1．距离

角色向前移动一段距离后，距离指示器会进行更新。距离的主要作用是更新游戏难度，即提高角色移动的速度。

2．速度

若游戏角色移动速度一直不改变，玩家在进行游戏一段时间后会觉得无趣，可能以后不想再进入游戏。因此，本游戏在角色移动每达到一定距离（如每 500 米）时会更新角色移动速度（实际上是背景和障碍物的移动速度），如每次增加 15% 的速度，若速度变得太快，玩家会突然间无法适应，同时降低其游戏积极性。

3．分数

分数是玩家和好友比拼排名的主要依据，也是排行榜的主要依据。玩家控制角色每次躲避障碍物后，都会获得一定的分数，因此移动的距离越长，躲避障碍物的次数越多，分数越高。本游戏为不同的障碍物设置不同的分数。固定障碍物由于相对简单，分数最低；移动障碍物相对较难，分数稍高；反向障碍物最难，分数最高。

8.3　资源准备

在完成场景设计和制定游戏规则后，还不能直接进行游戏的开发，而需要根据策划阶段设计的屏幕方向和分辨率准备各种资源。这里主要是指准备图片资源和音频资源。

8.3.1 图片资源

1. 场景图片

游戏开始场景需要一张背景图片，背景图片的比例根据设计的屏幕比例确定，可以留一点余量以便适应不同屏幕比例的手机。开始场景的背景设计非常重要，这是玩家对游戏的第一印象，需要充分体现游戏的特点。本游戏名称为"阴阳跑跑"，为了体现出"阴阳"这个词的中国特色，本游戏选择了一张水墨画风格的图片作为开始场景的背景图片，如图 8-14 所示，图片中满山的树长满了新的树叶，寓意一切即将开始。为了和开始场景呼应，游戏结束场景也使用了水墨画风格的背景图片，如图 8-15 所示，图片中光秃秃的山有一种凄凉感。

图 8-14　开始场景的背景图片

图 8-15　结束场景的背景图片

游戏场景的背景图片需要不断移动，因此需要准备一张很长的图片进行滚动才能产生角色向前移动的效果，如图 8-16 所示。由于这是一张非常大的图片，因此会占用比较大的游戏资源空间，需要玩家在游戏开始时花费时间下载。游戏中排行榜的背景图片和开始场景的背景图片使用同一张图片，以减小游戏资源空间。

图 8-16　游戏场景的背景图片

场景中的按钮和文本均以图片的形式显示在背景上，所有的文字图片如图 8-17 所示。使用图片而非真正的文字是考虑到游戏的风格，使用书法字体比较合适，而且在移动设备上安装字体是不现实的，因此在文字较少的情况下，使用图片代替字体。若是文字游戏，需要出现大量的文字，使用图片代替文字可能造成游戏资源所占空间过大，则违背了微信小游戏的本意。

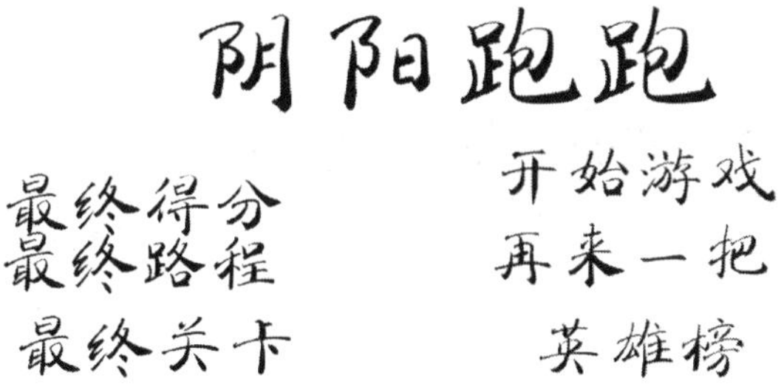

阴阳跑跑

最终得分　　开始游戏
最终路程　　再来一把
　最终关卡　　英雄榜

图 8-17　按钮和文本的图片

2. 障碍物图片

游戏中的障碍物主要分为 3 种，3 种障碍物的图片需仔细思考，不能显得突兀，要合情合理。游戏中的固定障碍物图片如图 8-18 所示，竹笋和竹子本身都是长在地上的，在游戏中作为地面固定障碍物比较合理。游戏中的移动障碍物图片如图 8-19 所示，飞刀和飞镖都符合飞行物体的特点。反向障碍物会突然出现，而且移动速度比角色快，需要仔细设计。本游戏使用鸵鸟作为反向障碍物，由于鸵鸟的跑动必须以动画的形式展现，因此需要一系列图片组成一个完整的奔跑效果，如图 8-20 所示，方便后续在 Cocos Creator 的动画编辑器中导入，并制作成动画效果。制作这类动画图片资源时第一张图片和最后一张图片动作应连贯，这样循环播放时动作才不会显得很奇怪。同时，图片数量的多少也决定着动作的连贯与否，图片数量越多，动作越连贯，但是最终游戏的资源所占空间也越大。在微信小游戏这种用完即走的特点下，需要好好权衡游戏品质和游戏资源所占空间之间的关系。

图 8-18　固定障碍物图片

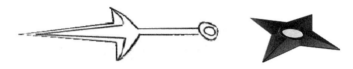

图 8-19　移动障碍物图片

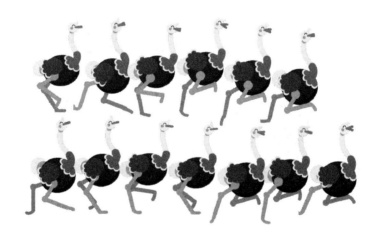

图 8-20　反向障碍物图片

3. 角色图片

同样需要设置为动画形式呈现的还有角色的奔跑动作，其速度要小于鸵鸟的速度，角色图片如图 8-21 所示。

图 8-21　角色图片

另外，为了体现"阴阳跑跑"的特点，游戏中还加入了一个旋转的太极图案，在游戏各个场景中均可以使用，其图片如图 8-22 所示。

图 8-22 太极图案图片

8.3.2 音频资源

为了减小游戏资源所占的空间，为游戏准备的音频资源只有 4 个：背景音乐、玩家单击按钮的声音、角色跳起的声音，以及角色碰到障碍物而游戏结束的声音。所有音频资源直接使用 mp3 格式文件即可，音频品质也不需太高。

8.4 游戏开发

8.4.1 创建项目

启动 Cocos Creator，新建一个空白项目，将其命名为 NewProject_showTheGame。

8.4.2 基础文件夹建立

如图 8-23 所示，在项目资源文件夹 assets 下建立本项目所需子文件夹。
Resources：存储游戏所需的图片资源和音频资源。
Scenes：存储游戏的不同场景。
Scripts：存储处理游戏逻辑的脚本。

图 8-23 基础文件夹

8.4.3 资源导入

如图 8-24 所示，将本游戏所需的图片资源、音频资源导入 Resources 文件夹中，其中：
Human 文件夹存储渲染角色所需的图片资源；

Music 文件夹存储需要触发的音频资源；

Obstacle 文件夹存储渲染障碍物所需的图片资源；

UI 文件夹存储游戏其他部分（如游戏背景等）的图片资源。

Resources 文件夹如图 8-25 所示。

图 8-24　资源导入　　　　　　　图 8-25　Resources 文件夹

 注意

如果关闭了资源管理器，可以选择"布局"→"恢复默认布局"命令进行恢复。

8.4.4　场景建立

根据策划阶段的设定，本游戏的场景主要包括开始场景、游戏场景、结束场景，而排行榜场景由玩家在开始场景或结束场景中单击按钮触发。

startScene：开始场景，包含"游戏开始"按钮和"排行榜"按钮。

gameScene：游戏场景，玩家进行游戏的主要场景。

overScene：结束场景，包含"再来一把"按钮和"排行榜"按钮。

rankScene：排行榜场景，显示玩家游戏分数，由高到低排序。

在资源管理器的 Scenes 文件夹中创建以上四个场景，Scenes 文件夹如图 8-26 所示。

图 8-26　Scenes 文件夹

8.4.5　开始场景界面与逻辑

1．设置界面尺寸（分辨率）

选中 startScene，根据现在市面上大部分智能手机 16:9 的屏幕比例，且本游戏为横屏游戏，设置游戏界面尺寸为 1280 像素×720 像素，在 Canvas 属性检查器 Design Resolution 中设置宽度值和高度值分别为 1280、720，如图 8-27 所示。

图 8-27　设计分辨率

2．制作开始场景界面

（1）开始场景背景

在层级管理器中，右键单击 Canvas 节点，选择"创建节点"→"创建渲染节点"→"Sprite（精灵）"命令，在 Canvas 下新建一个 Sprite 节点，重命名为 StartBg，将 UI 文件夹中的开始场景的图片资源"开始界面 1"以拖动方式绑定到 StartBg 节点的 Sprite Frame 中。开始场景的背景图片尺寸大小与 Canvas 大小保持一致，设置 StartBg 节点的 Size 分别为 W1280、H720，如图 8-28 所示。

（2）开始场景标题

与背景设置类似，新建一个 Sprite 节点，重命名为 title，将资源管理器中 UI 文件夹中的图片资源"开始界面 4"绑定到该节点的 Sprite Frame 中。修改 title 节点的 Size 为 W464、H93，Position 为 X0、Y230，如图 8-29 所示。

图 8-28　开始场景界面背景图片

图 8-29　开始场景 title

3．制作"开始游戏"按钮

在层级管理器中，右键单击 Canvas 节点，选择"创建节点"→"创建 UI 节点"→"Button（按钮）"命令，在 Canvas 下新建一个按钮。

如图 8-30 所示，可以发现新建的按钮节点（New Button）下增加了一个 Background 节点，Background 节点下包含一个 Label 节点。

将节点名称 New Button 更改为 btn_start；Label 节点默认用于渲染按钮，其内容就是按钮上显示的文本，由于本游戏渲染按钮样式的图片资源已经制作好，不需要 Label 节点渲染按钮，因此将 Label 节点删去。

在留下的 Background 节点中，将资源管理器中 UI 文件夹中的按钮样式图片资源"开始界面 2"绑定到 Sprite 节点的 Sprite Frame 中。

单击工具栏中的"尺寸放大"按钮，按住 Ctrl 键将图片拖曳到合适的尺寸（相对于开发者的屏幕大小），比较合适的 Size 为 W170、H72，Position 为 X0、Y−170，如图 8-31 所示。

图 8-30　New Button 节点　　　　　　图 8-31　开始游戏 Button

4．制作"英雄榜"按钮

与制作"开始游戏"按钮类似，新建一个按钮，重命名为 btn_rank，删除 Label，绑定资源管理器中图片资源"开始界面 3"到对应 Background 节点的 Sprite Frame 中。设置 btn_rank 的 Size 为 W170、H70，Position 为 X0、Y−270。

调整"开始游戏"按钮和"英雄榜"按钮之间的距离，开始场景界面效果如图 8-32 所示。开始场景的层级管理器样式如图 8-33 所示。

图 8-32　开始场景界面效果　　　　　图 8-33　开始场景的层级管理器样式

5．开始场景脚本编写

在 Script 文件夹下新建一个 start.js 脚本，将脚本绑定在开始场景的 Canvas 上。

编写开始场景脚本逻辑：在开始场景中单击"开始游戏"按钮后，跳转到游戏场景，并且每次单击都会触发一个单击音效，如程序清单 8-1 所示。

程序清单 8-1　开始场景脚本逻辑

```
cc.Class({
    extends: cc.Component,
    properties: {
        btn_audio: {
            default: null,
            type: cc.AudioClip //定义音效
        }
    },
start() {
//设置音效大小为1，参数为 0-1
    cc.audioEngine.setEffectsVolume(1);
        //获取 btn_start，获取 Button 组件
        var btn_start = cc.find("Canvas/btn_start").getComponent(cc.Button);
        //注册单击事件，参数：事件方式（click），执行命令（this.函数名），当前（this）
        btn_start.node.on("click", this.onClickToGameScene, this);
        var btn_rank = cc.find("Canvas/btn_rank").getComponent(cc.Button);
        btn_rank.node.on("click", this.onClickToGameScene, this);
    },
    //跳转到游戏场景
    onClickToGameScene: function () {
        //播放单击音效
        cc.audioEngine.playEffect(this.btn_audio);
        //预加载游戏场景，为了更好加载游戏资源，一般采用预加载
        cc.director.preloadScene("gameScene");
        //加载游戏场景
        cc.director.loadScene("gameScene");
    },
    //跳转到排行榜场景
    onClickToRankScene: function () {
        //播放单击音效
        cc.audioEngine.playEffect(this.btn_audio);
        cc.director.preloadScene("rankScene");
        cc.director.loadScene("rankScene");
    }
});
```

返回层级管理器中的 Canvas，将音频资源"Resources/Music/button"绑定在 btn_audio 中，如图 8-34 所示。

在程序开发中，如果以纯代码方式定义单击事件后再绑定，会比较耗时，因此选择获取 Button 后再注册单击事件，这样更高效。

将 start.js 脚本中注册单击事件的函数代码删除，其他代码不变。

在 btn_start 节点属性检查器的 Button 中，将 Click Events（单击事件）的数量修改为 1（默认为 0）。一个单击事件有以下 4 个参数选项，如图 8-35 所示。

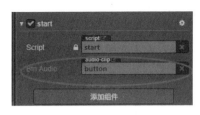

图 8-34　绑定音效　　　　　　　　　　　图 8-35　跳转函数绑定

- 参数 1：绑定脚本的节点，此处为 Canvas 节点（鼠标拖曳绑定）。
- 参数 2：绑定的脚本，此处选择 start。
- 参数 3：绑定单击事件函数，此处选择 onClickToGameScene。
- 参数 4：CustomEventData，传入自定义事件数据，本游戏中不需要使用此参数传递数据。

同样，给 btn_rank 添加单击事件，与 btn_start 类似，区别是在 Click Event 的参数 3 中选择 onClickToRankScene。

6. 开始场景游戏测试

完成上述操作后保存，运行并测试开始场景，查看其是否制作完成。此时，单击"开始游戏"或"英雄榜"按钮，可以听到按钮音效，并且会跳转到另外的场景（因为游戏场景与排行榜场景还没有制作，界面默认呈黑色），如图 8-36 所示。

图 8-36　测试开始场景

8.4.6　游戏场景界面与逻辑

1. 添加游戏背景

与开始场景一样，设置游戏场景 Canvas 的 Size 为 W1280、H720。

在 Canvas 下新建一个空节点，重命名为 Bg，在该节点下存储游戏场景的背景。

注意

本游戏角色的移动方向是从左至右，实际上是背景从右至左移动进而实现角色前进的效果，游戏中使用 3 张背景图片，交替循环从右至左移动，保证背景不断层。

将背景图片资源 "Resources/UI/mountainBg" 添加到 Bg 节点下，设置新节点的名称为 bg1，如图 8-37 所示。设置 bg1 的 Size 为 W1280、H720，Position 为 X0、Y0，Anchor 为 X0.5、Y0.5。重复同样操作，分别建立节点 bg2 和 bg3，bg2 对应 Position 为 X1280、Y0，如图 8-38 所示，bg3 对应 Position 为 X2560、Y0。此处设置的主要目的是使 3 个背景图片首尾相接，若使用不同图片，则数值可能不同。开发者可以放大界面查看 3 张背景图是否完美拼接。

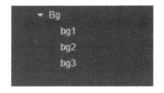

图 8-37　Bg 节点　　　　　　　　　图 8-38　背景图片设置

2．添加计分器

在 Canvas 下新建一个空节点，重命名为 scoreIndicator，在该节点下建立两个 Label 节点（通过选择 "创建节点"→"创建渲染节点"→"Label" 命令），分别重命名为 score 和 distance。这两个节点分别用于显示游戏得分和游戏进行路程，也是本游戏的计分器，计分器层级如图 8-39 所示。

对于 score 节点，设置 Position 为 X-590、Y300，String 为 "分数："，Anchor 为 X0、Y0.5；对于 distance 节点，设置 Position 为 X-590、Y220，String 为 "路程："，Anchor 为 X0、Y0.5，如图 8-40 所示。

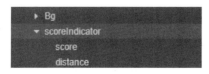

图 8-39　计分器层级　　　　　　　图 8-40　distance 节点设置

添加完成后，游戏场景的样式如图 8-41 所示。

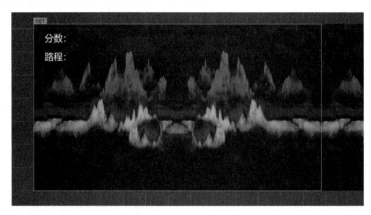

图 8-41　游戏场景的样式

3. 背景图片移动的代码控制

在 Scripts 文件夹下新建脚本 MoveBg，将其绑定到 Bg 节点上（Bg 为开发者定义的背景节点名称），如图 8-42 所示。

图 8-42　Bg 节点脚本绑定

（1）变量的声明与绑定

在 MoveBg 脚本的 properties 中定义 3 个节点属性，对应前面创建的 3 个背景图片节点，除此之外还定义了一个 Speed 变量，设置其值为 300，表示背景图片移动的速度为 300pixel/s，如程序清单 8-2 所示。

程序清单 8-2　变量声明

```
properties: {//变量池，定义的变量写在其中，用 this 引用
    //定义节点下的 3 个 bg 节点
    bg1: {
```

```
        default: null,//初始值
        type: cc.Node//类型
    },
    bg2: {
        default: null,
        type: cc.Node
    },
    bg3: {
        default: null,
        type: cc.Node
    },
    speed:300,//背景的移动速度
},
```

返回开发界面中，将 3 个背景图片节点绑定到 MoveBg 脚本对应属性中，如图 8-43 所示。

图 8-43　背景节点绑定

📚 注意

关于脚本属性绑定。以 Speed 变量为例，在程序中第一次定义了 Speed 变量，设定了变量的值并保存，该数值显示在属性检查器中，之后如果在脚本中直接更改 Speed 的数值，会发现属性检查器中的数值并不会改变，始终为第一次保存后的值。

如果属性值在脚本绑定时就确定了，后期脚本变动，属性检查器无法自动同步。造成该问题的原因是游戏引擎对于脚本的加载方式，此处不进行深入讨论，在实际使用时开发者需留意此问题。

（2）背景移动逻辑

下面为 MoveBg 脚本添加背景移动的逻辑，如程序清单 8-3 所示。

程序清单 8-3　背景移动逻辑

```
update(dt) {//引擎自带的监控函数
    //this.node 对应当前节点，即对应绑定的 Bg 节点，dt 为引擎的一个时间帧
    this.node.x -= this.speed * dt;//x 坐标向左每帧减少
    //将 bg1 的当前坐标转换为屏幕坐标（当前节点与屏幕不在同一个坐标系中）
    //将 convertToWorldSpaceAR 节点坐标转换为屏幕坐标，convertToNodeSpaceAR
```

```
屏幕坐标转换为节点坐标
        var bg_pos = this.bg1.convertToWorldSpaceAR(cc.v2(0,0));
        //获取屏幕的宽度
        var screen_width = cc.winSize.width;
        //如果bg1的当前屏幕坐标小于等于屏幕的一半，且锚点（Anchor）为X0.5、Y0.5，
即当前bg1的中心点坐标距离屏幕中心点达到了屏幕宽度的一半
        if (bg_pos.x <= -screen_width / 2) {
            //将bg1的位置移动到bg3位置加上当前bg1的宽度
            this.bg1.x = this.bg3.x + this.bg1.width;
            //从前向后依次交换节点，用temp记录第一个节点，防止被覆盖
            var temp = this.bg1;
            this.bg1 = this.bg2;
            this.bg2 = this.bg3;
            this.bg3 = temp;
        }
    },
```

程序添加完成后，运行游戏场景，可以看见背景图片以一定速度持续移动。

4. 制作游戏场景角色动画

要使玩家控制的角色做出跑步的动作，需使用 Cocos Creator 中的动画剪辑功能。制作角色动画前，需要在 assets 文件夹下新建一个 Animation 文件夹，该文件夹用于存储动画剪辑文件。

在 Canvas 下新建一个空节点 AnimManager，将角色动作资源"Resources/Human/11"添加到 AnimManager 下，更改节点名称为 human，设置 Position 为 X-220、Y-320，Size 为 W72、H80。

为了使节点成为可播放的动画，需进行如下操作。

在 human 节点的属性检查器中添加动画组件（通过单击"添加组件"按钮，选择"其他组件"→"Animation"命令）。

在 Animation 组件中，将 AnimManager 下的 human 节点绑定到 Default Clip 中，然后设置 Clips 为 1，命名为 human，并勾选"Play On Load"复选框，加载完成后播放默认动画。此时完成了动画组件的绑定，组件参数设置如图 8-44 所示。

绑定好动画组件后，需要编辑动画，双击打开资源管理器中的 human 动画，选中动画编辑器进行动画编辑，如图 8-45 所示。

在动画编辑器中，单击左上角的"编辑"图标开始编辑动画。使用鼠标左键可以控制时间轴缩放，右键可以控制时间轴、帧位置。在"属性列表"区域单击"Add Property"按钮，添加 cc.Sprite.spriteFrame（精灵帧），精灵帧中包括渲染动画组件使用的纹理（即渲染的图片），以及在纹理中的矩形区域。本游戏需要添加用于渲染角色跑步时的不同动作图片到精灵帧中，图片资源存储位置为资源文件夹 Resources/Human，将图片资源按顺序拖曳添加到动画编辑器中，每隔 0.1 帧放置一张图片。操作方法是先使用鼠标左键放大时间轴，使用右键调整其位置，将图片拖曳到下方空白处，对应上方时间轴，如图 8-46 所示。在动画编辑器中将动画类型修改为循环播放（WrapMode 为 Loop），使角色的跑步动作循环连续，如图 8-47 所示。

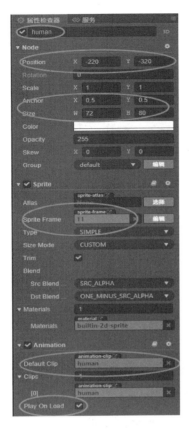

图 8-44　角色基础设置

图 8-45　动画编辑器

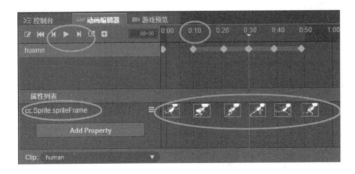

图 8-46　角色动画制作

图 8-47　动画循环播放

由于开发设备不同，动画播放速度可能稍有差异，开发者可以根据实际情况调节速度和帧率，如图 8-48 所示。

图 8-48　调节速度和帧率

至此完成了角色跑步动作的动画编辑，保存动画，再次单击动画编辑器左上角的"编辑"图标退出动画编辑。刷新项目并重新运行，正确添加动画后可以在游戏场景中看到一个持续运动的角色。

5．制作障碍物预制体

在游戏场景中有许多会重复出现的事物，如本游戏中有许多障碍物，会在游戏进行时不断重复出现，如果按照一般的方式添加和生成这些障碍物，开发者需要重复引用大量资源，既耗时又增加了开发复杂度。因此 Cocos Creator 提供了制作预制体的功能，预制体是指可以在游戏场景中重复创建的具有相同结构的游戏对象。制作预制体的操作步骤如下。

先在 assets 文件夹下新建一个 Prefabs 文件夹，该文件夹用于存储制作的预制体。将用于渲染障碍物的图片资源 Resources/dici1 添加到场景编辑器中，重命名为 obstacle1，设置 Size 为 W40、H40。如图 8-49 所示，再将创建的 obstacle1 拖曳添加到 Prefabs 文件夹下，此时在层级管理器中 obstacle1 变成蓝色，在资源管理器 Prefabs 文件夹下出现一个黑色图标文件（见图 8-50），表示第一个障碍物预制体制作成功。

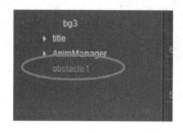

图 8-49　层级管理器中的预制体　　　图 8-50　资源管理器中的预制体

采用同样操作，对用于渲染障碍物的其他图片资源也进行预制体的制作。如 Resources/dici2，设置 Size 为 W40、H40，重命名为 obstacle2；如 Resources/Knife，设置 Size 为 W60、H30，重命名为 obstacle3。最后将 obstacle2 和 obstacle3 添加到 Prefabs 文件夹下，如图 8-51 所示。

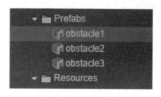

图 8-51　Prefabs 文件夹

预制体制作完成后，可删除之前添加到层级管理器中的图片资源。

6．实现角色操控

在游戏过程中，玩家对游戏角色的操控逻辑需要脚本实现。在 Scripts 文件夹下新建 game 脚本，并绑定到游戏场景的 Canvas 上，在 game 脚本中实现对角色的操控逻辑。

在变量池（properties）中定义 player 节点（见程序清单 8-4），并在 Canvas 的属性检查器中绑定之前制作好的角色节点 human（见图 8-52）。

程序清单 8-4　角色节点获取

```
properties: {
    player:{
        default:null,
        type:cc.Node
    }
},
```

图 8-52　角色节点绑定

在书写程序前，要明确将实现的功能，控制角色移动的逻辑为：当角色处于下半屏时，单击下半屏，角色在当前位置向上跳跃一段距离后落下；单击上半屏，角色方向反转（类似重力方向倒转），"掉落"到上半屏，并在上半屏中移动。当角色处于上半屏时，操作类似，角色跳跃或"掉落"方向相反；角色正在执行的动作未结束，不会产生其他动作。

在 properties 中定义角色跳起高度为 150pixel，如程序清单 8-5 所示。

程序清单 8-5　定义角色跳起高度

```
properties: {
    player: {
        default: null,
        type: cc.Node
    },
    //定义 player 跳起高度为 150pixel
    jumpHeight: 150
},
```

在 start 函数中定义了两个布尔类型变量，分别作为角色方向是否相对屏幕向上和角色是否已完成跳跃动作的标识，并调用控制角色动作的函数 setInputControl，如程序清单 8-6 所示。

程序清单 8-6　start 函数

```
start() {
    //角色的头方向是否向上
    this.isPlayerHeadUp = true;
    //角色是否跳跃结束
    this.isPlayerJumpOver = true;
    //控制角色动作函数
```

```
        this.setInputControl();
    },
```

编写角色动作函数 setInputControl 的程序，根据玩家在屏幕单击的位置不同，触发不同的角色动作函数 playerJumpUp 和 playerJumpDown，如程序清单 8-7 所示。

程序清单 8-7　角色动作函数

```
setInputControl: function () {
    //将 this 赋值给 self
    var self = this;
    //此节点下的事件类型为单击事件，执行对应函数 function, this 为当前
    this.node.on(cc.Node.EventType.TOUCH_START, function (event) {
        //获取单击事件
        const tar = event.getCurrentTarget();
        //将当前事件的单击位置转换为屏幕坐标，以屏幕中心位置为原点，上为正，右为正
        var location = tar.convertToNodeSpaceAR(event.getLocation());
        //当前单击位置在上半屏，将角色移动到上半屏，并且反转
        //x 不变，仅改变 y 的大小
        console.log("loc:" + location);
        if (location.y >= 0) {
            //调用角色在上半屏时函数
            self.playerJumpUp();
        } else {
            //调用角色在下半屏时函数
            self.playerJumpDown();
        }
    }.bind(this), this.node);
},
```

角色在下半屏时的跳跃函数 playerJumpDown，如程序清单 8-8 所示。

程序清单 8-8　角色在下半屏时的跳跃函数

```
//角色在下半屏时的动作
playerJumpDown: function () {
    //如果此时还没有结束，则不执行这个函数
    if (!this.isPlayerJumpOver) {
        return;
    }
    //正在跳跃中设为 false
    this.isPlayerJumpOver = false;
    //获取屏幕的高度
    var height = cc.winSize.height;
    //当此时角色的头向上时，单击下半屏
    if (this.isPlayerHeadUp) {
        //第一个动作：用 0.3s 移动到以自己为中心的 x 不变、y 为 jumpHeight 的位置
        var m1 = cc.moveBy(0.3, cc.v2(0, this.jumpHeight));
        //第二个动作：用 0.3s 移动到以自己为中心的 x 不变、y 为-jumpHeight 的位置
        var m2 = cc.moveBy(0.3, cc.v2(0, -this.jumpHeight));
        //结束跳跃，isPlayerJumpOver 设为 true
        var m3 = cc.callFunc(function () {
```

```
                        this.isPlayerJumpOver = true;
                   }.bind(this), this);
                   //顺序执行
                   var seq = cc.sequence([m1, m2, m3]);
                   //调用角色执行动作
                   this.player.runAction(seq);

            } else {
                //第一个动作：用0.3s移动到相对自己x不变、y为（屏幕高度）-height+（自
身高度）self.player.height的位置
                   var m1 = cc.moveBy(0.3, cc.v2(0, -height + this.player.height));
                   //第二个动作：用0.01s旋转180度
                   var m2 = cc.rotateBy(0.01, 180);
                   //第三个动作：this.player.scaleX不是函数，必须由函数承载
                   var m3 = cc.callFunc(function () {
                        //缩放回原状态
                        this.player.scaleX = 1;
                        this.isPlayerJumpOver = true;
                        //将此时角色的头方向设为向上
                        this.isPlayerHeadUp = true;
                   }.bind(this), this);
                   //seq顺序执行动作，超过两个动作时要加[]
                   var seq = cc.sequence([m1, m2, m3]);
                   //player来执行这些动作
                   this.player.runAction(seq);
            }
        },
```

注意

在游戏开发中，角色动作移动时间是由速度决定的，即路程越长，耗时越长。但这里为了简化过程，将所有动作移动的时间均设置为相等，即固定时间，根据不同路程长度，动态决定移动速度，开发者可在此处进行优化。

角色在上半屏时的跳跃动作函数 playerJumpUp，如程序清单 8-9 所示。

程序清单 8-9　角色在上半屏时的跳跃动作函数

```
//角色在上半屏时的动作
playerJumpUp: function () {
     //如果此时还没有结束，则不执行这个函数
     if (!this.isPlayerJumpOver) {
        return;
     }
     //正在跳跃中设为false
     this.isPlayerJumpOver = false;
      //获取屏幕的高度
     var height = cc.winSize.height;
     //如果此时角色头向上，并单击上半屏
```

```
            if (this.isPlayerHeadUp) {
                //第一个动作：用0.3s移动到相对自己x不变、y为（屏幕高度）height-（自
身高度）self.player.height的位置
                //cc.moveBy (time,position), cc.v2(x,y) 相对于自己的位置
                var m1 = cc.moveBy(0.3, cc.v2(0, height - this.player.height));
                //第二个动作：用0.01s旋转-180度
                var m2 = cc.rotateBy(0.01, -180);
                //第三个动作：this.player.scaleX不是函数，必须由函数承载
                var m3 = cc.callFunc(function () {
                    //缩放-1达到旋转效果
                    this.player.scaleX = -1;
                    //结束跳跃，isPlayerJumpOver设为true
                    this.isPlayerJumpOver = true;
                    //将此时的角色的头向上设为false,即向下
                    this.isPlayerHeadUp = false;
                }.bind(this), this);
                //动作m2、m3共同完成旋转镜像
                //seq顺序执行动作，超过两个动作时要加[]
                var seq = cc.sequence([m1, m2, m3]);
                //player来执行这些动作
                this.player.runAction(seq);
            } else {
                //第一个动作：用0.3s移动到以自己为中心的x不变、y为-jumpHeight的位置
                var m1 = cc.moveBy(0.3, cc.v2(0, -this.jumpHeight));
                //第二个动作：用0.3s移动到以自己为中心的x不变、y为jumpHeight的位置
                var m2 = cc.moveBy(0.3, cc.v2(0, this.jumpHeight));
                //结束跳跃，isPlayerJumpOver设为true
                var m3 = cc.callFunc(function () {
                    this.isPlayerJumpOver = true;
                }.bind(this), this);
                //顺序执行
                var seq = cc.sequence([m1, m2, m3]);
                //调用角色执行动作
                this.player.runAction(seq);
            }
        },
```

编写完成上述程序，就可以对角色的跳跃动作和重力反转时的"掉落"动作实现控制。

7. 制作追逐物动画

本游戏除了有固定位置的障碍物，还有从后方追逐角色的追逐物，而追逐物也需要制作为动画，操作步骤如下。

将追逐物图像资源 Resources/timg1 添加到 Canvas 的 AnimManager 节点下，重命名为 timg，设置 position 为 X-520、Y-320，Anchor 为 X0.5、Y0.5，较合适的 Size 为 W40、H60，然后在 timg 节点中添加 Animation 组件。

与角色动画的制作步骤类似，在 assets/Animation 文件夹下添加 timg 动画（见图 8-53），并绑定到 Animation 组件中（见图 8-54）。

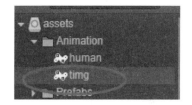

图 8-53　添加 timg 动画　　　　　　图 8-54　属性检查器中的 timg

　　打开动画编辑器进行编辑，添加 cc.Sprite.spriteFrame（精灵帧），将追逐物图片资源 Resources/timg1 到 timg15 加入帧中，每隔 0.01 帧添加一张动画，设置 Sample 为 120，WrapMode 为 Loop，如图 8-55 所示。至此，完成了追逐物动画的制作。

图 8-55　追逐物动画制作

8. 追逐物的逻辑控制

追逐物的逻辑控制在本游戏中非常重要，主要分为以下几个阶段。

第一阶段：与角色（player）动作一致，即角色在哪个方向，追逐物跟随角色到相同的方向，角色向上跳，追逐物跟着一起向上跳。

第二阶段：间隔一段时间（10~15s）后，追逐物向角色方向以一定速度发起冲刺，此时，追逐物不再与角色动作一致，如果角色没有躲开追逐物，则游戏结束；如果角色躲开追逐物，追逐物会一直冲刺到屏幕外。

第三阶段：当追逐物冲刺出屏幕外间隔一段时间（5~10s）后，会再次在角色的后方生成，如果此时角色在下，追逐物生成在下方；如果角色在上，追逐物生成在上方。

追逐物的再次生成有以下 4 种情况：

- 角色在上，追逐物从游戏下半屏离开屏幕，新生成于上半屏角色身后，需要旋转；
- 角色在上，追逐物从游戏上半屏离开屏幕，新生成于上半屏角色身后，不需要旋转；
- 角色在下，追逐物从游戏上半屏离开屏幕，新生成于下半屏角色身后，需要旋转；
- 角色在下，追逐物从游戏下半屏离开屏幕，新生成于下半屏角色身后，不需要旋转。

明确追逐物逻辑后，编写程序如下。

绑定追逐物节点，在 properties 中添加 timg 和 runTime 变量（见程序清单 8-10），并将 AnimManager 下的 timg 节点绑定到 game 脚本中（见图 8-56）。

程序清单 8-10　追逐物变量定义及追逐时间

```
timg: {//追逐物变量
    default: null,
    type: cc.Node
},
    //开始追逐时间
    runTime: 10,
```

图 8-56　timg 节点绑定

在 start 函数中声明与追逐物有关的标识，如程序清单 8-11 所示。

程序清单 8-11　判断 timg 动作的标识

```
//追逐物的头方向是否向上
    this.isTimgHeadUp = true;
```

```
        //追逐物是否跳跃结束
        this.isTimgJumpOver = false;
        //追逐物是否在奔跑
            this.isTimgRunning = false;
```

注意

变量应声明在 setInputControl 函数之前。

在 setInputControl 函数中的对应位置调用追逐物动作，如程序清单 8-12 所示。

程序清单 8-12　追逐物动作调用

```
if (location.y >= 0) {
        //角色动作调用
        self.playerJumpUp();
        //追逐物动作调用
        self.timgJumpUp();
    } else {//单击下半屏
        self.playerJumpDown();
        self.timgJumpDown();
    }
```

注意

timg 动作与角色动作十分相似，在实际项目中一般会将其合并。但本书作为初级教程，采用多个函数以降低理解复杂度和难度，其中各种 API 函数在前几章中已详细介绍，此处不再赘述。

追逐物在上方时的动作函数 timgJumpUp，如程序清单 8-13 所示。

程序清单 8-13　追逐物在上方时的动作函数

```
timgJumpUp: function () {
        //追逐物动作还未结束或正在奔跑，不执行这个函数
        if (!this.isTimgJumpOver || this.isTimgRunning) {
            return;
        }
        //追逐物正在跳跃中
        this.isTimgJumpOver = false;
        var height = cc.winSize.height;
        //当此时追逐物的头向上时，单击上半屏
        if (this.isTimgHeadUp) {
            //使用 moveTo 防止动作同时进行，无法还原
            var m1 = cc.moveTo(0.3, this.timg.x, height / 2 - this.timg.height / 2);
            var m2 = cc.rotateBy(0.01, -180);
            var m3 = cc.callFunc(function () {
                this.timg.scaleX = -1;
                this.isTimgJumpOver = true;
                //将此时追逐物的头向上设为 false，即向下
                this.isTimgHeadUp = false;
```

```
                    }.bind(this), this);
                    //seq 顺序执行动作，超过两个动作时要加[]
                    var seq = cc.sequence([m1, m2, m3]);
                    //追逐物来执行这些动作
                    this.timg.runAction(seq);

                } else {
                    //追逐物头向下，单击上半屏
                   var m1 = cc.moveTo(0.3, this.timg.x, this.timg.y - this.jumpHeight);
                   var m2 = cc.moveTo(0.3, this.timg.x, height / 2 - this.timg.height / 2);
                      //结束跳跃，isJumpOver 设为 true
                   var m3 = cc.callFunc(function () {
                        this.isTimgJumpOver = true;
                    }.bind(this), this);
                    //顺序执行
                    var seq = cc.sequence([m1, m2, m3]);
                    //调用 timg 执行动作
                    this.timg.runAction(seq);
                }
            },
```

追逐物在下方时的动作函数 timgJumpDown，如程序清单 8-14 所示。

程序清单 8-14　追逐物在下方时的动作函数

```
timgJumpDown: function () {
        //追逐物动作还未结束或正在奔跑，不执行这个函数
        if (!this.isTimgJumpOver || this.isTimgRunning) {
            return;
        }
        //正在跳跃中设为 false
        this.isTimgJumpOver = false;
        var height = cc.winSize.height;
        //当此时追逐物的头向上时，单击下半屏
        if (this.isTimgHeadUp) {
         var m1 = cc.moveTo(0.3, this.timg.x, this.timg.y + this.jumpHeight);
         var m2 = cc.moveTo(0.3, this.timg.x, -height / 2 + this.timg.height / 2);
            //结束跳跃，isTimgJumpOver 设为 true
         var m3 = cc.callFunc(function () {
              this.isTimgJumpOver = true;
          }.bind(this), this);
            //顺序执行
            var seq = cc.sequence([m1, m2, m3]);
            //调用 timg 执行动作
            this.timg.runAction(seq);

        } else {
            var m1 = cc.moveTo(0.3, this.timg.x, -height / 2 + this.timg.height / 2);
            var m2 = cc.rotateBy(0.01, 180);
            var m3 = cc.callFunc(function () {
                this.timg.scaleX = 1;
```

```
                    this.isTimgJumpOver = true;
                    //将此时追逐物的头方向设为向上
                    this.isTimgHeadUp = true;
                }.bind(this), this);
                var seq = cc.sequence([m1, m2, m3]);
                //追逐物来执行这些动作
                this.timg.runAction(seq);
            }
        },
```

追逐物奔跑与再次生成的函数 newTimg，如程序清单 8-15 所示。

程序清单 8-15　追逐物奔路与再次生成的函数

```
    newTimg: function () {
        //始终让追逐物与最左边黑框保持 100pixel 的距离
        var timgX = -cc.winSize.width / 2 + 100 + this.timg.width / 2;
        //追逐物生成在上方的 Y 坐标
        var timgUpY = cc.winSize.height / 2 - this.timg.height / 2;
        var timgDownY = -cc.winSize.height / 2 + this.timg.height / 2;
        //如果角色的头向上，即角色在下方
        if (this.isPlayerHeadUp) {
            //追逐物的头向上，即追逐物在下方，设置坐标为左下方
            if (this.isTimgHeadUp) {
                //不进行旋转操作
                this.timg.setPosition(timgX, timgDownY);

            } else { //追逐物在上方时
                this.timg.setPosition(timgX, timgDownY);
                //缩放 1，即镜面反转
                this.timg.scaleX = 1;
                //执行一个旋转-180 度动作，注意：动作较少时，可以简写
                this.timg.runAction(cc.rotateBy(0.01, -180));
                //此时追逐物头向上
                this.isTimgHeadUp = true;
            }
        }
        //如果角色的头向下，即角色在上方
        else {
            //设置坐标为左上方
            if (this.isTimgHeadUp) {
                this.timg.setPosition(timgX, timgUpY);
                this.timg.scaleX = -1;
                //执行一个旋转 180 度动作，注意：动作较少时，可以简写
                this.timg.runAction(cc.rotateBy(0.01, 180));
                //此时追逐物头向下，即处于上方
                this.isTimgHeadUp = false;
            } else {
                //不进行旋转操作
                this.timg.setPosition(timgX, timgUpY);
            }
        }
        //定义开始奔跑的时间
```

```
        var moveTime = Math.random() * 5 + 6;
        console.log('time=' + moveTime);
        //定义每次奔跑的距离
        var moveDis = cc.winSize.width + 100;
        //每次有一个延时，不要太快执行
        var m1 = cc.delayTime(moveTime);
        //一旦开始奔跑，变量 isTimgRunning 就设置为 true
        var start_m = cc.callFunc(function () {
            this.isTimgRunning = true;
        }.bind(this), this);
        //用 3s 移动到相对自己 x 为 moveDis、y 为 0 的位置
        var m2 = cc.moveBy(3, cc.v2(moveDis, 0));
        var end_m = cc.callFunc(function () {
            this.isTimgRunning = false;
        }.bind(this), this);
        var seq = cc.sequence([m1, start_m, m2, end_m]);
        if (this.isTimgJumpOver) {
            this.timg.runAction(seq);
        }
        //以 moveTime+6 的时间执行一次 newTimg 函数，而此处写在函数体内代表递归调用
        this.scheduleOnce(this.newTimg.bind(this), moveTime + 6);
    },
```

最后，在 start 函数中调用 newTimg 的方法，如程序清单 8-16 所示。

程序清单 8-16　调用 newTimg 方法

```
    start() {
        //角色的头方向是否向上
        this.isPlayerHeadUp = true;
        //角色是否跳跃结束
        this.isPlayerJumpOver = true;

        //追逐物的头方向是否向上
        this.isTimgHeadUp = true;
        //追逐物是否跳跃结束
        this.isTimgJumpOver = true;
        //追逐物是否在奔跑
        this.isTimgRunning = false;
        //执行控制函数
        this.setInputControl();
        //调用 timg 奔跑函数
        this.newTimg();
    },
```

9．生成障碍物

通过以上追逐物的逻辑控制分析和实现，以类似方式实现固定障碍物的生成程序和分析。

首先，在 Canvas 下新建一个空节点，重命名为 ObstacleManager，障碍物将生成在该节点下。同时，要控制障碍物，需要在 properties 中定义障碍物预制体的节点及数组，如程序清单 8-17 所示。

程序清单 8-17　预制体数组声明

```
//存储障碍物的节点
ObstacleManager: {
    default: null,
    type: cc.Node
},
//障碍物数组
obstacle_prefabs: {
    default: [],
    type: cc.Prefab
},
//障碍物高度
obstacleHeight: 40,
//障碍物初始距屏幕右边的距离
obstacleDistance: 200,
//玩家得分(文本，游戏显示)
scoreLabel: {
    default: null,
    type: cc.Label
},
//玩家奔跑距离（文本，游戏显示）
runDistance: {
    default: null,
    type: cc.Label
},
//玩家得分
scoreCount: 0,
//玩家奔跑距离
distance:0,
```

同时，在 Obstacle Prefabs 文本框中输入 3，表示有 3 个预制体，再将制作的预制体绑定到对应的属性中，如图 8-57 所示。

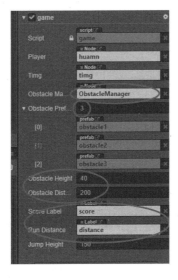

图 8-57　绑定预制体及存储节点

在制作的 3 个预制体中，预制体 1（obstacle1）和预制体 2（obstacle2）只能出现在贴合屏幕边缘的位置，并且方向有具体规定；而预制体 3（obstacle3）可以出现在屏幕中部位置，本游戏中规定 4 个位置。另外，障碍物的生成速度根据得分的变化而随机发生改变。

障碍物的预制体生成函数 newObstacle，如程序清单 8-18 所示。

程序清单 8-18　障碍物的预制体生成函数

```
//产生新的障碍物
newObstacle: function () {
    //定义一个常数，范围为 0 到 2
    var obstacleType = Math.floor(Math.random() * 3);
    //引用对应的预制体
    var newObstacle = cc.instantiate(this.obstacle_prefabs[obstacleType]);
    //将预制体添加到父节点下
    this.ObstacleManager.addChild(newObstacle);
    //根据产生的随机数决定障碍物的生成方向
    var rand = Math.random() * 1;
    //表示此时引用到第 3 个预制体（特殊情况）
    if (obstacleType == 2) {
        rand = 0.5;
    }
    //如果生成的预制体是第 1 个和第 2 个，且生成于上半屏
    if (obstacleType != 2 && this.setObstaclePosition(rand).y > 0) {
        //旋转、缩放达到镜面效果
        newObstacle.scaleX = -1;
        newObstacle.runAction(cc.rotateBy(0.01, 180));
        newObstacle.setPosition(this.setObstaclePosition(rand));
    } else {
        newObstacle.setPosition(this.setObstaclePosition(rand));
    }
    //产生障碍物的时间，初始为每隔 1.55s 生成一个障碍物
    var delayTime = 1.55;
    if (this.scoreCount <= 30 && this.scoreCount >= 0) {
        delayTime = 1.35;
    } else if (this.scoreCount <= 60 && this.scoreCount > 30) {
        delayTime = 1.15;
    } else if (this.scoreCount <= 90 && this.scoreCount > 60) {
        delayTime = 1.0;
    } else {
        delayTime = 0.75;
    }
    //打印现在节点下 children 的数量
    console.log('count=' + this.ObstacleManager.childrenCount);
```

```
        //以 delayTime 的时间递归调用这个函数
        this.scheduleOnce(this.newObstacle.bind(this), delayTime);
    },
```

障碍物预制体位置的函数 setObstaclePosition，如程序清单 8-19 所示。

程序清单 8-19　障碍物预制体位置函数

```
setObstaclePosition: function (rand) {
        //生成的障碍物的坐标
        var randX = 0;
        var randY = 0;
        //规定第 3 种障碍物可以生成位置的 Y 坐标
        var Pos = [-290, -100, 100, -290];
        var height = cc.winSize.height;
        //引用到第 3 个预制体
        if (rand == 0.5) {
            randY = Pos[Math.floor(Math.random() * 4)];
        } else if (rand < 0.5) {
            randY = -height / 2 + this.obstacleHeight / 2;
        } else {
            randY = cc.winSize.height / 2 - this.obstacleHeight / 2;
        }
        //在一定范围内随机产生障碍物的 X 坐标
        randX = cc.winSize.width / 2 - this.obstacleDistance * (Math.random() *
1 + 0.5);
        return cc.v2(randX, randY);
    },
```

在 start 函数中调用 newObstacle 函数，如程序清单 8-20 所示。

程序清单 8-20　调用 newObstacle 函数

```
    //调用 newObstacle 函数
        This.newObstacle();
```

除此之外，还需编写预制体移动的逻辑。此时，需要在 Scripts 文件夹下新建 obstacle 脚本，分别绑定到 3 个预制体上，如图 8-58 所示。

图 8-58　预制体脚本绑定

在 obstacle 脚本中，设置障碍物的移动速度，并且添加移动监控函数，如程序清单 8-21 所示。

程序清单 8-21　在 obstacle 脚本中添加内容

```
properties: {
        //障碍物的移动速度
        moveSpeed: 350
},
//移动监控函数
update(dt) {
        // 持续移动
        this.node.x -= this.moveSpeed * dt;
        //定义移动距离
        var len = cc.winSize.width / 2 + 200;
        //如果超过这个距离，则将其从父节点中移除
        if (this.node.x <= -len) {
                this.node.removeFromParent();
                //this.node.Destroy();另一种移除节点的方式
        }
},
```

10. 碰撞检测

本游戏需要完成游戏角色和障碍物或追逐物之间的碰撞检测，以实现游戏完成情况的判定。具体碰撞检测实现如下。

给需要碰撞检测的物体添加碰撞盒。碰撞盒即碰撞组件，具有碰撞盒属性的物体才会参与碰撞检测。确定需要碰撞的物体有：human（角色）、timg（追逐物）、obstacle1～obstacle3（障碍物预制体）。

以 human 为例，选中 human 节点，在属性检查器中单击"添加组件"按钮，在弹出的快捷菜单中选择"碰撞组件"→"Ploygon Collider"命令，为节点添加碰撞组件。开发者可通过 Cocos 引擎提供的 Regenerate points（自动定义碰撞区域）来快速完成碰撞区域的设定，或勾选"Editing"复选框编辑碰撞区域，根据游戏需求可以调整碰撞区域。本游戏中碰撞盒的设置如图 8-59 所示。

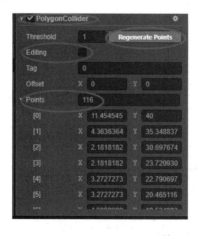

图 8-59　碰撞盒的设置

给 timg、obstacle1～obstacle3 添加类似的碰撞盒。

添加完碰撞盒后，需要设置碰撞分组，在"项目设置"选项卡的"分组管理"中单击"添加分组"按钮，共添加 5 个新的碰撞分组，并分别输入对应的分组名，如图 8-60 所示。再对允许产生碰撞的组分别进行设置，在本游戏中 human（角色）允许与 timg（追逐物）、obstacle1～obstacle3（障碍物）进行碰撞，具体碰撞分组配对设置如图 8-61 所示。

注意

　　需要在参加碰撞检测物体的属性检查器中设置各自所属的碰撞分组"Group"，这是初学者容易遗漏的地方。

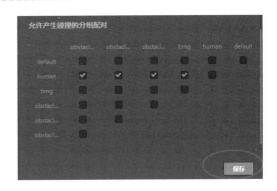

图 8-60　碰撞分组　　　　　　　　　　图 8-61　碰撞分组配对设置

另外，对于 obstacle 碰撞逻辑也需要代码控制，先在 Obstacle 脚本中添加程序用于打开碰撞系统，如程序清单 8-22 所示。再添加 onCollisionEnter 碰撞检测函数，该函数是系统自带的，不需要在 start 或 onLoad 函数中调用，如程序清单 8-23 所示。

程序清单 8-22　打开碰撞系统

```
start() {
    //获取碰撞系统，一旦打开，整个系统就可以检测
    var manager = cc.director.getCollisionManager();
    manager.enabled = true;//打开碰撞系统
},
```

程序清单 8-23　碰撞检测函数

```
//other 参数是指与这个组件碰撞的碰撞器组件，self 参数是指自身的碰撞器组件
onCollisionEnter: function (other, self) {
    //其他无关的碰撞盒，不执行操作
    if (other.node.group != 'human') {
        return;
    }
    if (other.node.group == 'human') {
        //防止播放爆炸动画时因继续检测而导致某些事情发生
        this.node.group = 'default';
        //防止碰撞后因物体继续移动而造成错误，一旦发生碰撞就暂停动画
        //暂停正在运行的场景，该暂停只会停止游戏逻辑执行，而不会停止渲染和 UI 响应
        cc.director.pause();
        //跳转到结束场景
```

```
        cc.director.preloadScene('overScene');
        cc.director.loadScene('overScene');
        cc.director.resume()//跳转完成后需及时恢复，否则后续逻辑无法执行
    }
},
```

对追逐物 timg 的碰撞程序逻辑控制操作方法是在实现 timg 脚本后，需将该脚本绑定到 timg 节点上添加碰撞检测函数，如程序清单 8-24 所示，与程序清单 8-23 相同。

程序清单 8-24　在 timg 中添加碰撞检测函数

```
onCollisionEnter: function (other, self) {
    if (other.node.group != 'human') {
        return;
    }
    if (other.node.group == 'human') {
        this.node.group = 'default';
        cc.director.pause();
        cc.director.preloadScene('overScene');
        cc.director.loadScene('overScene');
      cc.director.resume()
    }
},
```

11．制作暂停按钮

在设计本游戏时，考虑到单独做一个暂停按钮会使界面显得突兀，因此使用太极八卦图的动画制作 Button 组件。将图片资源 "assets/Resources/UI/太极 1" 拖曳添加到 Canvas 下的 AnimManager 中，重命名为 pauseBtn，设置 Position 为 X540、Y0，Size 为 W80、H80，如图 8-62 所示。

为 pauseBtn 添加 Animation 组件，在 assets/Animation 文件夹下新建 AnimationClip，重命名为 pause，并绑定到 pauseBtn 节点 Animation 的 Default Clip 中，勾选 "Play On Load" 复选框，再为 pauseBtn 添加一个 Button 组件，如图 8-63 所示。

图 8-62　暂停按钮样式

图 8-63　pause 动画绑定

制作 pause 动画，将 Resources/UI 文件夹下的太极图片按顺序以 0.01s 的间隔添加到动画编辑器中，设置 WrapMode 为 Loop，Sample 为 30，Speed 为 0.5，如图 8-64 所示。

图 8-64　pause 动画

对于暂停逻辑的控制，新建 pause 脚本文件，并将实现的脚本绑定到 pauseBtn 节点上。通过对暂停按钮的单击，调用暂停函数实现游戏暂停功能，如程序清单 8-25 和程序清单 8-26 所示。

程序清单 8-25　暂停变量初始化与函数调用

```
start() {
        //初始化变量是否被单击
        this.isPause = false;
        //获取节点下的 Button 组件
var pauseBtn = cc.find('Canvas/AnimManager/pauseBtn').getComponent (cc.Button);
        //Button 绑定函数
        pauseBtn.node.on('click', this.isOnClickPause, this);
    },
```

程序清单 8-26　暂停函数

```
isOnClickPause:function(){
        //每次单击后是否要暂停取反
        this.isPause = !this.isPause
        //如果暂停，为 true
        if(this.isPause){
            cc.director.pause();
        }
        else{
            cc.director.resume();
        }
    },
```

12. 播放背景音乐和音效

本游戏的背景音乐播放逻辑如下：

- 开始游戏后，背景音乐持续播放；
- 当单击任意一个按钮时，播放单击音效；
- 当角色跳跃时，播放跳跃音效；
- 当角色碰到障碍物时，播放结束音效。
- 当单击暂停按钮时，音效、音乐全部暂停，若结束游戏到另一个场景，背景音乐关闭。

将背景音乐与跳跃音乐添加到 game 脚本中，音乐文件绑定步骤和播放逻辑如下。

背景音乐和跳跃音效变量定义（在 properties 中）如程序清单 8-27 所示。

程序清单 8-27　背景音乐和跳跃音效变量定义

```
//背景音乐
    bgAudio: {
        default: null,
        type: cc.AudioClip
    },
    //跳跃音效
    jumpAudio: {
        default: null,
        type: cc.AudioClip
    },
```

在属性检查器中绑定对应音频，如图 8-65 所示，绑定音效与 Label 节点。

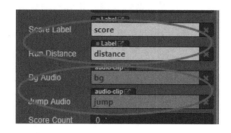

图 8-65　绑定音效与 Label 节点

播放背景音乐（在 start 函数中）程序如程序清单 8-28 所示。

程序清单 8-28　播放背景音乐

```
//设置音效为1
        cc.audioEngine.setMusicVolume(1);
        //播放背景音乐，循环
        cc.audioEngine.playMusic(this.bgAudio, true);
```

播放跳跃音效（playerJumpDown 和 playerJumpUp 函数中）程序如程序清单 8-29 所示。

程序清单 8-29　播放跳跃音效

```
//if (!this.isPlayerJumpOver) {
     //  return;
     //}上面代码不用重复书写，只是为了说明出现的位置
////////////////////////////////////////////////
     //播放跳跃的音效，不循环
     cc.audioEngine.playEffect(this.jumpAudio, false);
```

 注意 ---

跳跃音效播放的前提是这个函数可以执行。

注意

在 Obstacle 与 timg 脚本中的音效控制完全一致，这里只用 timg 脚本作为演示，另一个需要读者自行编写，3 个预制体中的变量都要绑定才能生效。

结束音效变量定义（在 properties 中）如程序清单 8-30 所示。

程序清单 8-30　结束音效变量定义

```
overAudio: {
    default: null,
    type: cc.AudioClip
},
```

结束背景音乐（添加在可以发生碰撞的判断条件下）程序如程序清单 8-31 所示。

程序清单 8-31　结束背景音乐

```
//播放结束音效，不循环
cc.audioEngine.playEffect(this.overAudio,false);
//暂停背景音乐，不循环,音乐为全局变量可以访问
cc.audioEngine.pauseMusic(this.bgAudio,false);
```

在 Obstacle 脚本中与 timg 脚本中书写一致，结束音效设置如图 8-66 所示。

图 8-66　结束音效设置

暂停背景音乐（在 pause.js 中）程序如程序清单 8-32 所示。

程序清单 8-32　暂停背景音乐

```
if (this.isPause) {// 在 isOnClickPause 函数中
    cc.director.pause();//暂停游戏
    cc.audioEngine.pauseMusic();//暂停音乐
} else {
    cc.director.resume();
    cc.audioEngine.resumeMusic();
}
```

13. 增加分数和路程

在本游戏的分数和路程设计中，设定路程为每经过 0.2s 加 1 分，而分数为跳过一个障碍物加 1 分，躲避一个追逐物加 5 分。路程增加函数和分数增加函数具体实现如下。

（1）路程增加函数（见程序清单 8-33）

程序清单 8-33　路程增加函数

```
addDistance: function () {
    this.distance++;//路程数加1
    //屏幕显示
    this.runDistance.getComponent(cc.Label).string = '路程：' + this.
distance;
    //存储在本地，以distance为名，数据为当前路程数 this.distance
    cc.sys.localStorage.setItem('distance', this.distance);
    //以0.2s的时间递归执行
    this.scheduleOnce(this.addDistance.bind(this), 0.2);
},
```

（2）分数增加函数（见程序清单 8-34）

程序清单 8-34　分数增加函数

```
addScore: function () {
    //遍历所有的障碍物，如果经过角色且没有碰撞，则加1
    for (var i = 0; i < this.ObstacleManager.childrenCount; i++) {
        if (this.ObstacleManager.children[i].x < this.player.x) {
            this.scoreCount++;
        }
    }
    //如果追逐物正在奔跑，角色越过则分数加5
    if (this.timg.x > this.player.x && this.isTimgRunning) {
        console.log('touch')
        this.scoreCount += 5;
    }
    this.scoreLabel.getComponent(cc.Label).string = '分数：' + this.
scoreCount;
    //存储在本地，以score为名，数据为当前路程数 this.scoreCount
    cc.sys.localStorage.setItem('score', this.scoreCount);
    //递归执行，这里的1为估值，准确值应该由障碍物跑到最左边计算得出
    this.scheduleOnce(this.addScore.bind(this), 1);
},
```

（3）游戏部分功能的集成实现

在系统的 start 函数中调用相关函数，以集成以上功能，完成游戏的相关功能，如程序清单 8-35 所示。

程序清单 8-35　在 start 函数中的所有调用与变量声明

```
start() {
    //设置音效为1
    cc.audioEngine.setMusicVolume(1);
    //播放背景音乐，循环
    cc.audioEngine.playMusic(this.bgAudio, true);
    //角色的头方向是否向上
    this.isPlayerHeadUp = true;
    //角色是否跳跃结束
    this.isPlayerJumpOver = true;
    //追逐物的头方向是否向上
```

```
        this.isTimgHeadUp = true;
        //追逐物是否跳跃结束
        this.isTimgJumpOver = true;
        //追逐物是否在奔跑
        this.isTimgRunning = false;
        //执行控制函数
        this.setInputControl();
        //调用 timg 奔跑函数
        this.newTimg();
        //调用 obstacle 函数
        this.newObstacle();
        //调用分数与路程函数
        this.addDistance();
        this.addScore();
    }
```

8.4.7　结束场景界面与逻辑

1．制作结束场景界面

制作结束场景界面的步骤如下。

打开 overScene，将资源"Resources/UI/结束游戏 1"添加到层级管理器的 Canvas 中，重命名为 Bg，设置 Position 为 X0、Y0，Size 为 W1280、H720，如图 8-67 所示。

图 8-67　Bg 节点设置

右键单击 Canvas 节点，选择"创建节点"→"创建空节点"命令新建一个空节点，重命名为 titles。

在 titles 下，将资源"Resources/UI/最终得分"添加到 titles 下，重命名为 finScore，设置 Position 为 X-180、Y140。右键单击此节点，选择"创建节点"→"创建渲染节点"→"Label"命令创建一个新节点，重命名为 score，设置 Position 为 X180、Y0，Anchor 为 X0、Y0.5，Color 为#180202（黑色即可），String 为 0，Font Size 为 60，Line Height 为 60。

重复上述操作，新建一个路程节点，重命名为 finDistance；再创建 Label 节点，重命名为 distance，其他设置与上述一致。

右键单击 Canvas 节点，选择"创建节点"→"创建空节点"命令新建一个空节点，重命名为 btns。

右键单击 btns 节点，选择"创建节点"→"创建 UI 节点"→"Button"命令新建一个按钮，删除 Label 节点，将按钮重命名为 btnToGame，设置 Position 为 X0、Y−100，Size 为 W200、H80。用资源"Resources/UI/结束游戏 3"替换 btnToGame/Background 中的 Sprite Frame，选择 Transition 为 NONE。

重复上述操作，新建一个按钮，重命名为 btnToRank，设置 Position 为 X0、Y−240，Size 为 W200、H80。用资源"Resources/UI/开始界面"替换 btnToGame/Background 中的 Sprite Frame。图 8-68 所示为 btns 与 titles 样式。

图 8-68　btns 与 titles 样式

完成后结束场景背景界面样式如图 8-69 所示。

图 8-69　结束场景背景界面样式

在资源管理器中，在 assets/Scripts 文件夹中新建一个脚本，重命名为 return.js；再将 retrun.js 脚本拖曳到 Canvas 节点的属性检查器中，完成界面和控制逻辑程序之间的绑定。

2. 结束场景界面逻辑控制

（1）定义变量（见程序清单 8-36）

程序清单 8-36　分数、路程、音效变量

```
properties: {
    buttonAudio: {//单击音效
        default: null,
        type: cc.AudioClip
    },
```

```
scorelabel: {//分数 Label
    default: null,
    type: cc.Label
},
distancelabel: {//距离 Label
    default: null,
    type: cc.Label
}
},
```

（2）单击跳转到 gameScene（见程序清单 8-37）

程序清单 8-37　单击跳转到 gameScene

```
onClickToGame: function () {
    //播放单击音效
    cc.audioEngine.playEffect(this.buttonAudio, false);
    cc.director.preloadScene('gameScene');
    cc.director.loadScene('gameScene');
},
```

（3）单击跳转到 rankScene（见程序清单 8-38）

程序清单 8-38　单击跳转到 rankScene

```
onClickToRank: function () {
    //播放单击音效
    cc.audioEngine.playEffect(this.buttonAudio, false);
    cc.director.preloadScene('rankScene');
    cc.director.loadScene('rankScene');
},
```

（4）获取分数、距离（见程序清单 8-39）

程序清单 8-39　获取分数、距离

```
setScore: function () {
    //读取文件中内容
    var score = cc.sys.localStorage.getItem('score');
    this.scorelabel.getComponent(cc.Label).string = score;
    var distance = cc.sys.localStorage.getItem('distance');
    this.distancelabel.getComponent(cc.Label).string = distance;
}
```

（5）结束场景界面函数调用（见程序清单 8-40）

程序清单 8-40　结束场景界面函数调用

```
start() {
    //获取 btnToGame 实例
    var btnToGame = cc.find('Canvas/btns/btnToGame').getComponent (cc.Button);
    //添加注册事件
    btnToGame.node.on('click', this.onClickToGame, this);
    //获取 btnToRank 实例
    var btnToRank = cc.find('Canvas/btns/btnToRank').getComponent (cc.Button);
    //添加注册事件
    btnToRank.node.on('click', this.onClickToRank, this);
    //显示分数
```

```
            this.setScore();
        },
```

返回开始场景，单击"运行"按钮，至此实现了一个完整的游戏逻辑控制。

 注意 _____

  在以上实现过程中可以根据实际需求自行更改。

8.4.8 排行榜场景界面与逻辑

在微信小游戏开发过程中，排行榜开发需要获取其他玩家信息，因此需要用到开放数据域，并调用对应的微信 API 接口实现，而微信小游戏域分为主域与开放域，主域为游戏主场景功能，而开放域为排行榜功能。

1. 制作排行榜场景界面（主域）

制作排行榜场景界面（主域）的步骤如下。

打开 rankScene，设置 Canvas 的 Size 为 W1280、H720。右键单击 Canvas 节点，选择"创建节点"→"创建渲染节点"→"Sprite（单色）"命令，将节点重命名为 bg，设置 Size 为 W1280、H720，在属性检查器中将 Sprite 节点的 Sprite Frame 属性清空。

右键单击 Canvas 节点，选择"创建节点"→"创建空节点"命令，将节点重命名为 rankView，在 rankView 节点下新建 Label 节点，重命名为 rankTitle。在属性检查器中设置 rankTitle 的 String 为"排行榜"，Font Size 为 50，Line Height 为 50，Color 为#17D664，Position 为 X0、Y280。

右键单击 rankView 节点，选择"创建节点"→"创建空节点"命令，将节点重命名为 rankScrollView，设置 Size 为 W900、H400，在属性检查器中单击"添加组件"按钮，在弹出的快捷菜单中选择"其他组件"→"WXSubContentView"命令，此即为开放域展示的具体节点与范围。

右键单击 rankView 节点，选择"创建节点"→"创建 UI 节点"→"Button"命令，将按钮重命名为 friendRankButton，找到 friendRankButton 下的子节点 Label，如图 8-70 所示，在属性检查器中设置 String 为"好友排行"，如图 8-71 所示。

图 8-70 好友排行按钮 Label

图 8-71 好友排行

设置 friendRankButton 的 Position 为 X–300、Y–280。重复创建两个 Button 节点，分别命名为 shareFriendButton 和 returnButton，设置 Position 分别为 X300、Y–280，X–400、Y270，String 分别为"邀请好友""返回"，并将 returnButton 的 Transition 更改为 SCALE。

在层级管理器中，排行榜场景界面完成节点如图 8-72 所示。

场景完成后，排行榜场景界面样式如图 8-73 所示。

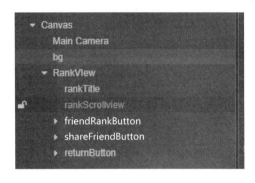

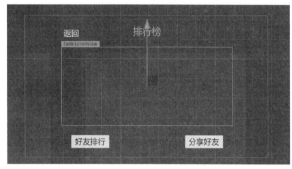

图 8-72 排行榜场景界面完成节点   图 8-73 排行榜场景界面样式

2. 排行榜逻辑（主域）控制

排行榜逻辑（主域）控制的实现步骤如下。

（1）新建脚本

在资源管理器中，右键单击 Scripts 文件夹，选择"新建"→"JavaScript"命令新建一个脚本，重命名为 rankView，将其绑定到 rankScene 的 Canvas 节点下。

（2）定义单击音效（见程序清单 8-41）

程序清单 8-41 单击音效

```
//单击音效
    buttonAudio: {
        default: null,
        type: cc.AudioClip
    }
```

（3）返回函数（见程序清单 8-42）

程序清单 8-42 返回函数

```
//返回函数
    returnFunc: function () {
        //播放音效，并且跳转到开始场景
        cc.audioEngine.playEffect(this.buttonAudio, false);
        cc.director.preloadScene("startScene");
        cc.director.loadScene("startScene");
    },
```

（4）分享好友函数（见程序清单 8-43）

程序清单 8-43 分享好友函数

```
//分享好友函数
    shareFriendFunc: function () {
```

```
        cc.audioEngine.playEffect(this.buttonAudio, false);
        //如果处于微信环境下
        if (cc.sys.platform == cc.sys.WECHAT_GAME) {
            //调用微信API，只有在微信环境下才能运行
            window.wx.shareAppMessage({
                title: "shareFriend", //分享标题
                imageUrl: "", //分享图片链接
                query: "key = 1", // 好友单击链接时会得到的数据
            });
            //注意，shareAppMessage 不再有回调函数
        } else {
            cc.log("获取群排行榜数据。x1");
        }
    },
```

（5）好友排行函数（见程序清单 8-44）

程序清单 8-44　好友排行函数

```
    //好友排行函数
    friendRankFunc: function () {
        cc.audioEngine.playEffect(this.buttonAudio, false);
        //如果处于微信环境下
        if (cc.sys.platform == cc.sys.WECHAT_GAME) {
            //向开放数据域发送消息
            window.wx.postMessage({
                messageType: 1, //发送的消息内容
                MAIN_MENU_NUM: "x1",
            });
        } else {
            console.log("获取好友排行榜");
        }
    }
```

（6）程序开始时执行函数（在 start 函数中，见程序清单 8-45）

程序清单 8-45　开始时执行函数

```
    start() {
        cc.audioEngine.setEffectsVolume(1);
        //获取到存储的 score 文件的内容
        var score = cc.sys.localStorage.getItem('score');
        if (cc.sys.platform == cc.sys.WECHAT_GAME) {
            window.wx.showShareMenu({
                withShareTicket: true,    //在微信小程序的多功能界面也可以完成分享
            });
            window.wx.postMessage({
                messageType: 2,
                MAIN_MENU_NUM: "x1",
                score: "" + score,  //实时发送分数
            });
            //开始时就展示排行榜
            window.wx.postMessage({
                messageType: 1,
                MAIN_MENU_NUM: "x1",
            });
```

```
            }
        },
```

3．事件绑定（主域）

事件绑定（主域）的实现步骤如下。

（1）音效添加

将资源管理器中的 Button 音效添加到 Button Audio 中，如图 8-74 所示。

图 8-74　音效添加

（2）单击事件绑定

在 friendRankButton 节点的属性检查器中，设置 Click Events 为 1，将 Canvas 脚本中对应的响应函数绑定，如图 8-75 所示。

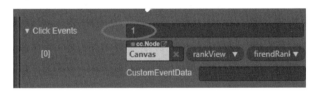

图 8-75　单击事件绑定

对 returnButton 节点和 shareFriendButton 节点重复上述动作，绑定对应的响应函数。

4．制作排行榜场景界面（开放域）

制作排行榜场景界面（开放域）的步骤如下。

 注意

> 开放域是独立于主域的另一个项目，因此开放域书写不能在同一个工程下。

（1）新建开放域项目

启动 Cocos Creator，新建一个项目，命名为 showTheGameOpen，如图 8-76 所示。

图 8-76　新建开放域项目

（2）新建基础文件夹与场景

在资源管理器中新建 3 个文件夹，分别重命名为 Prefabs、Scripts、Scene。

右键单击 Scene 文件夹，选择"新建"→"scene"命令新建一个子文件夹，重命名为 rankViewScene，如图 8-77 所示。

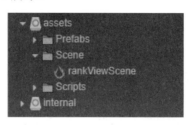

图 8-77　新建基础文件夹和场景

（3）制作开放域界面

右键单击 Canvas 节点，选择"创建节点"→"创建渲染节点"→"Sprite（单色）"命令，设置其 Color 为#FFFFFF64。

右键单击 Canvas 节点，选择"创建节点"→"创建空节点"命令，重命名为 gameRankList，设置其 Size 为 W60、H640。

右键单击 gameRankList 节点，选择"创建节点"→"创建 UI 节点"→"ScrollView"命令，重命名 rankScrollView。将 content 下的子节点删除，并将其重命名为 scrollContent，设置 Size 为 W667、H375。

右键单击 gameRankList 节点，选择"创建节点"→"创建 UI 节点"→"Layout"命令，重命名为 gameRankLayout，设置 Size 为 W667、H375。

右键单击 gameRankList 节点，选择"创建节点"→"创建渲染节点"→"Label"命令，重命名为 loadingLabel，设置 String 为"加载中"，可以根据爱好更改文字颜色。

在层级管理器中，开放域排行榜场景界面节点如图 8-78 所示。

开放域排行榜场景界面样式如图 8-79 所示。

图 8-78　开发域排行榜场景界面节点

图 8-79　开放域排行榜场景界面样式

5. 制作角色预制体及逻辑控制

制作角色预制体及逻辑控制的步骤如下。

（1）制作玩家显示预制体

注意

　　建立预制体时，为了方便观察，可以先将界面隐藏。

　　右键单击 Canvas 节点，选择"创建节点"→"创建空节点"命令，重命名为 rankHuman，设置其 Size 为 W900、H120。

　　右键单击 rankHuman 节点，选择"创建节点"→"创建渲染节点"→"Label"命令，重命名为 rankLabel，设置其 Position 为 X−345、Y0。

　　右键单击 rankHuman 节点，选择"创建节点"→"创建渲染节点"→"Sprite（单色）"命令，重命名为 rankHumanSprite，设置其 Position 为 X−210、Y0，Size 为 W90、H90。

　　右键单击 rankHuman 节点，选择"创建节点"→"创建渲染节点"→"Label"命令，重命名为 rankHumanNickname，设置其 Anchor 为 X0、Y0.5，Position 为 X−105、Y0，Font Size 为 50，Line Height 为 50。

　　右键单击 rankHuman 节点，选择"创建节点"→"创建渲染节点"→"Label"命令，重命名为 topScoreLabel，设置其 Position 为 X330、Y0，String 为 123，Font Size 为 60，Line Height 为 60。

　　将 rankHuman 节点拖曳到 Prefabs 文件夹下，就成了一个预制体。

　　角色预制体节点如图 8-80 所示。

图 8-80　角色预制体节点

预制体场景样式如图 8-81 所示。

图 8-81　预制体场景样式

（2）角色预制体的控制

在资源管理器中，在 Scripts 文件夹中新建一个脚本，重命名为 rankHuman。

角色预制体变量定义如程序清单 8-46 所示。

程序清单 8-46　角色预制体变量定义

```
properties: {
    rankLabel: cc.Label,//展示玩家的排行名次
    rankHumanSprite: cc.Sprite,//展示玩家的头像
```

```
        rankhumanNickname: cc.Label,//展示玩家的昵称
        topScoreLabel: cc.Label//玩家的最高得分
    },
```

角色头像函数如程序清单 8-47 所示。

程序清单 8-47　角色头像函数

```
//设置角色的头像
    setHumanSprite(avatarUrl) {
        //传递图片的路径
        if(cc.sys.platform == cc.sys.WECHAT_GAME){
            //Cocos Creator 内置加载图片方法
            cc.loader.load({
                url: avatarUrl,//图片路径
                type: 'jpg'//图片样式
            }, (err, spriteFrame) => {
                //对角色预制体中的 Sprite 节点赋值
                this.rankHumanSprite.spriteFrame=new cc.SpriteFrame(spriteFrame);
            });
        }
    },
```

预制体初始化函数如程序清单 8-48 所示。

程序清单 8-48　预制体初始化函数

```
//初始化预制体的数据
    init: function (rank, data) {
        //data 为玩家各种基本数据，rank 为传递进来的参数
        //头像路径
        let avatarUrl = data.avatarUrl;
        //名称的昵称
        let nick = data.nickname;
        //获取传递的数值大小，KVDataList 为玩家传递的信息数组
        let score = data.KVDataList.length != 0 ? data.KVDataList[0].value : 0;
        //按 rank 大小进行一次缩放，设置不同大小排行图标
        if (rank == 0) {
            this.rankLabel.node.color = new cc.Color(255, 0, 0, 255);
            this.rankLabel.node.setScale(2);
        } else if (rank == 1) {
            this.rankLabel.node.color = new cc.Color(255, 255, 0, 255);
            this.rankLabel.node.setScale(1.6);
        } else if (rank == 2) {
            this.rankLabel.node.color = new cc.Color(100, 255, 0, 255);
            this.rankLabel.node.setScale(1.3);
        }
        //根据排行显示每个玩家数据
        this.rankLabel.string = (rank + 1).toString();
        this.setHumanSprite(avatarUrl);
        this.rankhumanNickname.string = nick;
        this.topScoreLabel.string = score.toString();
    },
```

（3）绑定事件

双击打开预制体，将 rankHuman 脚本绑定到 rankHuman 预制体上，将对应名称功能的节点拖曳到对应的预制体上，如图 8-82 所示。

图 8-82　角色预制体事件绑定

6．开放域事件监听

开放域事件监听的实现步骤如下。

在资源管理器中，在 Scripts 文件夹中新建一个脚本，重命名为 rankViewList。

开放域事件监听变量定义如程序清单 8-49 所示。

程序清单 8-49　开放域事件监听变量定义

```
properties: {
    //上下滑动以控制玩家及其好友的显示
    rankScrollView: cc.ScrollView,
    //scroll 下的子节点，玩家信息将添加到这个节点上
    scrollContent: cc.Node,
    //角色预制体
    rankHumanPrefab: cc.Prefab,
    //布局节点
    gameRankLayout: cc.Node,
    //提示文字节点
    loadingLabel: cc.Label
},
```

当每次产生排行榜时，需要将上一次界面清空，即上一次界面的所有元素都不显示。移除当前屏幕元素，开放域移除节点如程序清单 8-50 所示。

程序清单 8-50　开放域移除节点

```
//移除显示的组件(排行榜)
    removeComponent: function () {
        //节点不显示
        this.rankScrollView.node.active = false;
        //移除节点下的所有子节点
        this.scrollContent.removeAllChildren();
        this.gameRankLayout.active = false;
```

```
            this.gameRankLayout.removeAllChildren();
            //提示的 Label 节点，并显示节点
            this.loadingLabel.getComponent(cc.Label).string = "加载中...";
            this.loadingLabel.active = true;
    },
```

将玩家分数提交给服务器操作，如程序清单 8-51 所示。

程序清单 8-51　提交玩家分数

```
    //提交玩家分数
    submitScore: function (MAIN_MENU_NUM, score) {
        if (cc.sys.platform == cc.sys.WECHAT_GAME) {
            //获取玩家信息
            window.wx.getUserCloudStorage({
                //以键值对形式存储
                keyList: [MAIN_MENU_NUM],
                success: function (res) {
                    console.log("提交的信息为：" + JSON.stringify(res));
                    //如果当前分数小于存储的数据，则不进行任何操作
                    if (res.KVDataList.length != 0) {
                        if (res.KVDataList[0].value > score) {
                            return;
                        }
                    }
                    // 对用户托管数据进行写数据操作
                    window.wx.setUserCloudStorage({
                        KVDataList: [{
                            key: MAIN_MENU_NUM,
                            value: "" + score
                        }],
                    });
                },
                fail: function () {
                    console.log("getCloudStorage fail");
                }
            });
        }
    },
```

显示好友排行函数如程序清单 8-52 所示。

程序清单 8-52　显示好友排行函数

```
    showFriendsData: function (MAIN_MENU_NUM) {
        //移除显示的界面
        this.removeComponent();
        //激活
        this.rankScrollView.node.active = true;
        //使提示为空
        this.loadingLabel.string = "";
        //如果在微信环境下
```

```
if (cc.sys.platform == cc.sys.WECHAT_GAME) {
    console.log("showfriend")
    //获取玩家信息
    window.wx.getUserInfo({
        openIdList: ['selfOpenId'],
        success: (userDatas) => {
            this.loadingLabel.active = false;
            console.log("玩家信息: " + JSON.stringify (userDatas.data));
            //获取自己的信息，第一位表示玩家的playerInfo基本信息
            let userData = userDatas.data[0];
            //获取所有好友的信息
            window.wx.getFriendCloudStorage({
                //以关键字访问
                keyList: [MAIN_MENU_NUM],
                success: res => {
                    //console.log("success");
                    let data = res.data;
                //对获取的好友信息中的KVDataList中的value(分数)进行排序
                    data.sort((a, b) => {
                        if(a.KVDataList.length == 0 && b.KVDataList.length
== 0) {
                            return 0;
                        }
                        if (a.KVDataList.length == 0) {
                            return 1;
                        }
                        if (b.KVDataList.length == 0) {
                            return -1;
                        }
                    return b.KVDataList[0].value-a.KVDataList[0].value;
                });
                for (let i = 0; i < data.length; i++) {
                    //记录每位好友的信息
                    var playerInfo = data[i];
                    //引用角色预制体
                    var humanPrefab=cc.instantiate(this.rankHumanPrefab);
                    //调用预制体并调用初始化函数
                    humanPrefab.getComponent('rankHuman').init(i, playerInfo);
                    //将每位玩家信息添加到scrollContent组件中
                    this.scrollContent.addChild(humanPrefab);
                }
                if (data.length <= 8) {
                    let layout = this.scrollContent.getComponent(cc.Layout);
                    //人数不足时调用默认值
                    layout.resizeMode = cc.Layout.ResizeMode.NONE;
                }
            },
            fail: res => {
```

```
                    this.loadingLabel.getComponent(cc.Label).string = "数据加载失败,
请检测网络,谢谢。";
                }
            });
        },
        fail: res => {
            this.loadingLabel.getComponent(cc.Label).string = "数据加载
失败,请检测网络,谢谢。";
        }
    });
}
},
```

执行监听主域发出的消息函数,如程序清单 8-53 所示。

程序清单 8-53　监听主域函数

```
start() {
    this.removeComponent();
    if (cc.sys.platform == cc.sys.WECHAT_GAME) {
        //监听主域发出的消息
        window.wx.onMessage(data => {
            console.log("主域发出的消息: " + JSON.stringify(data));
            if (data.messageType == 0) { //移除排行榜
                this.removeComponent();
            } else if (data.messageType == 1) { //获取好友排行榜
                this.showFriendsData(data.MAIN_MENU_NUM);
                this.loadingLabel.active = false;
            } else if (data.messageType == 2) { //提交分数
                this.submitScore(data.MAIN_MENU_NUM, data.score);
            }
        });
    }
},
```

绑定函数与对应变量:将 rankViewList 脚本添加到 rankViewList 节点上,并将对应节点按功能名称绑定到定义的变量中,开放域监听函数变量绑定如图 8-83 所示。

图 8-83　开放域监听函数变量绑定

8.5　打包发布与异步加载

在微信小游戏开发完成后，还需要打包发布，在发布后玩家正式玩的过程中，还需要考虑游戏数据异步加载的问题。下面介绍打包发布和异步加载。

8.5.1　打包发布

微信小游戏打包发布包括打包游戏名称、发布平台、发布路径、设备方向等，需要在主域项目下进行设置，如图 8-84 所示。其中，appid 是指在微信公众平台获得的 appid。注意，测试号有一些功能无法正常使用。

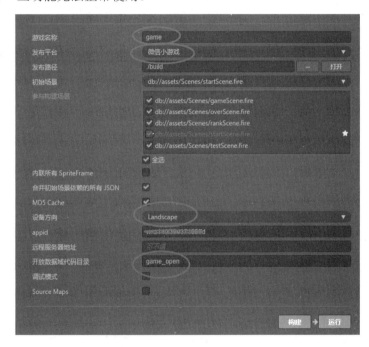

图 8-84　主域打包

> 📖 **注意**
>
> "开放数据域代码目录"需设置为 game_open，开放数据域必须以此名称打包，否则不能识别。

除了设置主域项目，还需要设置开放域的相关信息，以获取排行榜等信息，开放数据域信息设置如图 8-85 所示。设置完成后，单击"构建"按钮，等待运行成功（complete）。

图 8-85　开放数据域信息设置

开放数据域打包要等主域打包完成后才能进行，设置"游戏名称"为 game_open（主域初始的名称），"发布平台"为"微信小游戏开放数据域"，"发布路径"为主域打包成功下的 build 文件夹中的 wechatgame。例如，主域打包成功后的文件路径为

D:\CoCoscreator220Package\NewProject_showTheGame\build\wechatgame

wechatgame 为打包成功的文件，即可以在微信开发者工具中打开的文件，开放数据域打包时的发布路径必须为此时的文件路径。设置"初始场景"为 rankViewScene，"设备方向"为 Landscape。

此时在主域中运行项目，或用微信开发者工具打开主域 build 文件夹下的 wechatgame，都可运行游戏。同时，在微信开发者工具中可以看到游戏逻辑和排行榜都可以正常运行，排行榜效果如图 8-86 所示。

打包后文件样式如图 8-87 所示。

图 8-86　排行榜效果

图 8-87　打包后文件样式

8.5.2　异步加载

微信官方要求文件资源包大小不能超过 4MB。而刚完成的游戏在打包运行成功后，通过手机预览出现错误，此时通过查看微信开发者工具中的详情可知，文件资源包大小超过了 4MB，如图 8-88 所示。

图 8-88　文件资源包详情

采用异步加载的方式可以解决此问题。本游戏文件资源包中占用空间较多的是引擎资源和引入的素材资源，解决的方法是将素材资源存储到服务器上。例如，购买阿里云对象存储 OSS，在阿里云控制台首页注册一个账号并登录，如图 8-89 所示。

选择"对象存储 OSS"选项，如图 8-90 所示。

图 8-89　阿里云控制台首页登录　　　　　　图 8-90　对象存储 OSS

购买 OSS 后，在存储空间中创建 Bucket，如图 8-91 所示；创建 Bucket 的详细信息如图 8-92 所示。

图 8-91　创建 Bucket 　　　　　　　　　　图 8-92　创建 Bucket 的详细信息

📚注意

OSS 没有文件夹的概念，如果添加一个文件夹，系统会自动去除文件夹而留下文件，此时需要另一个程序。在 OSS 管理控制台中，下载 OSSBrowser 客户端工具，如图 8-93 所示。

图 8-93　OSSBrowser 客户端工具

OSSBrower 客户端工具提供文件夹操作，登录 OSS 账号，显示设置好的目录，可以将文件放在对应的文件夹中。

📚 注意
下载的客户端是存在于文件夹的同一个程序。

此时登录微信公众平台，在"开发设置"的"服务器域名"区域的"downloadFile 合法域名"文本框中，输入 OSS 地址，如图 8-94 所示。

图 8-94　输入 OSS 地址

如果不知道 OSS 合法地址，可以先将一个文件（如图片、音频）放在 OSS 中，再在获取的地址中删除文件名称，剩下的即为 OSS 的合法地址，如图 8-95 所示。

图 8-95　OSS 地址获取

例如，获取的地址为

https://qycome.oss-beijing.aliyuncs.com/card/res/import/07/07089a39d.0a35d.json
则实际地址为

https://qycome.oss-cn-beijing.aliyuncs.com

再次在主域项目构建时输入远程服务器地址。如果想存储在子文件夹下，必须在远程服务器中加上子文件夹路径。例如，此时将要存储的文件路径为（有一个子文件 game）

https://qycome.oss-cn-beijing.aliyuncs.com/game
此时 appid 必须要和输入 OSS 域名的一致，如图 8-96 所示。

图 8-96　输入远程服务器地址

打包后，将主域工程下的 res 文件夹拖曳到 OSSBrowser 对应的文件夹下。传输完成后，删除原 res 文件夹，如图 8-97 所示。

图 8-97　res 文件夹转移

此时打开微信开发者工具，运行当前代码包。

在本地设置中，勾选"不校验合法域名、web-view（业务域名）、TLS 版本以及 HTTPS 证书"复选框，如图 8-98 所示。

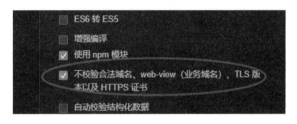

图 8-98　远程服务器不校验合法域名

通过以上方法，使微信小游戏文件资源包小于 4MB，资源文件的加载也能正常显示。删除 res 文件夹后运行情况如图 8-99 所示，删除 res 文件夹后文件资源包大小如图 8-100 所示。

图 8-99　删除 res 文件夹后运行情况

图 8-100　删除 res 文件夹后文件资源包大小

　　至此实现了跑酷微信小游戏的完整开发过程，包括从功能实现到游戏符合规定要求发布，以及最终的正常稳定运行。

第9章 ┃ 实战案例——纸牌游戏

本案例设计的游戏是一个纸牌游戏，属于棋牌类游戏。本游戏的定位是休闲双人对战游戏。游戏开始前其中的一个玩家（以下简称 P1）需要在游戏中邀请另一个玩家（以下简称 P2）。当 P1 和 P2 均同意开始游戏后，才能进入游戏。对战纸牌游戏属于传统类游戏，已有大量的优秀作品，其中最为人熟知的应该是"欢乐斗地主"。大部分纸牌游戏都属于竞技游戏，游戏过程需要较多的计算和思考，而本游戏将定位为休闲游戏，无须玩家认真思考，能很快做出选择。其实质是一个猜大小游戏，但引入了较为创新的规则，游戏玩法新颖，而且过程轻松、愉快。

9.1　游戏策划

9.1.1　游戏屏幕分辨率选择

关于横竖屏的选择，主要考虑：休闲游戏不需要玩家完全投入，可以在做其他事时同时进行，特别是休闲对战游戏，在 P2 思考时，P1 很可能处于分心状态，此时若采用横屏反而使玩家体验较差。此外，在玩家处于通勤状态时，很可能只有一只手处于空闲状态，在这种情况下，竖屏体验比横屏要好得多。因此本游戏最终决定采用竖屏，如图 9-1 所示。本游戏依然采用 720P 分辨率，以 iPhone 11 的 1792 像素×828 像素为基础，在实际设计中主要参考其宽高比例。注意，本游戏的背景资源处理使用了一些特殊技术，实际上对背景图片的依赖并不大，装备资源时对设备屏幕的分辨率依赖也不大。

本游戏仅考虑了右手为主的玩家，实际开发时还应考虑左手为主的玩家。对于左手为主的玩家，可以通过水平镜像的方式来解决。

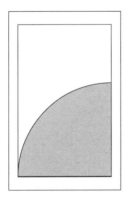

图 9-1　竖屏操作区域示意图

9.1.2　游戏场景切换设计

本游戏主要考虑游戏常见的 4 个场景：开始场景、操作说明场景、游戏场景、结束场景。

开始场景为初始场景，是玩家进入游戏时看到的第一个界面，必须让玩家看到后立即知晓这是什么游戏。操作说明场景需要以简明扼要的方式告诉玩家如何操作游戏及游戏的基本规则，可以使用文字加图示的方式来说明，让玩家看到后立即明白如何操作。游戏场景是 P1 和 P2 进行真正纸牌对战的场景，其设计应类似一个牌桌，让玩家感觉在进行纸牌游戏。结束场景是游戏完成后玩家看到的界面，其主要目的是告诉 P1 和 P2 刚刚游戏的结果及一些技术统计等。其中，一个玩家看到的是胜利画面，另一个玩家看到的是失败画面。

本游戏的场景切换流程图如图 9-2 所示。游戏开始时进入开始场景，如果玩家对游戏规则不熟悉，可以选择进入操作说明场景，查看游戏规则和操作说明。P1 同意开始游戏后并不会直接切换到游戏场景，而是需要等待 P2 也同意开始游戏。双方都同意开始游戏后，P1 和 P2 都进入游戏场景，P1 和 P2 在游戏中有一方达到胜利条件后，会同时进入结束场景。然而在游戏中有一方退出游戏，则会返回开始场景。在结束场景中，P1 和 P2 都同意继续游戏，会返回游戏场景；若其中有一方退出，则另一方会返回开始场景。

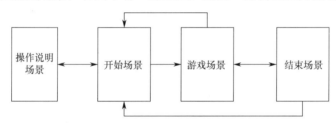

图 9-2　本游戏场景切换流程图

1．开始场景设计草图

开始场景的目的是告诉玩家游戏的性质，以及让玩家做好游戏开始的准备。同时，开始场景也是游戏各个场景之间的中转站。开始场景的设计草图如图 8-3 所示，其中包含一个"游戏名称"和三个按钮（"邀请好友""开始游戏""操作说明"）。单击"邀请好友"按钮，会让 P1 从微信联系人中选择一个好友发送邀请。接收到邀请的好友会收到一条卡片消息，好友单击卡片即可打开游戏链接。单击"开始游戏"按钮，需等待 P2 同意后，跳转到游戏场景。单击"操作说明"按钮，则跳转到操作说明场景。

2．结束场景设计草图

结束场景的目的是通知玩家谁赢谁输，还可能有技术统计，具体技术统计信息在游戏策划时还不明确。同时，结束场景也是几局游戏之间的衔接。结束场景的设计草图如图 9-4 所示。此外，玩家还可以通过单击"继续游戏"按钮开始新一局的游戏，也可以单击"退出"按钮完全退出游戏，这两个选择都将影响另一个玩家的场景状态。

图 9-3　开始场景的设计草图　　　　图 9-4　结束场景的设计草图

3. 操作说明场景设计草图

操作说明场景的作用是给对游戏还不熟悉的玩家一个解释，特别是棋牌类游戏，必须说明游戏规则、记分规则，胜利条件等，且必须以简要的语言配合图的方式来说明。操作说明场景的设计草图如图 9-5 所示。其中最主要的组件是说明列表，单击"返回"按钮可以返回开始场景。

4. 游戏场景设计草图

游戏场景的设计比较复杂，设计草图仅仅代表其基本布局。本游戏的游戏场景相对简单，其设计草图如图 9-6 所示。游戏界面总体模拟一个牌桌，桌面上显示牌的状况。考虑到右手习惯玩家较多，所有按钮均靠右下方放置，方便单手情况下单击操作。同时，界面设计了双方牌的摆放位置及距离胜利的条件。

图 9-5　操作说明场景的设计草图　　　　图 9-6　游戏场景的设计草图

图 9-7 所示为本游戏的场景切换图，场景之间几乎都是通过单击按钮实现场景切换。其中，游戏场景和结束场景之间没有跳转按钮，因此在逻辑上是游戏结束后自动跳转。在游戏场景、结束场景和开始场景之间的切换是根据对方的状态来决定的，因此需要明确说明，方便游戏程序员充分理解策划人员的目的。

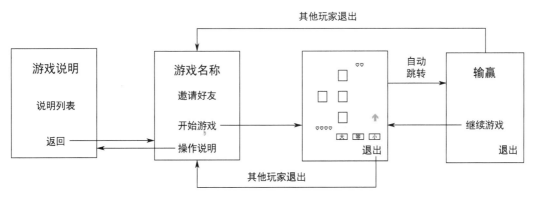

图 9-7 场景切换图

9.2 游戏主逻辑和数值设置

9.2.1 游戏主逻辑

游戏主逻辑是一个游戏的核心，其设置合理与否关系到游戏的成败。

本游戏是一个玩家猜大小的休闲游戏。如图 9-8 所示，整个游戏屏幕被分成三大区域：牌区、按钮区及状态指示区。其中，牌区是系统给 P1 和 P2 发牌情况的查看区域，玩家无法操作。按钮区是玩家可以操作的区域，可以选择猜测牌的大小状态，也可以退出游戏。

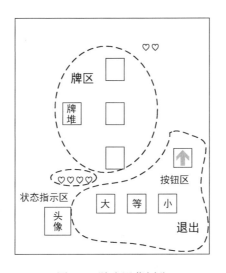

图 9-8 游戏屏幕划分

如图 9-9 所示，游戏真正开始后，系统会先从牌堆中发出一张公共牌，P1 和 P2 的视角都可以看到该牌的大小。假设 P1 先猜，则系统会向 P1 的牌区发一张牌，这张牌反面朝上，P1 和 P2 的视角均无法看到点数，如图 9-10 所示。此时，P1 开始通过按钮区的按钮猜测牌的大小，即比公共牌大还是小。猜测完成后，P1 和 P2 的视角都将看到 P1 牌区的牌慢慢翻开，且屏幕提示是否猜对。然后，系统再次发公共牌和 P2 牌区的牌，由 P2 猜测。双方轮流猜牌，直到一方达到失败条件为止。

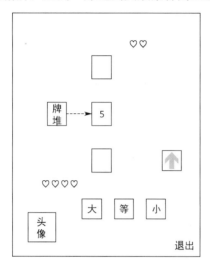

图 9-9　公共牌发牌示意图

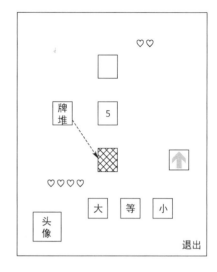

图 9-10　向 P1 发牌示意图

为了增加游戏的趣味性，本游戏设置了 Push 猜牌权。例如，P1 在遇到难以估计大小的公共牌时，如 13 张牌中处于中间的 5、6、7 等牌，玩家可以通过单击"Push"按钮把猜牌权交给对方，把难题交给对方。

9.2.2　数值设置

本游戏主要涉及 3 个数值。

1．胜利失败条件

P1 和 P2 均在游戏开始时获得 3 个 HP 值，以红色心形表示。若其中一方消耗完 3 个 HP 值且对方 HP 值不为零，则对方胜利，HP 值为零的一方失败。

2．猜对和猜错结果

若其中一方猜大或小正确，则双方均不发生任何变化。若其中一方猜错，则猜错方的 HP 值减 1。

3．HP 值增加和减少规则

游戏中出现自己的牌等于公共牌的情况较少，若玩家敢于猜相等且猜对将获得奖励，即 HP 值加 1，对方 HP 值减 1；但是，若猜错，则对方 HP 值加 1，自己 HP 值减 1。在背水一战的情况下，如自己 HP 值只剩 1，但对方 HP 值较大时，猜相等可能会迅速拉小差距，带来翻盘的机会。

9.3 资源准备

在完成场景设计并制定游戏规则后，还不能直接进行游戏的开发，而需要根据策划阶段设计的屏幕方向和分辨率准备各种资源，主要是准备图片资源和音频资源。

9.3.1 图片资源

本游戏开始场景需要一张背景图片，考虑到本游戏的图片资源较多，为了减小游戏资源所占的空间，本游戏采取了节约资源的做法。由于牌桌可以认为是桌布的平铺，因此在准备游戏场景的背景图片时，只准备了很小尺寸的图片，如图 9-11 所示，在正式开发时可以将此图片资源多次复制，铺满整个屏幕，其效果等同于一张与屏幕大小一致的图片，还无须考虑实际屏幕的分辨率。

场景中的按钮和文本均以图片的形式显示在背景上，如图 9-12 所示。

图 9-11　整体游戏背景图片　　　　图 9-12　按钮和文本的图片

游戏中最主要的就是牌图片。牌图片可以通过标准模板加拼接花色和数字的形式组成，可以减小资源所占空间，但开发过程比较复杂。此处选择将所有牌都做成图片的方式，如图 9-13 所示，快速开发游戏原型。若游戏效果较好，计划在未来的版本迭代中以拼接的方式继续减小资源空间。快速推出产品再快速迭代已经为互联网和游戏行业的通行标准。在游戏开发过程中，特别是具有互联网特征的社交类游戏，开发过程切忌考虑太周全，把游戏性和产品体积、性能优化全都推演完成后再开始着手开发。

为了解决牌图片资源过多的问题，减小游戏总体资源空间，将开始场景、操作说明场景、结束场景的背景和游戏场景的背景几乎设置成一致，然后添加几个牌图片资源作为装饰。开发完成后，发现实际效果还比较理想。

牌区需要一张牌堆图片，可以将牌背面图片使用图形编辑工具简单复制生成，如图 9-14 所示。

生命值和牌区范围也需要准备图片资源，如图 9-15 所示。

邀请好友时需要在给好友发送的卡片中添加图片资源，以增加邀请的吸引力。若不添加该资源，则微信会以空白显示卡片，如图 9-16 所示。因此，还准备了一个简单的邀请卡片图片资源，如图 9-17 所示。如果游戏需要让玩家分享到群或朋友圈，也需要准备类似的图片资源。

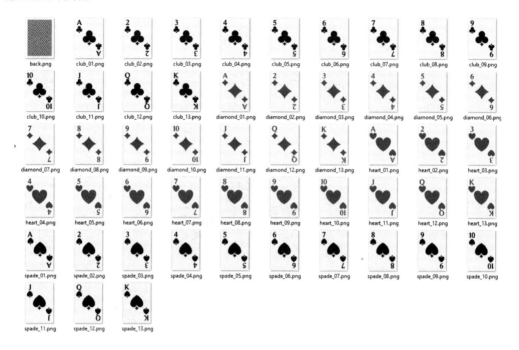

图 9-13　牌图片资源

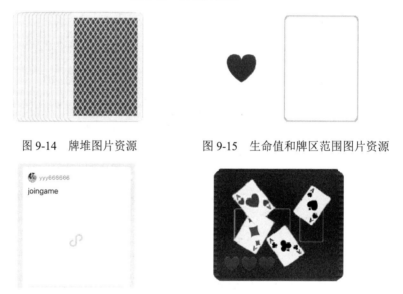

图 9-14　牌堆图片资源　　　　图 9-15　生命值和牌区范围图片资源

图 9-16　无图片邀请卡片　　　　图 9-17　邀请卡片的图片资源

9.3.2　音频资源

为了减小游戏的资源空间，本游戏准备的音频资源只有 3 个：洗牌声、按钮声及发牌声。所有音频资源直接使用 mp3 格式文件即可，音频品质不需要太高。洗牌声主要让玩家了解在游戏的初始阶段，所有的扑克都是经过打乱算法处理的，放心游戏。按钮声主要让玩家确认自己是否点中了按钮从而避免重复单击。发牌声主要提醒玩家要开始游戏了，让玩家集中注意力。

9.4　游戏开发

9.4.1　工程建立

1. 创建项目

启动 Cocos Creator，新建一个空白项目，选择合适路径，将其命名为 guessCardGame，如图 9-18 所示。

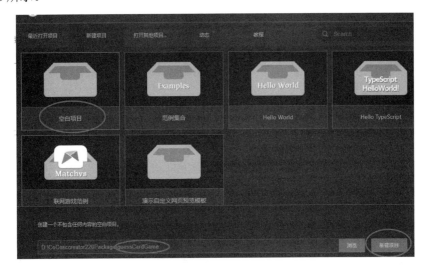

图 9-18　新建项目

2. 基础文件夹与场景建立

在资源管理器中，在 assets 文件夹下新建子文件夹，重命名为 Scenes，再重复新建子文件夹 4 次，分别重命名为 Scripts、Res、resources 和 Prefabs。

注意

resources 为动态加载的文件夹。

右键单击 Scenes 文件夹，在弹出的快捷菜单中选择"新建"→"scene"命令新建一个场景，重命名为 gameScene。保存后，基础文件夹与场景如图 9-19 所示。

3. 资源导入

将资源文件夹中的 staticRes 添加到工程中的 Res 文件夹下，将 dynamicRes 添加到工程

中的 resources 文件夹下。也可以直接将其拖曳到对应的工程文件夹中，如图 9-20 所示。

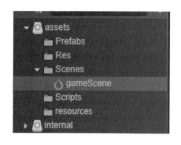

图 9-19　基础文件夹与场景

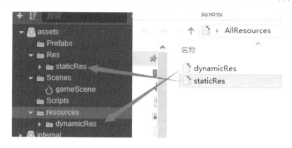

图 9-20　从资源文件夹中添加文件

9.4.2　服务器搭建与基本配置

1. Node.js 下载安装

Node.js 官网地址为 https://nodejs.org/zh-cn/。下载左侧的长期支持版（LTS），如图 9-21 所示。

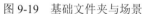

图 9-21　Node.js 下载

下载完成后，双击安装文件进行安装。安装开始后，会提示最终用户许可，同意许可后单击"Next"按钮；进入安装路径选择界面，可以使用默认安装路径，也可以选择更改安装路径，然后单击"Next"按钮；进入确认安装界面，如图 9-22 所示，单击"Install"按钮开始安装 Node.js。

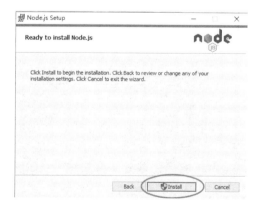

图 9-22　Node.js 确认安装界面

2．安装 express 模块

安装完成后，在 Windows 系统中，按 Win+R 快捷键，在"运行"对话框中输入 cmd 后单击"确定"按钮，打开管理员控制界面。输入 node –v 并回车，查看版本如图 9-23 所示。

输入 npm install express 并回车，安装 express 模块，如图 9-24 所示。

图 9-23　查看 Node.js 版本　　　　　图 9-24　安装 express 模块

 注意

也可以使用 npm install express –save 自定义安装。

安装结束后，输入 npm list express 并回车，查看 express 模块是否安装成功及版本信息，如图 9-25 所示。如果能查看到版本号，表示安装成功。

图 9-25　查看 express 版本信息

3．建立基本服务器模板

在游戏项目的同级文件夹下建立一个新的文件夹作为服务器文件夹，重命名为 guessCardGameServer，如图 9-26 所示。

guessCardGame　　　　　　　　　　　2

guessCardGameServer　　　　　　　　2

图 9-26　建立服务器文件夹

使用 Visual Studio Code 将其打开，再按 Ctrl+`快捷键打开 PowerShell 终端，如图 9-27 所示。

图 9-27　打开 PowerShell 终端

输入 express 并回车，建立 express 模板，文件中将建立模板文件，如图 9-28 所示。

输入 npm install 并回车，安装依赖文件 node_modules，建立 node_modules 文件夹，如图 9-29 所示。

图 9-28　express 模板文件　　　　图 9-29　node_modules 文件夹

输入 npm install socket.io 并回车，安装通信依赖 socket.io。安装成功后在 node_modules 文件夹中出现 socket 文件，如图 9-30 所示。

图 9-30　socket 文件

注意

Visual Studio Code 可能会有延迟，直接到文件根目录也可以查看相关信息。

至此建立了一个数据链接的基本模板，可以直接启动。打开命令提示符或使用 Windows 系统中的 PowerShell 终端，进入项目所在路径，输入 npm start 并回车，启动服务器，如图 9-31 所示。

```
PS D:\CoCoscccreator220Package\guessCardGameServer> npm start

> guesscardgameserver@0.0.0 start D:\CoCoscccreator220Package\guessCardGameServer
> node ./bin/www
```

图 9-31　启动服务器

在浏览器中输入地址 localhost:3000，打开一个网页，如图 9-32 所示。

npm 是 Node.js 包管理的基础命令，start 是用户自定义命令，该命令定义于当前文件夹的 package.json 文件中。打开 package.json 文件可以查看其中的 scripts 属性，如图 9-33 所示。

因此 npm start 实际上执行的是 package.json 文件中 scripts 属性的 start 命令。而这条命令可以启动同级文件夹下的 bin/www.js 文件。

www.js 文件中的内容是创建并启动服务器的代码，第 15 行如图 9-34 所示，设置的端口号默认为 3000，也可以根据需要更改端口号。

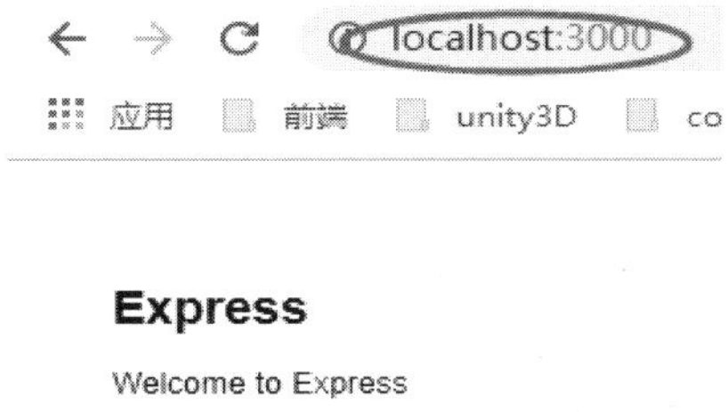

Express

Welcome to Express

图 9-32　服务器启动样式

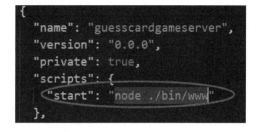

图 9-33　package.json 文件内容

```
var port = normalizePort(process.env.PORT || '3000');
app.set('port', port);
```

图 9-34　服务器端口号

因此执行 npm start 命令的含义为在本地创建启动一个端口号为 3000 的服务器。可以通过本地路径 localhost 或者 127.0.0.1 加端口号 3000 来访问。

在图 9-31 所示的终端中按 Ctrl+C 快捷键将提示关闭服务器，输入 y 并回车将关闭服务器，如图 9-35 所示。

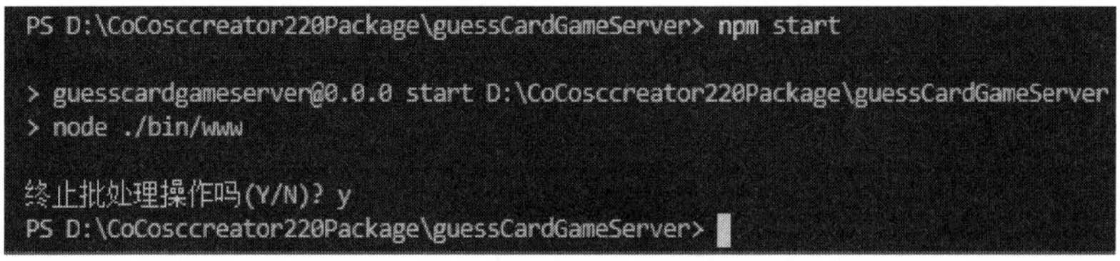

```
PS D:\CoCosccreator220Package\guessCardGameServer> npm start

> guesscardgameserver@0.0.0 start D:\CoCosccreator220Package\guessCardGameServer
> node ./bin/www

终止批处理操作吗(Y/N)? y
PS D:\CoCosccreator220Package\guessCardGameServer>
```

图 9-35　服务器关闭

在 guessCardGame 文件夹下新建子文件夹，重命名为 cardGame。在 cardGame 文件夹下新建 4 个脚本，分别重命名为 socketServer.js（客户端服务器端通信脚本）、room.js（房间系统脚本）、player.js（玩家属性脚本）、eventListener.js（事件监听脚本）。

在 socketServer.js 中编写玩家连接函数，数据连接服务基础搭建如程序清单 9-1 所示。

程序清单 9-1　数据连接服务基础搭建

```
//引入 socket.io
var socket = require('socket.io');
//引入房间函数
var room = require('./room');
const socketServer = function (server) {
    var connect = socket(server);
    //定义房间列表存储
    var roomList = [];
    //响应时间，客户端连接到服务器
    connect.on('connection', function (socket) {
        console.log('a player connection');
        //待完成：接收连接消息后响应事件
```

```
    });
  };
//让外界可以访问
module.exports = socketServer;
```

在 bin 文件夹的 www.js 中调用 socketServer 函数，如程序清单 9-2 所示。

程序清单 9-2　调用 socketServer 函数

```
//建立连接，注意路径索引
var socketServer = require('./../cardGame/socketServer');
//传递数据连接服务
socketServer(server);
```

> **注意**
>
> 理论上在 www.js 中任一空闲位置都可以调用，但写在此脚本的末尾，方便与原来的函数区分，当前为第 91～94 行。

此时启动服务器，有 socket.io 连接 3000 端口的客户端将会连接到此服务器。每次更改服务器代码都要重启。

9.4.3　客户端场景搭建与服务器连接

1. 客户端场景搭建

在资源管理器中，右键单击 Scenes 文件夹，在弹出的快捷菜单中选择"新建"→"Scene"命令新建一个场景，重命名为 gameScene。本游戏为一个联网小游戏，场景加载耗时较长，因此保留一个场景，将所有展示的界面都制作成预制体，在使用代码时实时调用。

在 gameScene 场景下，在属性检查器中设置 Canvas 的 Design Resolution 为 W720、H1280，比例默认。

右键单击 Canvas 节点，选择"创建节点"→"创建空节点"命令新建一个空节点，重命名为 gameManager（控制游戏主逻辑节点）。将 guessCardGameServer（服务器文件夹）文件 "guessCardGameServer\node_modules\socket.io-client\dist\socket.io" 复制、粘贴到客户端（Cocos Creator 文件）assets\Scripts 文件夹下，此处不要配置成插件使用，否则会与案例演示有所差别。

> **注意**
>
> 微信小游戏不能识别 socket.io.js，必须使用专为微信小游戏提供的 weapp.socket.io.js，因为 weapp.socket.io 只能在微信环境下运用，因此在项目打包时，需更换 socket.io.js 为 weapp.socket.io.js，再进行打包测试。

在资源管理器中，右键单击 Script 文件夹，在弹出的快捷菜单中选择"新建"→"JavaScript"命令新建脚本，重命名为 gameManager，并绑定到 gameScene 层级管理器的 gameManager 节点上，即将脚本拖曳到对应节点的属性检查器中。在 Visual Studio Code 中打开 gameManager.js 脚本，为了让数据使用方便，在 Visual Studio Code 中新建 global.js 脚本，将其保存到客户端 assets\Scripts 文件夹中。

注意

> global.js 脚本需要在 Visual Studio Code 中创建，而不在 Cocos Creator 中创建，否则使用逻辑将会出现问题，且建立完成的 global.js 是一个空文件。

建立完成的资源管理器中的脚本如图 9-36 所示。

图 9-36　资源管理器中的脚本建立

在 global.js 中引入与构建全局变量，如程序清单 9-3 所示。

程序清单 9-3　全局变量

```
//引入 socket.io 文件
var socket = require('./socket.io');
//定义数据类型
const global = {};
//定义一个全局变量，初始值为空
global.socket = null;
//全局索引，对应名称要写正确
module.exports = global;
```

在 gameManager.js 中引入全局变量，并且使用 onLoad 函数监听服务器消息，下面给出全局代码，后续在指定位置添加。

```
//引入全局变量 global
var global = require('./global');
cc.Class({
    extends: cc.Component,
    properties: {
      },
    onLoad () {
        //调用 global 下的 socket 变量，io 表示连接本地服务器
        //服务器端开启 3000 端口，因此在此处监听 3000 端口消息
        global.socket = io('http://localhost:3000');
      },
    update (dt) {
      },
});
```

保存后运行服务器，再启动 Cocos Creator，切换到服务器控制台出现打印消息：a player connection，如图 9-37 所示，表明服务器与客户端连接成功。

注意

> 客户端程序与服务器程序分别在两个文件夹中，此处启动的是服务器程序。

图 9-37　服务器与客户端连接成功

2．开始场景预制体制作

在层级管理器中，右键单击 Canvas 节点，选择"创建节点"→"创建空节点"命令新建一个空节点，重命名为 startPanel。

右键单击 startPanel 节点，选择"创建节点"→"创建渲染节点"→"Sprite（单色）"命令新建一个渲染节点，重命名为 bg。将资源管理器中"assets\Res\staticRes\bg"替换 bg 节点 Sprite 组件中 Sprite Frame，设置 Type 为 TILED，Size 为 W720、H1280，如图 9-38 所示。

注意

操作顺序不可调换，TILED 表示平铺到界面上。

右键单击 startPanel 节点，选择"创建节点"→"创建 UI 节点"→"Button（按钮）"命令新建一个按钮，重命名为 inventFriend。在 inventFriend 节点的属性检查器中，设置 Button 组件的 Transition 为 SCALE（单击缩放）。设置 inventFriend 节点、子节点 Background、子节点 Label 的 Size 都为 W200、H80，设置子节点 Background 属性检查器的 Sprite 组件的 Sprite Frame 为 assets\Res\staticRes\btn，其他参数如图 9-39 所示。

图 9-38　startPanel 背景节点设置

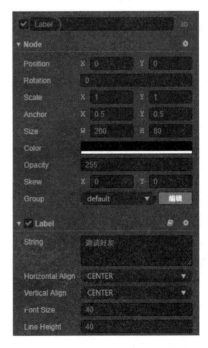

图 9-39　子节点 Label 设置

按 Ctrl+D 快捷键复制 inventFriend 节点，重命名为 joinRoom，设置 Position 为 X0、Y-250，更改其子节点 Label 上 Label 组件的 String 为"加入房间"。复制 joinRoom 节点，重命名为 exit，设置 Position 为 X230、Y-580，删除其子节点 Label，用资源管理器中的 assets\Res\staticRes\exit 替换子节点 Background 的 Sprite 组件的 Sprite Frame。复制 inventFriend 节点，重命名为 gameExplain，设置 Position 为 X-210、Y-580，设置子节点 Label 上 Label 组件的 String 为"游戏说明"。

注意

　　此游戏的逻辑为好友收到邀请通知，单击直接进入，不需要输入房间号，但开发时需要设置文本框以手动输入房间号，测试游戏是否成功，游戏后期将只保留背景与一个"邀请好友"按钮。

在层级管理器中，右键单击 startPanel 节点，选择"创建节点"→"创建 UI 节点"命令，重命名为 inputEditBox，设置 inputEditBox 的 Position 为 X0、Y-110，子节点 BACKGROUND_SPRITE 下 Label 组件的 Size 为 W200、H70，子节点 TEXT_LABEL 和 PLACEHOLDER_LABEL 下 Label 组件的 Font Size 为 40，Line Height 为 40。

右键单击 startPanel 节点，选择"创建节点"→"创建空节点"命令新建一个空节点，重命名为 showNodes，在 assets\resources\dynamicRes 文件夹中任选 5 张图片，添加（或直接拖曳）到 Canvas\startPanel\showNodes 中，并在其对应的属性检查器中将 Size 都设置为 W96、H134。5 张添加的图片位置分别为(230,350)，(190,-370)，(-210,200)，(-160,470)，(-230,-250)。

startPanel 节点样式如图 9-40 所示。

startPanel 场景样式如图 9-41 所示。

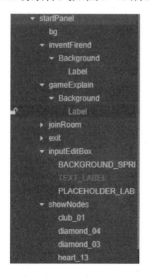

图 9-40　startPanel 节点样式

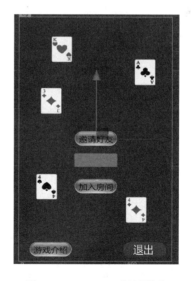

图 9-41　startPanel 场景样式

在 Visual Studio Code 中，新建一个脚本 playerData.js，作为存储玩家信息脚本，如程序清单 9-4 所示。

程序清单 9-4　存储玩家信息脚本

```
const playerData = function (res) {//res 传递的变量，是一个列表
    //定义存储类型为列表
    var that = {};
    //房间号记录
    that.roomId = res.roomId;
    //玩家的 nickname
    that.nickName = res.nickName;
    //获取到的玩家头像
    that.imageUrl = res.imageUrl;
    //index 记录是邀请方还是加入方，0 为邀请方，1 为加入方
    that.index = res.index;
    //游戏中能移交给对方猜牌的次数
    that.pushTimes = res.pushTimes;
    //玩家当前分数，初始为 3
    that.score = res.score;
    return that;
};
//使得在其他脚本可以获取
module.exports = playerData;
```

向全局变量中添加玩家数据函数，如程序清单 9-5 所示。

程序清单 9-5　向全局变量中添加玩家数据函数

```
//引入 socket.io 文件
var socket = require('./socket.io');
//引入 playerData 函数
var PlayerData = require('./playerData');
//定义数据类型
const global = {};
//定义一个全局变量，初始值为空
global.socket = null;
//对 playerData 赋值，注意此处使用的变量名称不相同，不要重名。传递一个空列表并初始化
global.playerData = PlayerData({});
//全局索引，对应名称要写正确
module.exports = global;
```

📚 注意

上面给出了文件全部代码，后续需要按照相同格式和位置添加代码，但本书只给出部分代码。

在 startPanel 中添加全局变量，如程序清单 9-6 所示。

程序清单 9-6　在 startPanel 中添加全局变量

```
//引入外界函数，定义在 cc.Class({}) 函数的外层
var global = require('./global');
```

在变量池中定义使用的变量，如程序清单 9-7 所示。

程序清单 9-7　在变量池中定义使用的变量

```
//变量池
```

```
properties: {
    //定义文本框
    inputEditBox: {
        default: null,
        type: cc.EditBox
    },
    //定义分享好友的图标, 只在微信环境下才使用
    shareFriendSprite: {
        default: null,
        type: cc.SpriteFrame
    },
},
```

玩家根据房间号的不同来判断是否加入同一房间, 因此当玩家单击"邀请好友"按钮时, 会产生一个随机6位房间号, 需创建一个随机房间号函数, 如程序清单9-8所示。

程序清单9-8 创建随机房间号函数

```
//随机房间号
setRoomId: function () {
    //初始设置房间号为空
    var roomId = "";
    //循环6次, 随机生成一个6位字符串
    for (var i = 0; i < 6; i++) {
        //每次生成一个0到9之间的数字
        roomId += Math.floor(Math.random() * 10);
    }
    //打印是否生成正确
    console.log("set RoomId = " + roomId);
    //函数返回值
    return roomId;
},
```

邀请好友加入房间, 需要有一个房间号, 向好友发送这个房间号信息, 好友获取到, 根据房间号判断是否加入房间, 如程序清单9-9所示。

> 注意
>
> 这个随机生成的房间号因为没有存储, 所以可能会出现相同的情况, 但考虑到这是一个小游戏, 玩家数量不会太多, 因此不考虑此种情况。

程序清单9-9 邀请好友并传输数据

```
//邀请好友进入游戏, 只有在微信环境下才调用邀请窗口
onClickInventFriend: function () {
    //调用函数, 获取随机生成的房间号
    var roomId = this.setRoomId();
    //给全局变量赋值, 得到房间号
    global.playerData.roomId = roomId;
    //只有在微信环境下才会调用
    if (cc.sys.platform == cc.sys.WECHAT_GAME) {
        //注意, wx.shareAppMessage取消了回调函数, 无法直接获取返回值
        window.wx.shareAppMessage({
            title: "joingame", //分享标题
```

```
                    imageUrl:"
https://qycome.OSS-cn-beijing.aliyuncs.com/avatarUrl/splash.png",
                        //分享图片，如果为空就传递当前截屏
                    query: 'roomId=' + roomId, //传输的数据名称及内容
                });
            }
            //以列表形式传递消息
            var sendMessage = {
                messageType: 'loadGame',
                roomId: roomId,
            };
            //延迟1s后传递消息，给玩家一个反应时间
            this.scheduleOnce(function () {
                //将信息存储在文件中，复杂信息必须要以JSON格式存储
            cc.sys.localStorage.setItem('startMessageInvent',JSON.
stringify(sendMessage));
            }, 1);
        },
```

在测试时，需要在文本框中输入 6 位数字，然后单击"加入"按钮，判断当前 6 位数字对应的房间号是否开启，然后加入房间，如程序清单 9-10 所示。

程序清单 9-10　玩家匹配并加入房间

```
    //玩家输入 roomId 匹配并加入房间
    onClickEnter: function () {
            //打印输入的内容
            console.log("EditBox = " + this.inputEditBox.string);
            //以列表形式传递消息
            var sendMessage = {
                messageType: 'joinRoom',
                roomId: this.inputEditBox.string, //文本框中的内容
            };
            //在文本框中的内容不为空且为 6 位时，传递消息
            if (this.inputEditBox.string.length != 0 && this.inputEditBox.
string.length == 6) {
                //以文件存储的方式传递信息
                cc.sys.localStorage.setItem('startMessageJoin',JSON.stringify
(sendMessage));
            }
        },
```

在微信环境下，要根据好友传递的消息进行判断再加入房间，因此，输入函数此时会被禁用，需要自动传递消息函数和好友加入函数，如程序清单 9-11 所示。

程序清单 9-11　被邀请好友自动发送加入房间消息

```
    //玩家获取到传递的 roomId 消息，判断是否加入
    friendEnter: function () {
            //在微信环境下
            if (cc.sys.platform == cc.sys.WECHAT_GAME) {
                //调用微信 API 获取好友传递的消息
                var launch = window.wx.getLaunchOptionsSync();
                //得到传递消息数组 query 的 roomId 变量值
```

```
        var roomId = launch.query.roomId;
        //打印获取到的房间号
        console.log('launch RoomId = ' + roomId);
        //当获取到微信传递的数据中有 roomId 属性,且该属性值不为空时
        //注意,微信环境下将空文件或不存在的属性都解析为 ""(空字符串)
        if (roomId != "" && roomId != undefined) {
            //传输的消息内容
            var sendMessage = {
                messageType: 'joinRoom',
                roomId: roomId,
            }
        cc.sys.localStorage.setItem('startMessageJoin',JSON.stringify
        (sendMessage));
        }
    }
},
```

因为好友加入房间消息函数是自动调用的,所以必须在程序启动时调用此函数。因此在 start 函数中调用此函数,如程序清单 9-12 所示。

程序清单 9-12　好友加入房间信息

```
start() {
    //调用加入房间函数
    this.friendEnter();
},
```

玩家单击"退出"按钮,退出游戏,脚本如程序清单 9-13 所示。

程序清单 9-13　退出游戏

```
//退出游戏
    onClickExit: function () {
        if(cc.sys.platform == cc.sys.WECHAT_GAME){
            let wx = window['wx'];
            wx.exitMiniProgram({
                success(res){
                    console.log('success');
                },
                fail(){

                },
                complete(){
                    console.log('exit');
                }
            });
        }
    },
```

玩家单击"游戏说明"按钮,出现游戏说明内容,游戏说明脚本如程序清单 9-14 所示。

程序清单 9-14　游戏说明脚本

```
//游戏说明
    onClickExplain: function () {
```

```
        },
```

将 assets\Scripts\startPanel 添加到 Canvas 的 startPanel 节点的属性检查器上，再将 startPanel 节点下的子节点拖曳到属性检查器的 Input Edit Box 中，将资源管理器中路径为 assets\Res\staticRes 的 splash 图片拖曳到属性检查器的 Share Friend Sprite 变量中，如图 9-42 所示。

绑定单击事件。单击 startPanel 下的节点 inventFriend，在属性检查器中将 Button 组件的 Click Events 设置为 1，将出现 3 个框，将 Canvas 的 startPanel 节点拖曳到第 1 个框中，第 2 个框选择 startPanel 函数（是在下拉列表中选择，不是拖曳），第 3 个框选择 onClickInventFriend，如图 9-43 所示。

图 9-42　startPanel 绑定脚本、变量　　　　　　图 9-43　绑定单击事件

单击 startPanel 下的节点 joinRoom，重复上面操作，第 3 个框选择 onClickEnter。

单击 startPanel 下的节点 exit，重复上面操作，第 3 个框选择 onClickExit。

单击 startPanel 下的节点 gameExplain，重复上面操作，第 3 个框选择 onClickExplain。

将 Canvas 的 startPanel 节点拖曳到 assets\Prefabs 文件夹下，制作成预制体，如图 9-44 所示。

图 9-44　startPanel 预制体

将 Canvas 的 startPanel 节点删除，在程序中需要调用时再添加到节点上。

3. 在游戏管理脚本中监听加载 startPanel

在 Visual Studio Code 中打开 gameManager.js 脚本，定义 startPanel 预制体变量，如程

序清单 9-15 所示。

程序清单 9-15　startPanel 预制体变量

```
//变量池
properties: {
    startPanel: {
      default: null,
      type: cc.Prefab//样式为Prefab
    },
  },
```

startPanel 预制体变量加载。打开资源管理器中的 assets\Scripts\gameManager.js 脚本，定义 startPanel 预制体加载函数，如程序清单 9-16 所示。

 注意--

这是一个自定义函数，与 onLoad 函数的样式类似。

程序清单 9-16　startPanel 预制体加载函数

```
//加载 startPanel 函数
loadStartPanel: function () {
    var startPrefab = cc.instantiate(this.startPanel);//引用预制体
    //把预制体作为子节点添加到当前节点（当前节点为 gameManager）下
    this.node.addChild(startPrefab);
  },
```

startPanel 产生的消息内容可以在 Cocos Creator 自带的 update 函数中监听。update 函数大约每 0.016s 执行一次操作。startPanel 传递消息并进行解析牌判断，如程序清单 9-17 所示。

程序清单 9-17　startPanel 传递消息并进行解析牌判断

```
update(dt) {
    //注意：Cocos Creator 解析空文件为 null，而在微信环境下解析为""(空字符串)
    //适应两个平台，因此两种判断都必须使用
    if (cc.sys.localStorage.getItem('startMessageInvent') != "" &&
       cc.sys.localStorage.getItem('startMessageInvent') != null) {
        //文件以 JSON 格式存储，需要转换为列表使用
        var message = JSON.parse(cc.sys.localStorage.getItem
('startMessageInvent'));
        //将接收到的消息打印，方便查看
        console.log('message = ' + JSON.stringify(message));
        if (message.messageType == 'loadGame') {
            //因为刚开始测试没有获取玩家的信息，所以暂时设置 nickName、imageUrl 为
虚假信息，后续进行替换
            global.playerData.nickName = "player0";
            global.playerData.imageUrl = "66";
            global.playerData.roomId = message.roomId;
            global.playerData.pushTimes = 3;
            global.playerData.score = 3;
            global.playerData.index = 0; //邀请方，即房主
```

```
                        var sendMessage = {
                            //向服务器发送消息
                            roomId: message.roomId,
                            playerData: global.playerData,
                        }
                        console.log('sendMessage = ' + JSON.stringify
(sendMessage));
                        //向服务器发送消息，消息名为inventFriend,消息内容为sendMessage
                        global.socket.emit('inventFriend', sendMessage);
                    }
                    //传输的信息内容执行过一次后，会移除这个文件，以防止多次执行
                    cc.sys.localStorage.removeItem('startMessageInvent');
                }
                if (cc.sys.localStorage.getItem('startMessageJoin') != "" &&
                    cc.sys.localStorage.getItem('startMessageJoin') != null) {
                    var message = JSON.parse(cc.sys.localStorage.getItem
('startMessageJoin'));
                        //将接收到的消息打印，以方便查看
                        console.log('message = ' + JSON.stringify(message));
                        if (message.messageType == 'joinRoom') {
                            //加入房间与邀请好友一致，暂时使用虚假信息
                            global.playerData.nickName = "player1";
                            global.playerData.imageUrl = "66";
                            global.playerData.roomId = message.roomId;
                            global.playerData.pushTimes = 3;
                            global.playerData.score = 3;
                            global.playerData.index = 1;
                            var sendMessage = {
                                //向服务器发送消息
                                roomId: message.roomId,
                                playerData: global.playerData,
                            }
                            //向服务器发送消息，消息名为inventFriend，消息内容为sendMessage
                            global.socket.emit('joinRoom', sendMessage);
                        }
                        //传输的信息内容执行过一次后，会移除这个文件，以防止多次执行
                        cc.sys.localStorage.removeItem('startMessageJoin');
                    }
                }
```

服务器接收到消息后会执行相应的动作，需要开发服务器端接收客户端消息的逻辑。打开服务器端：guessCardGameServer\cardGame\socketServer.js，监听客户端消息的方法如程序清单 9-18 所示。

程序清单 9-18　服务器端监听客户端发送的邀请好友消息

```
//引入 socket.io 文件
var socket = require('socket.io');
//引入房间函数
var room = require('./room');
const socketServer = function (server) {
```

```
                    var connect = socket(server);
                    //定义房间列表
                    var roomList = [];
                    //响应时间，客户端连接到服务器
                    connect.on('connection', function (socket) {
                        console.log('a player connection');
                        //socket 监听发送来邀请好友的消息，根据客户端发送的消息名称监听
                        socket.on('inventFriend', data => {
                            //打印客户端发送的消息
                            console.log("client message = " + JSON.stringify(data));
                            //将玩家的房间号存储起来
                            roomList.push(room(data.roomId));
                        //在房间数组中，当前加入的 room.js 脚本调用加入房间的方法，将玩家信息和
socket 连接作为参数传递
                            //待完成：此时方法还没有书写，因此下一步开发 room.js 脚本
                            roomList[roomList.length - 1].joinPlayer(data.playerData, socket);
                        });
                        //待完成：监听好友加入的消息

                    });
                };
                //让外界可以访问
                module.exports = socketServer;
```

　　打开服务器端：guessCardGameServer\cardGame\room.js，实现 room.js 基本存储逻辑和玩家加入房间（joinPlayer）的方法，如程序清单 9-19 所示。

程序清单 9-19　room.js 基本存储逻辑和玩家加入房间

```
//引用玩家数据存储脚本
var Player = require('./player');
//引入事件监听器
var eventListener = require('./eventListener');
const room = function (roomId) {
    //定义房间事件类型为列表
    var roomEvent = {};
    //不同房间以房间号来区分
    roomEvent.roomId = roomId;
    //玩家列表，相同房间号的玩家将被添加到同一个房间中
    var playerList = [];
    //创建事件监听
var event = eventListener({});
//完成玩家加入房间方法
    //玩家加入房间方法（外界调用），传递参数，客户端和服务器端数据连接 socket
    roomEvent.joinPlayer = function (playerData, socket) {
        console.log("玩家数据: " + JSON.stringify(playerData));
        //待完成：传递信息，创建一个新玩家
        var player = Player({
            roomId: playerData.roomId,
            nickName: playerData.nickName,
            imageUrl: playerData.imageUrl,
```

```
                socket: socket,
                event: event,
                pushTimes: playerData.pushTimes,
                score:playerData.score,
                index: playerData.index
            });
            //在玩家列表中添加新玩家
            playerList.push(player);
            //定义同步数据即房间中所有玩家信息，用数组存储
            var syncData = [];
            //将房主即邀请方数据先提交到数组中
            syncData.push(playerData);
            for (let i = 0; i < playerList.length; i++) {
                //待完成: getData 调用 player.js 脚本中的获取信息函数
                if (playerList[i].getData().roomId == playerData.roomId
    && playerList[i].getData().nickName != playerData.nickName) {
                    //将房间内的其他成员添加到同步数组中
                    syncData.push(playerList[i].getData());
                }
            }
            //事件监听器发送消息加入玩家，数据内容为当前房间里的所有玩家数据
            //待完成: 事件监听器发送消息'joinPlayer'
            event.fire('joinPlayer', syncData);
        };
        return roomEvent;
    };
    module.exports = room;
```

打开服务器端：guessCardGameServer\cardGame\player.js，实现搭建玩家信息基本逻辑及获取玩家数据（getData），如程序清单 9-20 所示。

程序清单 9-20　搭建玩家信息基本逻辑及获取玩家数据

```
const Player = function (res) {
    //定义事件类型，为列表
    var playerEvent = {};
    var nickName = res.nickName; //当前玩家昵称
    var imageUrl = res.imageUrl; //头像地址
    var roomId = res.roomId; //房间号
    //事件监听器，获取服务器端内部消息传递能力
    var event = res.event;
    //socket 连接，获取客户端与服务器端交互能力
    var socket = res.socket;
    var pushTimes = res.pushTimes; //允许转交牌给对方的次数
    var score = res.score;
    var index = res.index; //当前玩家的地位（邀请方或被邀请方）
    //双方的基本信息，以数组形式存储
    var bothPlayerData = [];
    //预留客户端发来的数据监听
```

```
//获取玩家数据
playerEvent.getData = function () {
    var data = {
        roomId: roomId,
        nickName: nickName,
        imageUrl: imageUrl,
        pushTimes: pushTimes,
        score:score,
        index: index
    }
    return data;
};
//玩家加入房间
const sendPlayerJoin = function (data) {
    console.log("joinPlayerData = " + JSON.stringify(data));
    //此时将双方的基本信息都记录下来
    bothPlayerData = data;
    //console.log('bothData = ' + JSON.stringify(bothPlayerData));
    socket.emit('friendSyncData', data);
};
//接收 joinPlayer 消息，响应事件
event.on("joinPlayer", sendPlayerJoin);
//玩家退出游戏时调用
playerEvent.destroy = function () {
    //移除监听消息
    event.off("joinPlayer", sendPlayerJoin);
};
return playerEvent;
};
//全局访问
module.exports = Player;
```

打开服务器端：guessCardGameServer\cardGame\eventListener.js，对服务器内部事件监听传递消息容器进行开发，事件监听器在服务器内部传输消息、执行动作，类似于客户端使用的文件存储传递消息，如程序清单 9-21 所示。

📖 注意
> 先定义 eventListener.js 的所有内容，然后使用其他脚本调用，完成 room.js 中的事件发送。

程序清单 9-21　服务器端事件监听器

```
//事件监听器
const eventListener = function (obj) {
    //事件的存储器
    var event = {};
    //事件执行器：事件的名称，事件的方法
    obj.on = function (name, method) {
        //如果没有当前事件，则初始化名称为 name 的事件
        if (!event.hasOwnProperty(name)) {
```

```
                event[name] = [];
            }
            //对此事件添加 method 方法
            event[name].push(method);
        };
        //事件发送消息
        obj.fire = function (name) {
            if (event.hasOwnProperty(name)) {
                //获取对应名称的事件，存储形式为一个列表，一个名称下可能有多个方法
                var methodList = event[name];
                for (let i = 0; i < methodList.length; i++) {
                    //获取对应列表中的每个方法
                    var element = methodList[i];
                    //定义存储方法的数组
                    var args = [];
                    //JavaScript 自带方法，遍历方法数组，一个方法可能带有多个参数，第一
项对应方法名称，从第二项开始
                    for (let j = 1; j < arguments.length; j++) {
                        args.push(arguments[j]);
                    }
                    //this 为当前对象，args 作为参数传递给 function
                    element.apply(this, args);
                }
            }
        };
        //事件释放
        obj.off = function (name, method) {
            if (event.hasOwnProperty(name)) {
                //方法列表
                var methodList = event[name];
                for (var i = 0; i < methodList.length; i++) {
                    if (methodList[i] == method) {
                        //从事件注册器中移除这个方法，从第 i 位移除一个元素
                        methodList.splice(i, 1);
                    }
                }
            }
        };
        //事件移除
        obj.removeAllListener = function () {
            event = {};
        };
        return obj;
    };
    //全局监听
    module.exports = eventListener;
```

客户端接收从服务器发送的玩家加入消息，打开 assets\Scripts\gameManager.js，在 onLoad 函数中监听服务器消息，如程序清单 9-22 所示（后续添加监听将不再给出 onLoad 函数，直接按相同格式添加监听即可）。

程序清单 9-22　客户端监听服务器发送的玩家加入消息

```
//游戏主函数
onLoad() {
    //调用 global 下的 socket 变量，io 表示连接本地服务器
    //服务器端开启 3000 端口，因此在此处监听 3000 端口消息
    global.socket = io('http://localhost:3000');
    //注意服务器发送消息的名称，data=>{}相当于 function(data){}，前者可以防拦截，
可以使用 Cocos Creator 中的语法
    global.socket.on('friendSyncData', data => {
        console.log('friendSyncData = ' + JSON.stringify(data));
    });
    //预留监听模块
},
```

配置完成后，给 gameManager 脚本绑定节点，方法是将资源管理器中的 assets\Scripts\ gameManager 拖曳到 gameScene 场景的 Canvas 的 gameManager 节点上。将资源管理器中的 assets\Prefabs\startPanel 拖曳到 gameManager 节点的 Start Panel 中，如图 9-45 所示。

图 9-45　节点绑定与添加预制体

在 onLoad 函数中加载 startPanel 预制体，后续函数调用将按此种格式直接在 onLoad 函数中调用，如程序清单 9-23 所示。

程序清单 9-23　在 onLoad 函数中加载 startPanel 预制体

```
//游戏主函数
onLoad() {
    //调用 global 下的 socket 变量，io 表示连接本地服务器
    //服务器端开启 3000 端口，因此在此处监听 3000 端口消息
    global.socket = io('http://localhost:3000');
    //加载 startPanel 预制体函数并调用
    this.loadStartPanel();
```

```
//数据监听
global.socket.on('friendSyncData', data => {
    console.log('friendSyncData = ' + JSON.stringify(data));
});
},
```

配置完成后,运行服务器(npm start),再启动 Cocos Creator 测试,得到样式如图 9-46 所示,表示加载 startPanel 预制体成功。

按 F12 键打开调试控制台,邀请方单击"邀请好友"按钮,得到服务器端的返回信息 如图 9-47 所示,表示服务器数据传输成功。

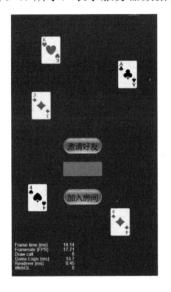

图 9-46 Cocos Creator 测试样式

```
set RoomId = 571961                    startPanel.js:32
message =                          gameManager.js:100
{"messageType":"loadGame","roomId":"571961"}
sendMessage =                      gameManager.js:113
{"roomId":"571961","playerData":
{"roomId":"571961","nickName":"player0","imageU
rl":"66","index":0,"pushTimes":3}}
firendSyncData =                    gameManager.js:21
[{"roomId":"571961","nickName":"player0","image
Url":"66","index":0,"pushTimes":3}]
>
```

图 9-47 服务器端的返回信息

 注意

roomId 是随机的,因此每次有所不同。

邀请好友成功后,设置加入房间操作,加入房间客户端发送消息的方法已经完成(即 客户端单击发送'joinRoom'消息),现在完成服务器端的接收消息的方法。打开服务器端 socketServer.js,在 connect.on 函数中定义接收方法,(与监听邀请好友消息方法在同一级) 在服务器端监听消息如程序清单 9-24 所示。

程序清单 9-24 服务器端监听玩家加入房间

```
//监听玩家加入房间
socket.on('joinRoom', data => {
    console.log('client join message = '+JSON.stringify(data));
    //遍历房间数组,找到相同房间号的玩家,以便加入房间
    for (let i = 0; i < roomList.length; i++) {
        if (data.roomId == roomList[i].roomId) {
            //调用 room.js 中的加入好友函数
            roomList[i].joinPlayer(data.playerData, socket);
```

```
                }
            }
    });
```

在服务器端调用了同一个函数进行发送客户端消息，因此客户端不需要再重写接收函数。

重启服务器，启动 Cocos Creator。此时使用一个文件内容进行数据传输，但在工程中，启动的项目都在同一个位置读取文件，因此同时运行两个项目会导致数据混乱，虽然运行到真机不会有这种情况，但是建议运行一个项目后再启动另一个项目。

不同项目是指第几次单击 Cocos Creator 中的"运行"按钮，如图 9-48 所示。

图 9-48　"运行"按钮

第一个项目：单击"运行"按钮，再单击"邀请好友"按钮，打开控制台，得到返回信息如图 9-49 所示。

```
Cocos Creator v2.2.0                           CCGame.js:397
set RoomId = 805300                         startPanel.js:32
message =                                  gameManager.js:100
{"messageType":"loadGame","roomId":"805300"}
sendMessage =                              gameManager.js:113
{"roomId":"805300","playerData":
{"roomId":"805300","nickName":"player0","imageUrl":"66","index
":0,"pushTimes":3}}
firendSyncData =                            gameManager.js:21
[{"roomId":"805300","nickName":"player0","imageUrl":"66","inde
x":0,"pushTimes":3}]
```

图 9-49　邀请好友返回信息

第二个项目：单击"运行"按钮，在文本框中输入第一个项目返回的 roomId，这样第一个和第二个项目都得到了返回信息，如图 9-50 所示，表示双方成功加入房间。

```
firendSyncData =                            gameManager.js:21
[{"roomId":"805300","nickName":"player1","imageUrl":"66","inde
x":1,"pushTimes":3},
{"roomId":"805300","nickName":"player0","imageUrl":"66","pushT
imes":3,"index":0}]
```

图 9-50　双方成功加入房间

双方客户端都得到了双方的数据信息。根据得到的双方数据信息，加载游戏场景、人物样式、得分样式。

注意

socket.io 通信传递一个列表，列表元素顺序会根据一定规则重新排序，但对使用索引没有影响，此处可以忽略。

4．游戏主场景制作

开发时将游戏场景制作为一个预制体，在得到玩家信息时进行调用，并初始化。

（1）游戏场景预制体制作

在 gameScene 场景下，右键单击 Canvas 节点，选择"创建节点"→"创建空节点"命令新建一个空节点，重命名为 gamePanel。

右键单击 gamePanel 节点，选择"创建节点"→"创建渲染节点"→"Sprite（单色）"命令新建一个渲染节点，重命名为 bg，将资源管理器中"assets\Res\staticRes\bg"拖曳到 bg 节点属性检查器的 Sprite 组件的 Sprite Frame 中，设置 bg 节点的属性检查器的 Sprite 组件的 Type 为 TILED，Size 为 W720、H1280，如图 9-51 所示。

右键单击 gamePanel 节点，选择"创建节点"→"创建空节点"命令新建一个空节点，重命名为 cardNodes，即存储牌面和牌出现位置的节点。将资源管理器中 assets\Res\staticRes\stack 拖曳到层级管理器中的 gamePanel 节点下，在 stack 节点的属性检查器中设置 Size 为 W160、H130，Position 为 X−250、Y50。将资源管理器中的 assets\Res\staticRes\frame 拖曳到层级管理器中的 gamePanel 节点上，在属性检查器中设置 frame 节点的 Size 为 W100、H300，复制两个 frame，从下往上分别重命名为 frame1、frame2、frame3。在后续内容中，牌将添加到当前 frame1~frame3 的位置上，如图 9-52 所示。

图 9-51　gamePanel 节点下 bg 设置

图 9-52　cardNodes 节点牌位置

设置 frame1 节点的 Position 为 X0、Y−170，frame2 节点的 Position 为 X0、Y50，frame3 节点的 Position 为 X0、Y270。

右键单击 gamePanel 节点，选择"创建节点"→"创建空节点"命令新建一个空节点，重命名为 chooseBtns。将资源管理器中的 assets\Res\staticRes\big 拖曳到层级管理器中的 chooseBtns 节点下，在属性检查器中设置 big 节点的 Size 为 W121、H69，Position 为 X−180、Y−360，在属性检查器中单击"添加组件"按钮，在弹出的快捷菜单中选择"UI 组件"→"Button"命令，设置 Button 组件的 Transition 为 SCALE，Click Events 为 1，CustomEventData

为 big（对应当前的节点名称），如图 9-53 所示。

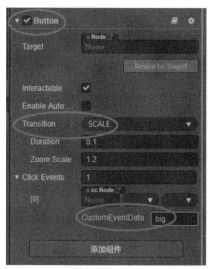

图 9-53　gamePanel 的单击事件

　　将资源管理器中的 assets\Res\staticRes\equal 拖曳到层级管理器中的 chooseBtns 节点下，在属性检查器中设置 big 节点的 Size 为 W121、H69，Position 为 X0、Y-360，在属性检查器中单击"添加组件"按钮，在弹出的快捷菜单中选择"UI 组件"→"Button"命令，设置 Button 组件的 Transition 为 SCALE，Click Events 为 1，CustomEventData 为 equal。

　　将资源管理器中的 assets\Res\staticRes\small 拖曳到层级管理器中的 chooseBtns 节点下，在属性检查器中设置 big 节点的 Size 为 W121、H69，Position 为 X180、Y-360，在属性检查器中单击"添加组件"按钮，在弹出的快捷菜单中选择"UI 组件"→"Button"命令，设置 Button 组件的 Transition 为 SCALE，Click Events 为 1，CustomEventData 为 small。

　　将资源管理器中的 assets\Res\staticRes\exit 拖曳到层级管理器中的 chooseBtns 节点下，在属性检查器中设置 big 节点的 Size 为 W130、H69，Position 为 X265、Y-580，在属性检查器中单击"添加组件"按钮，在弹出的快捷菜单中选择"UI 组件"→"Button"命令，设置 Button 组件的 Transition 为 SCALE，Click Events 为 1，CustomEventData 设置为 exit。

　　将资源管理器中的 assets\Res\staticRes\push 拖曳到层级管理器中的 chooseBtns 节点下，在属性检查器中设置 big 节点的 Size 为 W121、H109，Position 为 X190、Y-210，在属性检查器中单击"添加组件"按钮，在弹出的快捷菜单中选择"UI 组件"→"Button"命令，设置 Button 组件的 Transition 为 SCALE，Click Events 为 1，CustomEventData 设置为 push。

　　添加单击事件完成后，需要设置一个让当前玩家单击屏幕无效的操作，这里采用一个简易方法，即设置一个全屏透明的 Button，且不绑定任何事件，根据条件确定当前 Button 是否显示，来阻止发生玩家错误条件下的单击事件。

　　右键单击 gamePanel 节点，选择"创建节点"→"创建空节点"命令新建一个空节点，重命名为 judgeBtn，在属性检查器中设置其 Size 为 W720、H1280，颜色为透明，如图 9-54 所示。

图 9-54　judgeBtn 节点设置

在属性检查器中单击"添加组件"按钮，在弹出的快捷菜单中选择"UI 组件"→"Button"命令，设置 Button 组件的 Transition 为 SCALE，Click Events 为 1，表示一个响应空事件的单击事件。同时保证 judgeBtn 的层级高于其他单击事件（即 judgeBtn 节点在其他节点的下方，上层 Button 将下层覆盖，下层不再有效），在层级管理器中 judgeBtn 层级样式如图 9-55 所示。

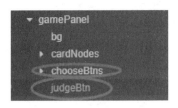

图 9-55　judgeBtn 层级样式

最后设置一个 Label 节点，在每局游戏结束时，告诉当前玩家是赢还是输。

在层级管理器中，右键单击 gamePanel 节点，选择"创建节点"→"创建渲染节点"→"Label"命令新建一个节点，重命名为 showLabel，在 showLabel 节点的属性检查器中设置 Position 为 X0、Y-60，Color 为#D62A2A，Label 组件的 String 为空，如图 9-56 所示。

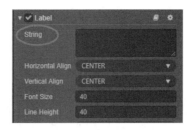

图 9-56 提示文本设置

gamePanel 层级样式如图 9-57 所示。

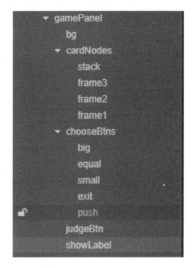

图 9-57 gamePanel 层级样式

gamePanel 场景样式如图 9-58 所示。

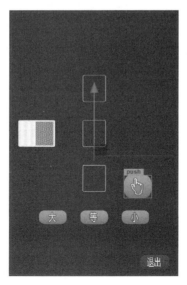

图 9-58 gamePanel 场景样式

（2）游戏场景脚本开发

在资源管理器 assets\Scripts 文件夹下，新建一个脚本，重命名为 gamePanel，将此脚本拖曳到层级管理器中的 Canvas 下的 gamePanel 节点的属性检查器中，如图 9-59 所示。

图 9-59　gamePanel 节点绑定脚本

在 Visual Studio Code 中打开 gamePanel.js 脚本，删除注释语句。

将要用到的出现牌位置节点、提示标题节点、阻止玩家单击界面节点定义在变量池中，如程序清单 9-25 所示。

程序清单 9-25　游戏场景使用节点变量定义

```
//在变量池中定义变量
properties: {
    //防止错误单击节点
    //将所有变量定义为节点类型，在程序中通过获取组件来操作各个节点内容
    judgeBtn: {
        default: null,
        type: cc.Node //类型：节点
    },
    //存放牌位置节点
    cardNodes: {
        default: null,
        type: cc.Node
    },
    //显示提示的 Label 节点
    showLabel: {
        default: null,
        type: cc.Node
    }
},
```

在 start 函数中，初始化并定义 gamePanel 变量，如程序清单 9-26 所示。

程序清单 9-26 gamePanel 变量初始化并定义

```
start() {
    //初始设置提示 Label 节点内容为空，且不显示
    this.showLabel.getComponent(cc.Label).string = "";
    this.showLabel.active = false;
    //初始双方都禁用，根据消息实时设置禁用或取消
    this.judgeBtn.active = true;
    //定义存储当前游戏中的牌的内容，背面为 back，正面为 positive
    //this 定义可以在整个脚本中引用
    this.backCardList = [];
    this.positiveCardList = [];
},
```

当玩家单击屏幕上的 Button 事件时，响应单击事件函数，如程序清单 9-27 所示。

程序清单 9-27 响应单击事件函数

```
//监听 gamePanel 下的单击事件，通过传递参数分辨
onClickSendChooseMessage: function (error, customEventData) {
    //customEventData 表示单击时传递的参数，即 Button 绑定事件时添加在变量框中
的变量
    //error 表示单击事件出现错误的返回值
    var sendMessage = {
        messageType: customEventData,
    }
    //通过传递的 5 种消息进行相应操作
    if (customEventData == 'big') {
        //将单击消息存储在文件中，文件名加上双方不同的 index
        //以此确定是哪个玩家的单击，并在 gameManager 脚本中监听
        cc.sys.localStorage.setItem('chooseMessageType'+
global.playerData.index, JSON.stringify(sendMessage));
    } else if (customEventData == 'equal') {
        cc.sys.localStorage.setItem('chooseMessageType'+
global.playerData.index, JSON.stringify(sendMessage));
    } else if (customEventData == 'small') {
        cc.sys.localStorage.setItem('chooseMessageType'+
global.playerData.index, JSON.stringify(sendMessage));
    } else if (customEventData == 'push') {
        cc.sys.localStorage.setItem('chooseMessageType'+
global.playerData.index, JSON.stringify(sendMessage));
    } else if (customEventData == 'exit') {
        //原生平台退出，在浏览器中测试无法生效，只有打包到平台上测试才生效
        if(cc.sys.platform == cc.sys.WECHAT_GAME){
            let wx = window['wx'];
            wx.exitMiniProgram({
                success(res){
                    console.log('success');
                }
            });
        }
    }
```

```
                    },
```

保存代码，在 gamePanel 节点中，将层级管理器中的 judgeBtn 节点拖曳到 gamePanel 节点的属性检查器 gamePanel 组件的 Judge Btn 框中，将 cardNodes 节点拖曳到 Card Nodes 框中，如图 9-60 所示。

图 9-60　gamePanel 节点变量绑定

选择层级管理器中的 Canvas\gamePanel\chooseBtns 的 big 节点，在属性检查器中绑定单击函数，将 gamePanel 节点拖曳到第一个 Button 组件 Click Events 框中，第二个框选择 gamePanel，第三个框选择 onClickSendChooseMessage。

重复上述步骤，将 equal、small、exit、push 节点都绑定单击函数。

将层级管理器中的 gamePanel 节点拖曳到资源管理器中的 assets\Prefabs 文件夹下，制作成预制体，如图 9-61 所示。删除层级管理器中的 gamePanel 节点。

图 9-61　gamePanel 预制体

文件存储的消息在 gameManager 脚本中监听，打开 gameManager 脚本，在 update 函数中添加监听方法，如程序清单 9-28 所示。

程序清单 9-28　监听 gamePanel 传递的消息

```
    //监听 gamePanel 传来的单击事件消息
    if(cc.sys.localStorage.getItem('chooseMessageType'+global.playerData.
index)! =null &&cc.sys.localStorage.getItem ('chooseMessageType' + global.
playerData.index) != "") {
            //转换接收到的消息格式
            var message = JSON.parse(cc.sys.localStorage.getItem
('chooseMessageType' + global.playerData.index));
            //定义发送给服务器的消息内容
            var sendMessage = {
            roomId: global.playerData.roomId, //房间号，表示由哪个房间发出的消息
```

```
        chooseType: message.messageType, //单击的类型
        playerData: global.playerData, //单击的玩家是谁
    }
    //向服务器发送消息
    global.socket.emit('chooseType', sendMessage);
    //移除这条消息，防止多次执行
    cc.sys.localStorage.removeItem('chooseMessageType'+global.playerData.
index);
    }
```

客户端向服务器发送消息后，服务器端要接收消息，并将消息处理后转发给客户端，接收玩家之间信息并传递是在服务器端 player.js 脚本中执行的，使用 Visual Studio Code 打开 guessCardGameServer\cardGame\player.js，监听客户端发送的消息，如程序清单 9-29 所示，定义在 player.js 中函数内部。

程序清单 9-29　服务器端接收客户端发送的消息并转发给客户端

```
//接收单击的消息
socket.on('chooseType', data => {
    console.log('chooseType ' + data.message + ":" + JSON.stringify(data));
    //服务器端内部发送 chooseTypeMessage 消息
    event.fire('chooseTypeMessage', data);
});
//发送单击选项消息
const sendChooseType = function (data) {
    console.log("chooseTypeData = " + JSON.stringify(data));
    //向客户端发送消息
    socket.emit('chooseTypeMessage', data);
};
//响应 chooseTypeMessage 消息，执行方法
event.on('chooseTypeMessage', sendChooseType);
```

在服务器内部中定义了消息类型，在玩家离开房间后，要清除这个消息，防止错误调用。在 player.js 脚本函数的 playerEvent.destroy 方法中书写清除方法，如程序清单 9-30 所示。

程序清单 9-30　清除传输的选择按钮的消息的方法

```
event.off('chooseTypeMessage', sendChooseType);
```

服务器端发送消息后，要在客户端进行监听，打开客户端资源管理器中 assets\Scripts\gameManager.js，在 onLoad 函数中执行监听操作，如程序清单 9-31 所示。

程序清单 9-31　客户端的监听

```
//监听服务器端返回的单击内容
    global.socket.on('chooseTypeMessage', data => {
        console.log('chooseMessageData = ' + JSON.stringify(data));
        //只有产生事件的是当前的房间，才执行动作
        if (data.roomId == global.playerData.roomId) {
            //将消息存储，在 gamePanel 中获取执行
            cc.sys.localStorage.setItem('backChooseTypeMessage' +
global.playerData.index, JSON.stringify(data));
        }
    });
```

游戏客户端 gameManager.js 脚本接收并存储了单击消息，在客户端 gamePanel.js 脚本的 update 函数中，后续需要监听存储的消息内容。

安装游戏逻辑。一方单击"邀请好友"按钮后，将关闭开始场景，加载游戏场景，同时根据第一次传输的同步消息，进入玩家节点的加载。

在 gameManager.js 中定义 gamePanel 预制体，加载 gameManager 预制体函数，如程序清单 9-32 所示。

程序清单 9-32　定义并加载 gamePanel 预制体函数

```
gamePanel: {
        default: null,
        type: cc.Prefab
    }
//加载游戏 gamePanel
  loadGamePanel: function () {
    var gamePanel = cc.instantiate(this.gamePanel);
    this.node.addChild(gamePanel);
  },
```

在 gameManager.js 脚本的 onLoad 函数中，根据传输的同步数据，加载 gamePanel，如程序清单 9-33 所示。

程序清单 9-33　根据同步数据加载 gamePanel

```
global.socket.on('friendSyncData', data => {
        console.log('friendSyncData = ' + JSON.stringify(data));
        //当前传输的消息和此时玩家的房间号相同时，进行操作
        //数组两个房间号一致，因此比较一个即可
        if (data[0].roomId == global.playerData.roomId) {
            //返回的消息以数组形式存储，1 个元素表示邀请方数据
          if (data.length == 1) {
            //加载游戏场景
            this.loadGamePanel();
            //根据传输的消息内容，加载玩家预制体（待完成）、游戏得分（待完成）
          } else if (data.length == 2){//两个元素表示邀请方和被邀请方数据
            //邀请方和被邀请方执行函数不同，邀请方在第一次同步数据时已经加载了部
分数据，因此会少加载部分数据
                if(global.playerData.index == 0){
                //待完成
                }
                else if(global.playerData.index == 1){
                //待完成
                }
          }
        }
    });
```

绑定 gamePanel 变量。返回层级管理器中的 gameManager 节点的属性检查器，将资源管理器中的 assets\Prefabs\gamePanel 预制体拖曳到 gameManager 组件的 Game Panel 框中，如图 9-62 所示。

图 9-62 gamePanel 预制体变量绑定

重启服务器，启动 Cocos Creator，单击"邀请好友"按钮后跳转到 gamePanel 预制体加载成功界面，如图 9-63 所示。

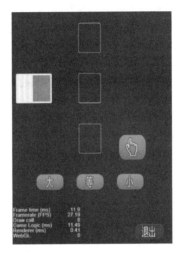

图 9-63 gamePanel 预制体加载成功界面

游戏主场景预制体加载后，需要根据服务器数据加载玩家样式。

5．玩家人物预制体制作及其逻辑

（1）玩家人物预制体制作

在层级管理器中，右键单击 Canvas 节点，选择"创建节点"→"创建空节点"命令新建一个空节点，重命名为 playerPanel。

右键单击 playerPanel 节点，选择"创建节点"→"创建渲染节点"→"Sprite（单色）"命令新建一个渲染节点，重命名为 imageUrl，在属性检查器中设置 Size 为 W120、H120。右键单击 playerPanel 节点，选择"创建节点"→"创建渲染节点"→"Label（文字）"命令，重命名为 nicknameLabel，在属性检查器中设置 Anchor 为 X0、Y0.5，Position 为 X−60、Y−90，Label 组件的 String 属性为"name"，如图 9-64 所示。

（2）玩家人物预制体脚本逻辑

在资源管理器中，右键单击 assets\Scripts 文件夹，在弹出的快捷菜单中选择"新建"→"JavaScript"命令，将新建的脚本重命名为 playerPanel，再将此脚本拖曳到层级管理器中 Canvas\playerPanel 节点的属性检查器上，以完成代码的绑定。

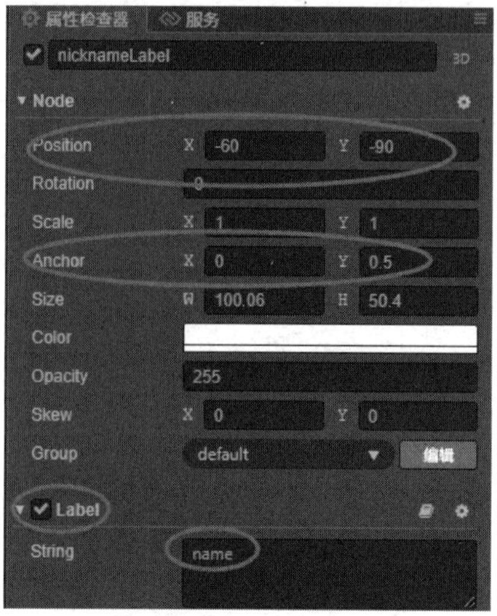

图 9-64　玩家人物预制体子节点 Label 属性设置

在 Visual Studio Code 中打开 playerPanel.js 脚本，删除多余注释代码。

对玩家人物节点具有的 imageUrl 与 nicknameLabel 都要进行定义再使用，前者作为头像，后者作为昵称，变量定义如程序清单 9-34 所示。

程序清单 9-34　头像、昵称变量定义

```
properties: {
    //头像
    imageUrl: {
        default: null,
        type: cc.Node
    },
    //昵称
    nicknameLabel: {
        default: null,
        type: cc.Node
    }
},
```

当外界调用当前节点时，要根据传输的不同参数显示不同的玩家人物样式，定义玩家人物样式加载函数，如程序清单 9-35 所示。

程序清单 9-35　玩家人物样式加载函数

```
    //加载函数，在外界使用程序调用，avatarUrl 为图片地址，必须加载网络图片，nickname
为昵称
    init: function (avatarUrl, nickname) {
        //nicknameLabel 节点获取节点上的 Label 组件，对 string 属性进行赋值
        this.nicknameLabel.getComponent(cc.Label).string = nickname;
        //加载头像（通过头像网络地址）
        //只有在微信环境下，才加载头像
```

```
        if (cc.sys.platform == cc.sys.WECHAT_GAME) {
            cc.loader.load({
                url: avatarUrl + '?file=a.jpg', //头像路径
                type: 'jpg', //头像格式
                //加载成功，返回一个 spriteFrame 值
            }, (err, spriteFrame) => {
                //获取 imageUrl 节点上的 Sprite 组件，对 spriteFrame 属性赋值
                this.imageUrl.getComponent(cc.Sprite).spriteFrame = new
cc.SpriteFrame(spriteFrame);
            });
        }
    },
```

保存后，返回 playerPanel 节点的属性检查器，将层级管理器中的 Canvas\playerPanel\imageUrl 拖曳到属性检查器中的 playerPanel 组件的 Image Url 框中，将 Canvas\playerPanel\nicknameLabel 拖曳到属性检查器中的 playerPanel 组件的 Nickname Label 框中，如图 9-65 所示。

将层级管理器中的 playerPanel 节点拖曳到资源管理器中的 assets\Prefabs 文件夹下，制作成强制体，如图 9-66 所示，删除层级管理器中的 playerPanel 节点。

图 9-65　playerPanel 节点变量绑定

图 9-66　playerPanel 预制体

6．分数预制体制作与逻辑控制

（1）分数预制体制作

在层级管理器中，右键单击 Canvas 节点，选择“创建节点”→“创建空节点”命令，重命名为 scorePanel。右键单击 scorePanel 节点，选择“创建节点”→“创建渲染节点”→“Label”命令，重命名为 titleLabel，设置此节点属性检查器中 Label 组件的 String 为“生命值”。

右键单击 scoreLabel 节点，选择“创建节点”→“创建空节点”命令，重命名为 liveValue，将资源管理器中的 assets\Res\staticRes\heart 节点拖曳到层级管理器中的 liveValue 节点下。

选中 heart 节点，在其属性检查器中设置 Position 为 X90、Y0，Size 为 W40、H37；右键单击 liveValue 节点，选择“创建节点”→“创建渲染节点”→“Label”命令，重命名为 score，在属性检查器中设置 Anchor 为 X0、Y0.5，Position 为 X135、Y0，Label 组件的 String 为“X3”，如图 9-67 所示。

（2）脚本逻辑控制分数

在资源管理器 assets\Scripts 文件夹中，新建一个脚本，重命名为 scorePanel，将此脚本

拖曳到层级管理器中 scorePanel 节点的属性检查器上。

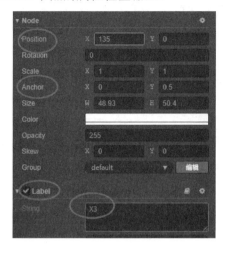

图 9-67　设置 score 属性

在 Visual Studio Code 中打开此脚本，删除多余注释代码。

定义当前分数变量显示的 score 节点，如程序清单 9-36 所示。

程序清单 9-36　分数变量定义

```
score: {
    default: null,
    type: cc.Node
}
```

每次比较后更新当前显示的分数，需要一个分数更新函数，如程序清单 9-37 所示。

程序清单 9-37　分数更新函数

```
//更新分数，参数为分数值
    updateScore: function (scoreNumber) {
        this.score.getComponent(cc.Label).string = 'X' + scoreNumber;
    },
```

保存后，返回层级管理器中 score 节点的属性检查器，将层级管理器中的 Canvas\
scorePanel\liveValue\score 节点拖曳到属性检查器中的 scorePanel 组件的 Score 框中，如
图 9-69 所示。

将层级管理器中的 scorePanel 节点拖曳到资源管理器中的 assets\Prefabs 文件夹下，制
作成预制体，如图 9-70 所示，删除层级管理器中的 scorePanel 节点。

图 9-68　scorePanel 变量添加

图 9-69　scorePanel 预制体

7．游戏运行主逻辑

引入玩家人物预制体及分数预制体，在变量池中定义，如程序清单 9-38 所示。

程序清单 9-38　玩家人物预制体及分数预制体引入

```
//玩家人物预制体
playerPanel: {
  default: null,
  type: cc.Prefab,
},
//分数预制体
scorePanel: {
  default: null,
  type: cc.Prefab
},
```

加载玩家人物预制体与分数预制体函数，如程序清单 9-39 所示。

程序清单 9-39　加载玩家人物预制体与分数预制体函数

```
//加载玩家 Panel，传递玩家的昵称、头像，index 用于确认是否为玩家自己
loadPlayerPanel: function (nickName, imageUrl, index) {
    //得到绑定的预制体节点
    var playerPanel = cc.instantiate(this.playerPanel);
    //获取预制体上 playerPanel 脚本，并调用其中的 init 方法
    playerPanel.getComponent('playerPanel').init(imageUrl, nickName);
    this.node.addChild(playerPanel);
    //如果是 0，表示是玩家自己，默认设置在左下角
    if (index == 0) {
      playerPanel.setPosition(-230, -500);
    } else if (index == 1) {
      playerPanel.setPosition(-230, 500);
    }
},
//加载生命值，index 用于确定出现位置
loadScorePanel: function (index) {
    var scorePanel = cc.instantiate(this.scorePanel);
    //如果是玩家自己，默认设置在中下方
    if (index == 0) {
      scorePanel.setPosition(-40, -500);
    } else {
      scorePanel.setPosition(-40, 500);
    }
    //添加到管理节点上
    this.node.addChild(scorePanel);
},
```

在 gameManager.js 脚本的 onLoad 函数中，接收服务器端数据，根据数据加载玩家信息，这是在原有未完成的基础上添加额外代码，并不是一个新的监听方法，如程序清单 9-40 所示。

程序清单 9-40　客户端监听数据并加载玩家信息

```
//数据监听
```

```
global.socket.on('friendSyncData', data => {
    console.log('friendSyncData = ' + JSON.stringify(data));
    //当前传输的数据和此时玩家的房间号相同时，进行操作
    //数组中两个房间号一致，因此比较一个即可
    if (data[0].roomId == global.playerData.roomId) {
        //返回的信息以数组形式存储，1 个元素表示邀请方数据
        if (data.length == 1) {
            //加载游戏场景
            this.loadGamePanel();
            //玩家为房主，加载到左下角
            this.loadPlayerPanel(data[0].nickName, data[0].imageUrl, 0);
        } else if (data.length == 2) { //2 个元素表示邀请方和被邀请方数据
            //邀请方和被邀请方执行函数不同，邀请方在第一次同步数据时已经加载了部
分数据，因此会少加载部分数据
            if (global.playerData.index == 0) {
                //当前玩家为邀请方，再加载一个 playerPanel
                this.loadScorePanel(0);
                //被邀请方信息在第一位，因此加载 data[0]数据
                this.loadPlayerPanel(data[0].nickName, data[0].imageUrl, 1);
                this.loadScorePanel(1);
            } else if (global.playerData.index == 1) {
                //加载游戏场景
                this.loadGamePanel();
                for (let i = 0; i < data.length; i++) {
                    //被邀请方，位置需要转换
                    var currentIndex = 1 - data[i].index;
                    this.loadPlayerPanel(data[i].nickName,data[i].imageUrl,
currentIndex);
                    this.loadScorePanel(currentIndex);
                }
            }
        }
    }
});
```

保存代码，返回层级管理器 gameManager 节点的属性检查器，将资源管理器中的 playerPanel 预制体拖曳到属性检查器中 gameManager 组件的 Player Panel 框中，将 scorePanel 预制体拖曳到 gameManager 组件的 Score Panel 框中，如图 9-70 所示。

图 9-70　playerPanel 预制体与 scorePanel 预制体绑定

重启服务器,启动 Cocos Creator,单击"邀请好友"按钮后,场景如图 9-71 所示。按 F12 键打开控制台,得到邀请好友成功返回信息,如图 9-72 所示。

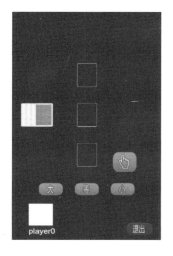

```
Cocos Creator v2.2.0                              CCGame.js:397
set RoomId = 779219                             startPanel.js:32
message =                                    gameManager.js:187
{"messageType":"loadGame","roomId":"779219"}
sendMessage =                                gameManager.js:201
{"roomId":"779219","playerData":
{"roomId":"779219","nickName":"player0","imageUrl":"66","index
":0,"pushTimes":3,"score":3}}
firendSyncData =                              gameManager.js:35
[{"roomId":"779219","nickName":"player0","imageUrl":"66","inde
x":0,"pushTimes":3,"score":3}]
```

图 9-71　邀请好友后场景　　　　　　　　　图 9-72　邀请好友成功返回信息

使用 Cocos Creator 运行一个新项目,在文本框中输入前一次返回的 roomId 数值,单击"加入房间"按钮得到场景,左边为邀请方,右边为被邀请方,表示双方加入房间成功。

注意

使用 Cocos Creator 时,不能一开始就打开两个项目分别进行操作,因为实际真机运行时,读取的是当时玩家手机中的文件内容,而浏览器测试中读取的是一个项目中的文件。如果同时打开两个项目,将会导致文件读取错误,正确的运行顺序为先打开一个 Cocos Creator 项目,如图 9-73 所示,单击"邀请好友"按钮。

第一个项目

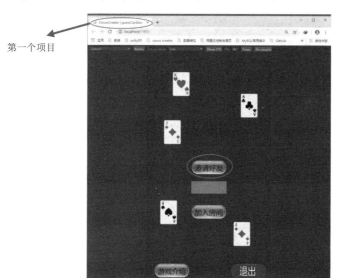

图 9-73　第一个 Cocos Creator 项目

按 F12 键打开控制台，得到服务器端返回的同步消息中的 roomId，如图 9-74 所示。

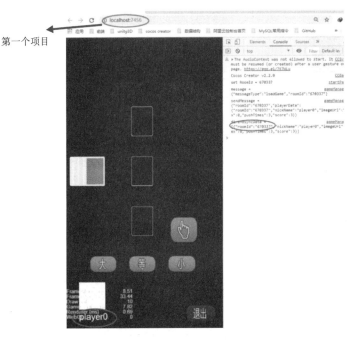

图 9-74　第一个 Cocos Creator 项目得到同步数据

运行第二个项目，在 Cocos Creator 中单击"运行"按钮，在文本框中输入上一个项目的 roomId 数值，如图 9-75 所示，单击"加入房间"按钮。

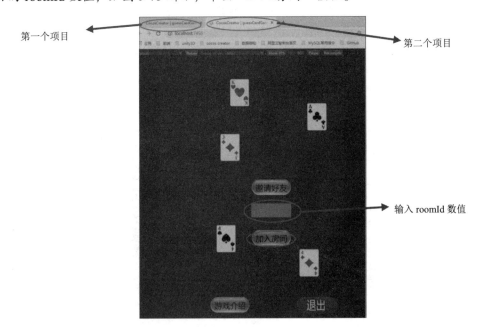

图 9-75　第二个 Cocos Creator 项目

成功后，将两个项目分别拖出，以方便实时监控，如图 9-76 所示。

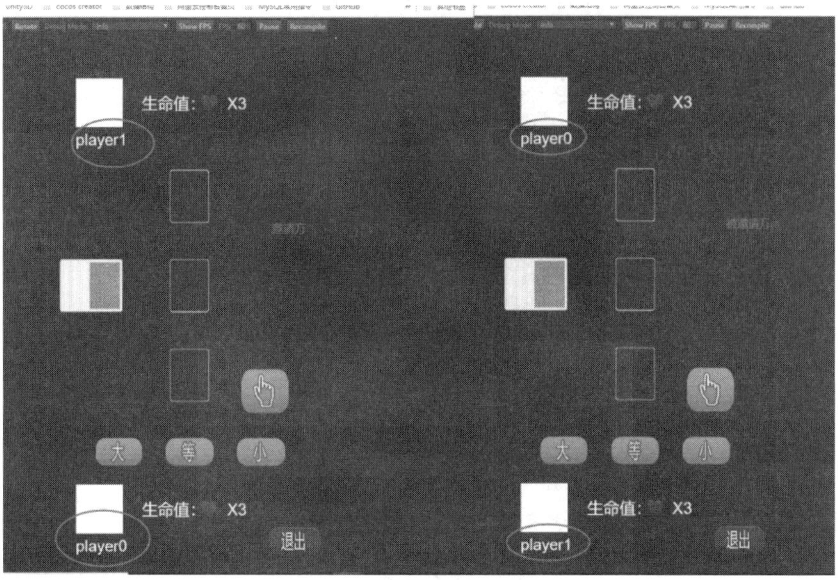

图 9-76 玩家双方加入房间

此时不是在微信环境下，没有传递头像地址，因此无法加载头像。而且双方都无法单击屏幕，因为初始将双方屏幕都设置为不可单击，需要后续判断当前场景，给出是否可以单击屏幕的条件。

8. 开始按钮节点及授权按钮设置

（1）开始按钮节点

在层级管理器中，右键单击 Canvas 节点，选择"创建节点"→"创建 UI 节点"→"Button（按钮）"命令新建一个按钮，重命名为 startBtn，在 startBtn 节点的属性检查器中，设置 Size 为 W200、H80，其 Button 组件的 Transition 为 SCALE，Click Events 为 1，如图 9-77 所示。

删除 startBtn 节点的子节点 Label，将资源管理器中的 assets\Res\staticRes\start 拖曳到 startBtn 节点的 Background 子节点的 Sprite 组件的 Sprit Frame 中，如图 9-78 所示。

（2）开始按钮函数书写及绑定

玩家单击"开始游戏"按钮后，客户端向服务器端发送消息，开始游戏，根据服务器端返回值，进行游戏界面的加载。只有邀请方才显示此按钮，而被邀请方不显示此按钮，因此在游戏中需要对玩家身份进行判断。开始按钮函数如程序清单 9-41 所示。

图 9-77 startBtn 节点属性设置

图 9-78　Background 子节点设置

程序清单 9-41　开始按钮函数

```
//双方进入游戏界面后，开始游戏
startGame: function () {
    var sendData = {
        messageType: 'allowStartGame',
        playerData: global.playerData
    }
//向服务器端发送开始游戏的消息
    global.socket.emit('startGame', sendData);
},
```

绑定开始按钮函数。在 startBtn 节点属性检查器的 Button 组件中，将层级管理器中的 gameManager 节点拖曳到 Click Events 的第一个框中，第二个框选择 gameManager，第三个框选择 startGame，如图 9-79 所示。

图 9-79　开始按钮函数绑定

在 startBtn 节点的属性检查器中取消勾选 startBtn 复选框，如图 9-80 所示。

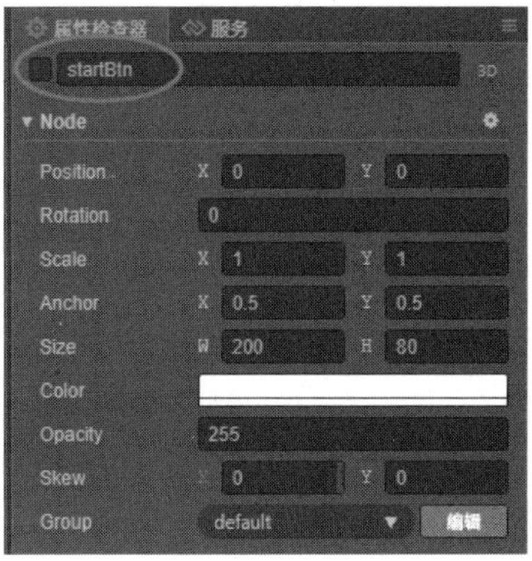

图 9-80　startBtn 按钮不显示

（3）提示界面制作

根据游戏逻辑，在微信平台上，玩家会先单击屏幕，客户端获取玩家当前信息，发送给服务器端，通过同步数据加载场景，被邀请方通过 API 获取到好友发送的房间号消息；然后向服务器端发送消息，根据同步数据加载人物及游戏场景，但跳过了获取玩家信息阶段。因此，需要设置一个中间提示界面，让玩家单击屏幕，玩家单击后再将玩家信息发送给服务器端。

在层级管理器中，右键单击 Canvas 节点，选择"创建节点"→"创建空节点"命令新建一个空节点，重命名为 wornTitle。右键单击 wornTitle 节点，选择"创建节点"→"创建渲染节点"→"Sprite（单色）"命令，重命名为 bg，将资源管理器中 assets\Res\staticRes\bg 拖曳到 bg 节点属性检查器的 Sprite 组件的 Sprite Frame 中。

右键单击 wornTitle 节点，选择"创建节点"→"创建渲染节点"→"Label"命令，重命名为 showLabel，设置 showLabel 节点 Label 组件的 String 为"单击屏幕获取授权"，Font Size 为 50，Line Height 为 50，如图 9-81 所示。

在 wornTitle 节点的属性检查器中取消勾选 wornTitle 复选框，如图 9-82 所示。

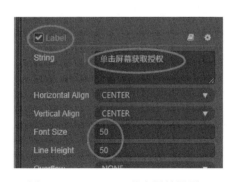

图 9-81　showLabel 节点属性设置

图 9-82　隐藏 wornTitle 节点

在 gameManager.js 中增加 startBtn 和 wornTitle 属性，并添加到函数中使用，变量定义如程序清单 9-42 所示。

程序清单 9-42　开始按钮和提示界面节点变量定义

```
//开始按钮节点
    startBtn: {
      default: null,
      type: cc.Node
    },
    //提示界面节点
    wornTitle: {
      default: null,
      type: cc.Node
    },
```

在 gameManager.js 的 onLoad 函数中，当玩家是房主（index == 0）时使用开始按钮，更新 onLoad 函数中的程序，在判断语句 if (global.playerData.index == 0)中添加开始按钮显示的程序，如程序清单 9-43 所示。

程序清单 9-43　开始按钮显示

```
//当前玩家为房主，开始按钮显示
  this.startBtn.active = true;
```

返回层级管理器，在 gameManager 节点的属性检查器中，将层级检查器中的 startBtn 节点拖曳到 gameManager 组件的 Start Btn 变量框中进行绑定，将 wornTitle 拖曳到 Worn Title 变量框中进行绑定，如图 9-83 所示。

图 9-83　startBtn 和 wornTitle 节点绑定

在服务器端启动服务器（npm start），启动 Cocos Creator，在第一个项目中单击"邀请好友"按钮，按 F12 键打开控制台，得到返回的同步消息的 roomId，如图 9-84 所示。运行第二个 Cocos Creator 项目，在文本框中输入对应的 roomId 数值，单击"加入房间"按钮，如图 9-85 所示。

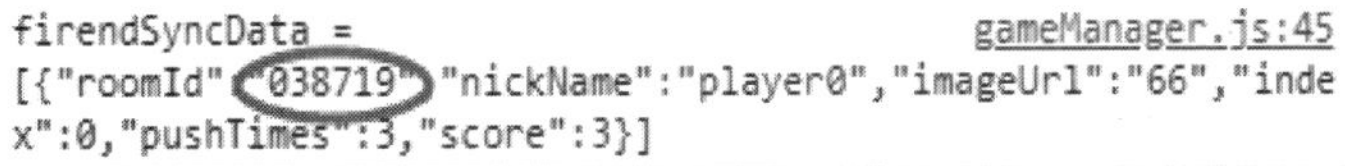

firendSyncData =
gameManager.js:45
[{"roomId":"038719","nickName":"player0","imageUrl":"66","index":0,"pushTimes":3,"score":3}]

图 9-84　返回的 roomId

邀请好友
038719
加入房间
游戏介绍
退出

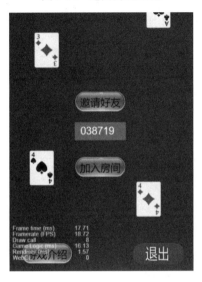

图 9-85　roomId 与加入房间

双方进入房间后，房主（邀请方）将会得到开始游戏的权限，如图 9-86 所示。当房主单击“开始”按钮后，客户端向服务器端发送消息，得到服务器端返回的消息，双方才能开始游戏。

生命值: X3
player1
生命值: X3
player0
开始
大
等
小
大
等
小
生命值: X3
player0
退出
生命值: X3
player1
退出

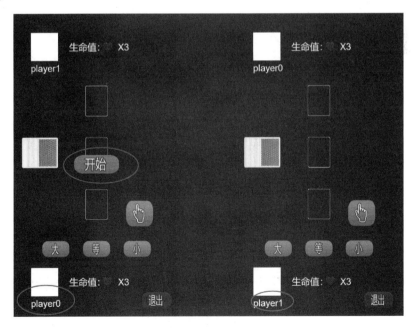

图 9-86　房主的权限

9．牌的制作与显示

（1）服务器端接收客户端开始游戏的消息

服务器端接收到开始游戏的消息后，会产生两组随机生成的数来表示牌，然后将其返回给客户端，产生随机数函数，打开服务器端 guessCardGame\cardGame\player.js，编写随机产生牌面函数，如程序清单 9-44 所示。

程序清单 9-44　随机产生牌面函数

```
//得到随机产生的牌面
const getTwoCardsNumber = function () {
    var numberList = [];
    //随机产生四种花色，floor 向下取整
    numberList[0] = Math.floor(Math.random() * 4);
    //随机产生 1 到 13 的牌面数字
    numberList[1] = Math.floor(Math.random() * 13) + 1;
    //返回一个牌面的数组，包含花色和数字
    return numberList;
};
```

服务器端在 player.js 中接收客户端发送的消息，处理后返回牌面数据给客户端，如程序清单 9-45 所示。

程序清单 9-45　服务器端接收开始游戏消息并返回牌面数据

```
//接收开始游戏消息
socket.on('startGame', data => {
    console.log('startGameData = ' + JSON.stringify(data));
    //获取显示和不显示的两种牌面
    backCard = getTwoCardsNumber();
    showCard = getTwoCardsNumber();
    var sendData = {
        roomId: data.playerData.roomId,
        messageType: 'allowStartGame',
        playerData: data.playerData,
        backCard: backCard,
        showCard: showCard
    }
    //服务器端内部事件发送
    event.fire('allowStartGame', sendData);
});
//允许开始游戏
const allowStartGame = function (data) {
    console.log('allowStartGame = ' + JSON.stringify(data));
    //向客户端发送处理过的数据，包括两种牌面
    socket.emit('allowStartGame', data);
};
//响应 allowStartGame 事件，执行函数 allowStartGame
```

```
event.on('allowStartGame', allowStartGame);
```

服务器端内部响应事件后，在 player.js 的 playerEvent.destroy 函数（玩家掉线时调用）中释放当前消息，如程序清单 9-46 所示。

程序清单 9-46　释放开始游戏的消息

```
event.off('allowStartGame',allowStartGame);
```

（2）客户端接收开始游戏的消息

打开客户端 gameManager.js，在 onLoad 函数中监听服务器端数据传输，如程序清单 9-47 所示。

程序清单 9-47　客户端接收开始游戏的返回消息

```
//监听开始游戏的数据
    global.socket.on('allowStartGame', data => {
        //打印接收到的消息
        console.log('startGameData = ' + JSON.stringify(data));
        //下面根据服务器端传递的消息进行操作

    });
```

重启服务器，启动 Cocos Creator，第一个客户端项目玩家单击"邀请好友"按钮，按 F12 键打开控制台，得到 roomId，根据返回的 roomId 运行第二个 Cocos Creator 项目，在文本框中输入得到的 roomId 数值，单击"加入房间"按钮，运行情况如图 9-87 所示。返回消息得到两种牌面的信息，按照信息加载牌。

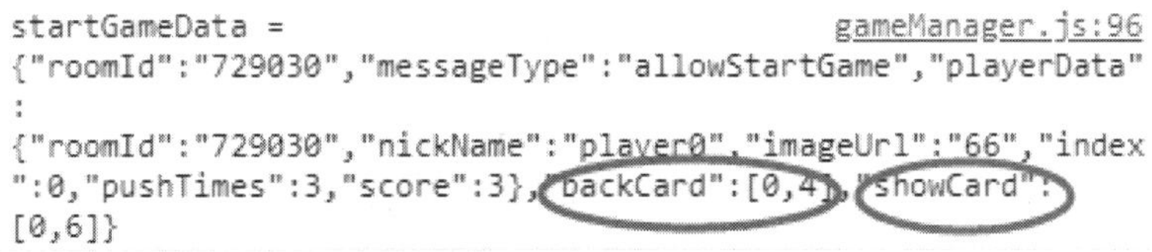

图 9-87　单击"加入房间"按钮的运行情况

（3）牌预制体制作

在层级管理器中，右键单击 Canvas 节点，选择"创建节点"→"创建空节点"命令新建一个空节点，重命名为 cardPanel。

右键单击 cardPanel 节点，选择"创建节点"→"创建渲染节点"→"Sprite（单色）"命令，重命名为 show，在属性管理器中设置 Size 为 W90、H120；复制一个 show 节点，重命名为 back，将 show 节点属性检查器中的 Sprite 组件的 Sprite Frame 设置为 None，如图 9-88 所示。

将资源管理器中的 assets\Res\staticRes\back 拖曳到 back 节点属性检查器的 Sprite 组件的 Sprite Frame 中，如图 9-89 所示。

（4）牌脚本逻辑书写

在资源管理器 assets\Scripts 文件夹中，新建一个脚本，重命名为 cardPanel，将 cardPanel.js 拖曳到层级管理器 cardPanel 节点的属性检查器中，如图 9-90 所示。

图 9-88　show 节点属性设置

图 9-89　牌节点展示牌面属性设置

图 9-90　cardPanel 脚本绑定

在 Visual Studio Code 中打开 cardPanel.js 脚本，删除多余注释代码。

牌的正背面及牌选择使用变量定义，如程序清单 9-48 所示。

程序清单 9-48　牌变量定义

```
//牌的背面
    cardBack: {
        default: null,
        type: cc.Node
    },
    //牌的正面
    cardPositive: {
```

```
        default: null,
        type: cc.Node
    },
    //牌翻转速度
    speed: 0.2,
    //牌翻转的间隔时间
    deltTime: 0.1,
```

当加载牌节点时，初始显示背面，而将正面设置为不显示，如程序清单 9-49 所示。

程序清单 9-49　初始牌属性设置

```
start() {
    //开始时正面不显示
    this.cardPositive.scaleX = 0;
    this.cardPositive.active = false;
},
```

当牌被外界使用时，调用翻转函数，如程序清单 9-50 所示。

程序清单 9-50　牌翻转函数

```
//牌翻转函数
cardReverse: function () {
    //通过缩放实现牌的旋转
    //X 的缩放比例在 0 和 1 之间
    if (this.cardBack.scaleX <= 1 && this.cardBack.scaleX > 0) {
        this.cardBack.scaleX -= this.speed;
        //递归执行，执行时间间隔为 deltTime
        this.scheduleOnce(this.cardReverse.bind(this), this.deltTime);
    }
    if (this.cardBack.scaleX <= 0) { //防止超过 0 的范围，判断条件为小于等于 0
        //开始显示正面，不再显示背面
        this.cardPositive.active = true;
        this.cardBack.active = false;
        if (this.cardPositive.scaleX >= 0 && this.cardPositive.scaleX < 1) {
            this.cardPositive.scaleX += this.speed;
            this.scheduleOnce(this.cardReverse.bind(this), this.deltTime);
        }
    }
},
```

返回层级管理器的 cardPanel 节点，将子节点 show 拖曳到 cardPanel 节点属性检查器的 cardPanel 组件的 Card Positive 框中，将子节点 back 拖曳到其属性检查器的 Card Back 框中，如图 9-91 所示。

将层级管理器中的 cardPanel 节点拖曳到资源管理器的 assets\Prefabs 文件夹中，制作成预制体，如图 9-92 所示，删除层级管理器中的 cardPanel 节点。

（5）控制 cardPanel 预制体显示

打开 gameManager.js，在 onLoad 函数中监听服务器端发送的开始游戏数据，然后进行客户端消息传输，在 gamePanel.js 脚本中对消息进行处理，如程序清单 9-51 所示。

图 9-91　cardPanel 节点变量绑定　　　　图 9-92　cardPanel 预制体

程序清单 9-51　游戏管理脚本接收开始游戏消息后处理

```
//监听开始游戏的数据
    global.socket.on('allowStartGame', data => {
      //打印接收到的消息
      console.log('startGameData = ' + JSON.stringify(data));
      //如果当前的房间是发生事件的房间
      if(data.roomId == global.playerData.roomId){
        //存储消息在文件中，在 gamePanel.js 中接收，进行事件响应
        cc.sys.localStorage.setItem('backStartGameData'+global.
playerData.index,JSON.stringify(data));
        //使开始按钮不显示
        this.startBtn.active = false;
      }
    });
```

在 gamePanel 预制体上，预留了牌的位置信息，因此在 gamePanel.js 中对发送的消息及牌进行处理。在 Visual Studio Code 中打开 gamePanel.js，在变量池（properties）中定义 cardPanel 预制体，如程序清单 9-52 所示。

程序清单 9-52　定义 cardPanel 预制体

```
cardPanel: {
        default: null,
        type: cc.Prefab
    }
```

引入预制体且显示在界面上的函数如程序清单 9-53 所示。

程序清单 9-53　牌显示函数

```
//将牌显示
  cardShow: function (index, showCard) {
    var screen_width = cc.winSize.width;
    var screen_height = cc.winSize.height;
    //引用预制体
    var cardPrefab = cc.instantiate(this.cardPanel);
    //得到正确位置的屏幕坐标，getChildByName 通过名称获取子节点
    //转换为屏幕坐标
     var startPos = this.cardNodes.getChildByName('stack').convertToWorld-
SpaceAR(cc.v2(0, 0));
    //得到屏幕位置（屏幕位置和转换的位置相差半个屏幕的宽和高）
```

```
startPos.x -= screen_width / 2;
startPos.y -= screen_height / 2;
//牌的出现有一个移动动作
//设置牌开始的位置
cardPrefab.position = startPos;
var posName = 'frame';
//根据传递的变量不同，牌出现在不同的位置
if (index == 0) { //添加在中间位置
    posName += 2;
} else {
    //开始时，邀请的好友先进行猜测
    if (this.judgeBtn.active == false) {
        posName += 1;
    } else if (this.judgeBtn.active == true) {
        posName += 3;
    }
}
///牌的结束移动位置
var endPos = this.cardNodes.getChildByName(posName).convert-
ToWorldSpaceAR(cc.v2(0, 0));
//得到屏幕位置
endPos.x -= screen_width / 2;
endPos.y -= screen_height / 2;
//console.log('pos = ' + startPos + "," + endPos);
//定义一个移动动作，在 0.2s 内从起始位置移动到结束位置，参数为一个向量
var m1 = cc.moveBy(0.2, cc.v2(endPos.x - startPos.x, endPos.y -
startPos.y));
//当前预制体执行这个动作
cardPrefab.runAction(m1);
//图片存储位置，必须在房主 resources 文件夹中进行动态加载
//resources 字符串，文件路径不用给出
var spriteName = "dynamicRes/";
console.log('list = ' + showCard);
//牌的第 2 个参数为牌的数字，第 1 个参数为花色
if (showCard[0] == 0) {
    spriteName += "club_";
} else if (showCard[0] == 1) {
    spriteName += "diamond_";
} else if (showCard[0] == 2) {
    spriteName += "heart_";
} else if (showCard[0] == 3) {
    spriteName += "spade_";
}
//如果数字只有一位，但素材中名称都为两位
if (showCard[1] < 10) {
    spriteName += "0";
}
spriteName += showCard[1];
console.log('card = ' + JSON.stringify(spriteName));
//动态加载图片，参数 1 为图片名称（resources 中的位置），参数 2 为格式，参数 3
为执行函数
cc.loader.loadRes(spriteName,    cc.SpriteFrame,    function    (err,
```

```
spriteFrame) {
                //获取子节点赋值 spriteFrame
                cardPrefab.getChildByName('show').getComponent(cc.Sprite).
spriteFrame = spriteFrame;
            });
            //在当前节点下添加此时预制体节点(注意:预制体名称不会改变,仍然为创建时的
预制体名称,因此根据名称索引会重名
            this.node.addChild(cardPrefab);
            //如果为中间位置,会展示给双方观看
            if (index == 0) {
                //调用旋转牌面方法
                cardPrefab.getComponent('cardPanel').cardReverse();
            };
        },
```

在 gamePanel.js 的 update 函数中,获取文件中的消息,加载牌,如程序清单 9-54 所示。

程序清单 9-54　通过服务器端返回数据并加载牌

```
    update() {
            //当前文件不等于空时
            if(cc.sys.localStorage.getItem('backStartGameData'+global.
playerData.index)!=null &&cc.sys.localStorage.getItem('backStartGameData'
+ global.playerData.index)!= "") {
                var message = JSON.parse(cc.sys.localStorage.getItem('backStartGameData'
+ global.playerData.index));
            console.log('startGameData = ' + JSON.stringify(message));
            if (message.messageType == "allowStartGame") {
                //得到两种牌面
                this.backCardList = message.backCard;
                this.showCardList = message.showCard;
                //0 表示在中间位置展示,1 表示开始隐藏
                //默认房主先开始猜牌
                if (global.playerData.nickName != message.playerData.
nickName) {
                    //将阻挡 Button 设置为 false,此时单击事件可以响应
                    this.judgeBtn.active = false;
                }
                    //展示在中间位置
                    this.cardShow(0, message.showCard);
                    //开始展示在邀请方
                    this.cardShow(1, message.backCard);
                }
        //移除此消息,防止多次加载
        cc.sys.localStorage.removeItem('backStartGameData'+global.playerData.
index);
            }
        }
```

保存代码,在资源管理器中,双击打开资源管理器中的 assets\Prefabs\gamePanel 预制体,将资源管理器中的 Prefabs\cardPanel 拖曳到 gamePanel 属性检查器的 gamePanel 组件的 Card Panel 框中,如图 9-93 所示。

图 9-93　牌预制体绑定

保存后双击 gameScene，返回游戏场景。

重启服务器，运行第一个 Cocos Creator 项目，单击"邀请好友"按钮，按 F12 键打开控制台，得到随机产生的 roomId，如图 9-94 所示。

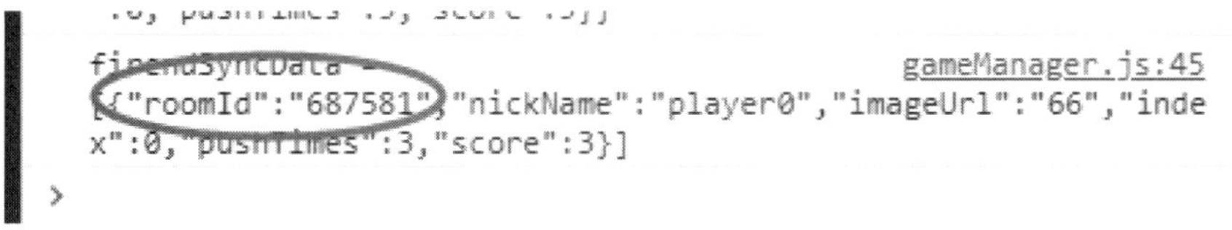

```
.o, pushiimes .o, score .ojj

fioendSyncData =                              gameManager.js:45
{"roomId":"687581", "nickName":"player0","imageUrl":"66","inde
x":0, pushTimes":3,"score":3}]
>
```

图 9-94　测试返回 roomId

运行第二个 Cocos Creator 项目，在文本框中输入上一个项目得到的 roomId 数值，如图 9-95 所示。

图 9-95　输入 roomId 数值

在邀请方处单击"开始"按钮后，场景如图 9-96 所示。

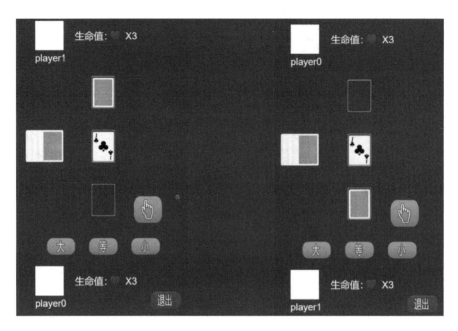

图 9-96　玩家开始游戏后场景

 注意

牌面是随机产生的，会有所不同。出现如图 9-96 所示的场景表示牌显示成功。

10. 根据单击事件判断玩家当前的胜负

前面已经建立过单击事件响应的客户端与服务器，因此现在只需要根据客户端监听得到的消息来判断当前玩家自己及好友的猜测情况即可。

在 gamePanel.js 中监听单击事件，并在客户端判断胜负情况，根据玩家每次的猜测，对不同的结果进行提示，在 start 函数中定义提示语句，如程序清单 9-55 所示。

程序清单 9-55　猜牌结果提示语句

```
//文本将要展示的内容
    this.showIsWinStr = {
        win: 'You Win!',
        lose: 'You Lose!',
        selfEqual: 'self both equal',
        friendEqual: 'Friend both equal',
        selfGetScore: 'You get a heart',
        friendGetScore: 'Friend get a heart',
        selfLoseScore: 'You lose a heart',
        friendLoseScore: 'Friend lose a heart',
    };
```

在 gamePanel.js 的 update 函数中监听单击发送的消息，如程序清单 9-53 所示。

程序清单 9-56　监听单击事件并比较

```
    if(cc.sys.localStorage.getItem('backChooseTypeMessage'+global.player-
Data.index) != null &&cc.sys.localStorage.getItem('backChooseTypeMessage'
```

```
global.playerData.index) != "") {
                //获取单击事件内容
                var message = JSON.parse(cc.sys.localStorage.getItem
('backChooseTypeMessage' + global.playerData.index));
                if (message.chooseType == 'big' || message.chooseType == 'equal' ||
message.chooseType == 'small') {
                        //此时对应的预制体节点为第 6 个，最后添加的子节点为隐藏的牌节点
                        var backCard = this.node.children[this.node.childrenCount - 1];
                        //找到最后一个节点，并将其翻转
                        backCard.getComponent('cardPanel').cardReverse();
                        //显示提示标题
                        this.showLabel.active = true;
                        //牌不比较花色，只比较牌面数字大小
                        //当玩家自己与好友分数都大于 0 时，表明游戏还没有结束
                        if (global.playerData.score > 0 && message.playerData.score > 0) {
                                //根据不同的比较结果，对应不同的提示语句
                                if (message.chooseType == 'big') {
                                        if (this.showCardList[1] < this.backCardList[1]) {
                                                if (global.playerData.index == message.
playerData.index) {
                                                        this.showLabel.getComponent(cc.Label).string
 = this.showIsWinStr.selfGetScore;
                                                } else {
                                                        this.showLabel.getComponent(cc.Label).string =
this.showIsWinStr.friendGetScore;
                                                }
                                        } else {
                                                if (global.playerData.index == message.player-
Data.index) {
                                                        this.showLabel.getComponent(cc.Label).string =
this.showIsWinStr.selfLoseScore;
                                                } else {
                                                        this.showLabel.getComponent(cc.Label).string =
this.showIsWinStr.friendLoseScore;
                                                }
                                        }
                                } else if (message.chooseType == 'equal') {
                                        if (this.showCardList[1] == this.backCardList[1]) {
                                                if (global.playerData.index == message.player-
Data.index) {
                                                        this.showLabel.getComponent(cc.Label).string
 = this.showIsWinStr.selfEqual;
                                                } else {
                                                        this.showLabel.getComponent(cc.Label).string =
this.showIsWinStr.friendEqual;
                                                }
                                        } else {
                                                if (global.playerData.index == message.player-
Data.index) {
                                                        this.showLabel.getComponent(cc.Label).string =
this.showIsWinStr.selfLoseScore;
                                                } else {
```

```
                                    this.showLabel.getComponent(cc.Label).string =
this.showIsWinStr.friendLoseScore;
                        }
                    }
                } else if (message.chooseType == 'small') {
                    if (this.backCardList[1] < this.showCardList[1]) {
                        if (global.playerData.index == message.player-
Data.index) {
                            this.showLabel.getComponent(cc.Label).string =
this.showIsWinStr.selfGetScore;
                        } else {
                            this.showLabel.getComponent(cc.Label).string =
this.showIsWinStr.friendGetScore;
                        }
                    } else {
                        if (global.playerData.index == message.player-
Data.index) {
                            this.showLabel.getComponent(cc.Label).string =
this.showIsWinStr.selfLoseScore;
                        } else {
                            this.showLabel.getComponent(cc.Label).string =
this.showIsWinStr.friendLoseScore;
                        }
                    }
                }
                //打印现在的提示内容
                console.log('str = ' + this.showLabel.getComponent
(cc.Label).string);
                //将现在的提示内容保存，并作为消息传递
                var sendMessage = { messageType: this.showLabel.
getComponent(cc.Label).string,
                    friendData:message.playerData,
                };
                cc.sys.localStorage.setItem('compareDatas' + global.
playerData.index, JSON.stringify(sendMessage));
            }
            //清除界面显示内容
            //每1.5s执行一个，且只执行一次
            this.scheduleOnce(function () {
                this.showLabel.active = false;
            }, 1.5);
            //如果是当前玩家单击发送的消息，则禁用界面单击按钮
            if (global.playerData.nickName == message.playerData.nickName) {
                this.judgeBtn.active = true;
            } else {
                this.judgeBtn.active = false;
            }
            //执行完后发送重载牌面的消息
            this.scheduleOnce(function () {
                var sendMessage = {
                    messageType: 'reShowCard',
                    playerData: global.playerData,
```

```
                                        //保存一个关键字，后续用来判断是否向服务器发送消息
                                        keyName: message.playerData.nickName,
                                };
                                cc.sys.localStorage.setItem('reShowCard' + global.
        playerData.index, JSON.stringify(sendMessage));
                            }, 3);
                    } else if (message.chooseType == 'push') {
                            //每局游戏有 3 个 push 机会，即将牌交由对方猜测
                            //当单击 push 的一方还有 push 机会时，才执行
                            if (message.playerData.pushTimes > 0) {
                                //如果还有 push 机会，且单击的是当前玩家
                                if(global.playerData.nickName == message.player-
        Data.nickName){
                                        global.playerData.pushTimes--;
                                }
                                var screen_width = cc.winSize.width;
                                var screen_height = cc.winSize.height;
                                //显示牌面的为当前节点的最后一个字节点，获取牌节点
                                var cardBack = this.node.children[this.node.childrenCount -
        1];

                                var cardPosName = "frame";
                                //如果是玩家自己单击，移动到 3 位置；对方单击，移动到 1 位置
                                if (message.playerData.index == global.playerData.index) {
                                    cardPosName += '3';
                                } else {
                                    cardPosName += '1';
                                }
                                var cardStartPos = cardBack.position;
                                //得到正确的移动位置坐标
                                var cardEndPos = this.cardNodes.getChildByName(cardPosName).
        convertToWorldSpaceAR(cc.v2(0, 0));
                                cardEndPos.x -= screen_width / 2;
                                cardEndPos.y -= screen_height / 2;
                                console.log('endPos=' + cardEndPos);
                                //从当前位置，在 0.3s 内移动到距离自己位置坐标为(0, cardEndPos.y
        - cardStartPos.y)的位置上
                                var m1 = cc.moveBy(0.3, cc.v2(0, cardEndPos.y -
        cardStartPos.y));
                                cardBack.runAction(m1);
                            }
                //如果此时一方已经完成选择（单击），则选择权转移到对方手中，同时禁用自己的选择权
                if (global.playerData.nickName == message.playerData.nickName) {
                                this.judgeBtn.active = true;
                                //console.log(this.judgeBtn.active);
                            } else if (global.playerData.nickName != message.playerData.
        nickName) {

                                this.judgeBtn.active = false;
                            }


                    }
                //移除当前文件内容
```

```
                cc.sys.localStorage.removeItem('backChooseTypeMessage' + global.
playerData.index);
            }
```

在 gameManager.js 中，处理客户端牌的比较数据（compareData），如程序清单 9-57 所示。

程序清单 9-57　处理客户端牌的比较数据

```
        //监听比较结果方法
        if (cc.sys.localStorage.getItem('compareDatas' + global.playerData.
index) != null &&
            cc.sys.localStorage.getItem('compareDatas' + global.playerData.
index) != "") {
            var message = JSON.parse(cc.sys.localStorage.getItem ('compareDatas' +
global.playerData.index));
            console.log('compareDatas = ' + JSON.stringify(message));
            //当前节点的第 3 位和第 5 位为分数节点，第 2 位为玩家自己的分数节点，第 4 位为
好友分数节点
            //    for (let i = 0; i < this.node.childrenCount; i++) {
            //        console.log('name', this.node.children[i].name);
            //    }
            //节点加载完毕才执行动作
            if (this.node.childrenCount >= 6) {
                var selfScoreNode = this.node.children[3];
                var friendScoreNode = this.node.children[5];
                //根据不同消息加减自己与好友的分数
                if (message.messageType == 'You get a heart') {
                    //自己单独得分
                    global.playerData.score++;
                    //获取 scorePanel 脚本，调用更新分数方法
                    selfScoreNode.getComponent('scorePanel').updateScore(global.
playerData.score);
                } else if (message.messageType == 'Friend get a heart') {
                    //好友单独得分
                    message.friendData.score++;
                    friendScoreNode.getComponent('scorePanel').updateScore
(message.friendData.score);
                } else if (message.messageType == 'You lose a heart') {
                    //自己减分
                    global.playerData.score--;
                    selfScoreNode.getComponent('scorePanel').updateScore
(global.playerData.score);
                } else if (message.messageType == 'Friend lose a heart') {
                    //好友减分
                    message.friendData.score--;
                    friendScoreNode.getComponent('scorePanel').updateScore
(message.friendData.score);
                } else if (message.messageType == 'self both equal') {
                    //自己猜到相等，加一分，好友减一分
                    global.playerData.score++;
                    message.friendData.score--;
                    selfScoreNode.getComponent('scorePanel').updateScore
```

```
(global.playerData.score);
                friendScoreNode.getComponent('scorePanel').updateScore
(message.friendData.score);
            } else if (message.messageType == 'friend both equal') {
                //好友猜到相等，加一分，自己减一分
                global.playerData.score--;
                message.friendData.score++;
                friendScoreNode.getComponent('scorePanel').updateScore
(message.friendData.score);
                selfScoreNode.getComponent('scorePanel').updateScore
(global.playerData.score);
            }

            //游戏结束条件
            if (global.playerData.score == 0) { //自己输
                //定义发送消息内容
                var sendData = {
                    selfHeartSum: global.playerData.score,
                    friendHeartSum: message.friendData.score,
                    playerData: global.playerData,
                };
                //将比较结果存储在文件中，在 gamePanel 获取，显示提示
                cc.sys.localStorage.setItem('compareResults' +
global.playerData.index, JSON.stringify(sendData));
                //待完成：跳转到结束界面

            } else if (message.friendData.score == 0) { //好友输
                //定义发送消息内容
                var sendData = {
                    selfHeartSum: global.playerData.score,
                    friendHeartSum: message.friendData.score,
                    playerData: global.playerData,
                };
                cc.sys.localStorage.setItem('compareResults' + global.
playerData.index, JSON.stringify(sendData));
                //待完成：跳转到结束界面
            }
        }
        //移除文件内容
        cc.sys.localStorage.removeItem('compareDatas' + global.playerData.
index);
    }
```

11．重载牌面

（1）客户端发送重载牌面的消息

在 gameManager.js 中，客户端根据当前游戏状态判断是否应发送重载牌面的消息，如程序清单 9-58 所示。

程序清单 9-58　监听客户端发送消息并重载牌面

```
//判断条件并发送重载牌面消息
if (cc.sys.localStorage.getItem('reShowCard' + global.playerData.
```

```
index) != null &&
            cc.sys.localStorage.getItem('reShowCard' + global.playerData.
index) != "") {
            var message = JSON.parse(cc.sys.localStorage.getItem ('reShowCard' +
global.playerData.index));
            console.log('message ReShow = ' + JSON.stringify(message));
            //只有选择一方才发送消息
            if (message.messageType == 'reShowCard' && global.playerData. nickName
== message.keyName) {
                //当前节点的第 3 位和第 5 位为分数节点，第 2 位为玩家自己的分数节点，第 4
位为好友分数节点
                var selfScoreNode = this.node.children[3];
                var friendScoreNode = this.node.children[5];
                //获取当前字符串
                var friendLiveValueStr = friendScoreNode.getChildByName
('liveValue').getChildByName('score');
                //截取字符串
                var friendLiveValue = friendLiveValueStr.substring(1,
friendLiveValueStr.length);
                //当没有达到游戏结束条件时，不发送消息
                if (global.playerData.score > 0 && friendLiveValue > 0) {
                    console.log('send reShowCard');
                    global.socket.emit('reShowCard', message);
                }
            //清除文本内容
            cc.sys.localStorage.removeItem('reShowCard' + global.playerData.index);
            }
            cc.sys.localStorage.removeItem('reShowCard' + global.playerData.index);
        }
```

（2）服务器端接收消息，并发送给客户端重载牌面消息

服务器端接收并返回消息，打开服务器端 player.js，在玩家函数中书写重载牌面方法，如程序清单 9-59 所示。

程序清单 9-59　服务器接收消息并发送给客户端

```
    //接收从客户端发来的重载消息
    socket.on('reShowCard', data => {
        console.log('reShowCard', JSON.stringify(data));
        backCard = getTwoCardsNumber();
        showCard = getTwoCardsNumber();
        var sendData = {
            roomId: data.playerData.roomId,
            messageType: 'allowReShowCard',
            playerData: data.playerData,
            backCard: backCard,
            showCard: showCard
        };
        event.fire('allowReShowCard', sendData);
    });
    //允许重新生成牌面
    const allowReShowCard = function (data) {
```

```
        console.log('allowReShowCard = ' + JSON.stringify(data));
        socket.emit('allowReShowCard', data);
    };
    event.on('allowReShowCard', allowReShowCard);
```

在 playerEvent.destroy 中，书写注销监听方法事件，如程序清单 9-60 所示。

程序清单 9-60 注销监听方法

```
event.off('allowReShowCard',allowReShowCard);
```

（3）客户端接收重载牌面数据并执行

在 gameManager.js 的 onLoad 函数中执行监听方法，如程序清单 9-61 所示。

程序清单 9-61 客户端接收重载牌面数据

```
//接收重载牌面
        global.socket.on('allowReShowCard', data => {
            console.log('showCardData = ' + JSON.stringify(data));
            //如果此时发送的信息是此房间的
            if (data.roomId == global.playerData.roomId) {
                cc.sys.localStorage.setItem('allowReShowCards' + global.
playerData.index, JSON.stringify(data));
            }
        });
```

打开 gamePanel.js，在 gamePanel 中再次加载牌面，如程序清单 9-62 所示。

程序清单 9-62 游戏场景读取重载牌面并加载

```
//接收允许重载牌面
        if (cc.sys.localStorage.getItem('allowReShowCards' + global.
playerData.index) != null &&
            cc.sys.localStorage.getItem('allowReShowCards' + global.
playerData.index) != "") {
            var message = JSON.parse(cc.sys.localStorage. getItem
('allowReShowCards' + global.playerData.index));
            console.log('allowShowCardData = ' + JSON.stringify (message));
            if (message.messageType == 'allowReShowCard') {
                //移除先前的牌
                for (let i = 0; i < 2; i++) {
                    var cardNode = this.node.children[this.node.childrenCount - 1];
                    cardNode.removeFromParent();
                }
                //再次确定牌面
                this.showCardList = message.showCard;
                this.backCardList = message.backCard;
                this.cardShow(0, message.showCard);
                this.cardShow(1, message.backCard);
                //判断此时具体哪一位玩家的单击屏幕可以实现
                if (global.playerData.nickName == message.playerData. nickName) {
                    this.judgeBtn.active = true;
                } else {
                    this.judgeBtn.active = false;
                }
            }
```

```
                 //移除文件内容
                 cc.sys.localStorage.removeItem('allowReShowCards' + global.
playerData. index)
             }
         }
```

保存后，运行服务器，启动 Cocos Creator，在第一个项目中，单击"邀请好友"按钮，按 F12 键打开控制台，得到同步数据中的 roomId，运行第二个 Cocos Creator 项目，在文本框中输入前一个项目得到的 roomId 数值，单击"加入房间"按钮，此时房主单击"开始"按钮后，牌将自动出现，并且猜牌后，牌会继续自动出现并交换位置，如图 9-97 所示。

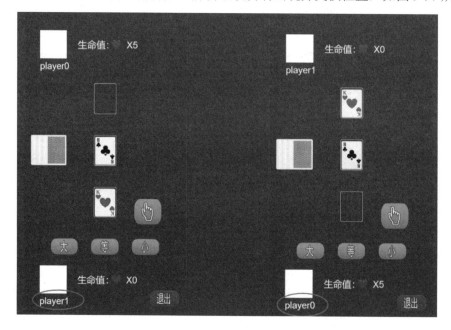

图 9-97　加入房间后牌运行效果

12．查找错误并清除

运行项目时，除了程序编写错误，还有一种异常导致的错误。传输信息都存储在文件中，但当一条语句执行错误时，文件没有及时清空，会导致再次运行时，将前一次文件内容再次读出。因此需要在每次运行项目程序时，进行一次异常排除，具体方法是在加载场景时，将所有存储过的文件全部清空，打开 gameManager.js，编写清除文件内容函数，如程序清单 9-63 所示。

程序清单 9-63　清除文件内容函数

```
//清除文件内容
clearMessage: function () {
    //0和1表示双方不同的文件，但在同一个文件目录中，因此需要都清除
    //游戏双方的单击屏幕文件
    cc.sys.localStorage.removeItem('chooseMessageType0');
    cc.sys.localStorage.removeItem('chooseMessageType1');
    //返回的单击事件
```

```
        cc.sys.localStorage.removeItem('backChooseTypeMessage0');
        cc.sys.localStorage.removeItem('backChooseTypeMessage1');
        //比较牌面大小文件
        cc.sys.localStorage.removeItem('compareDatas0');
        cc.sys.localStorage.removeItem('compareDatas1');
        //邀请好友即加入房间文件
        cc.sys.localStorage.removeItem('startMessageInvent');
        cc.sys.localStorage.removeItem('startMessageJoin');
        //发送申请重载牌面文件
        cc.sys.localStorage.removeItem('reShowCard0');
        cc.sys.localStorage.removeItem('reShowCard1');
        //返回开始游戏文件
        cc.sys.localStorage.removeItem('backStartGameData0');
        cc.sys.localStorage.removeItem('backStartGameData0');
        //返回运行重载牌面文件
        cc.sys.localStorage.removeItem('allowReShowCards0');
        cc.sys.localStorage.removeItem('allowReShowCards0');
        //后续文件可以继续添加
    },
```

在 gameManager.js 的 onLoad 函数中调用以上函数，如程序清单 9-64 所示。

程序清单 9-64　清除文件内容函数调用

```
//清除文件内容
    this.clearMessage();
```

13. 玩家退出和掉线处理

根据 socket.io 连接方法，玩家掉线后将自动向服务器发送掉线消息，打开服务器端 guessCardGame\cardGame\player.js，定义掉线消息接收处理方法，如程序清单 9-65 所示。

程序清单 9-65　掉线消息接收处理

```
//监听玩家掉线
    socket.on("disconnect", function () {
        console.log("玩家掉线");
        //传输玩家掉线的消息
        var dicData = {
            roomId: roomId,
            nickName: nickName,
            imageUrl: imageUrl,
        };
        //发送掉线消息
        event.fire('disconnect', dicData);
    });
```

打开服务器端 guessCardGame\cardGame\room.js，在 room.js 中响应玩家掉线事件，如程序清单 9-66 所示。

程序清单 9-66　从房间中移除掉线玩家

```
//执行掉线
    event.on('disconnect', dicData => {
```

```
                     console.log("off = " + JSON.stringify(dicData));
                     for (var i = 0; i < playerList.length; i++) {
                          console.log('playerList nickName = ' +
JSON.stringify(playerList[i].getData().nickName));
                          //根据房间号和 nickName 找到对应玩家
                          if (playerList[i].getData().roomId == dicData.roomId &&
playerList[i].getData().nickName == dicData.nickName) {
                              //向房间的其他玩家发送掉线消息，移除当前玩家的事件响应
                              playerList[i].destroy();
                              //将对应玩家移除
                              playerList.splice(i, 1);
                          }
                     }
                     //发送玩家掉线消息，在 player.js 中监听并响应
                     event.fire("playerOffLine", dicData);
                 });
```

打开 player.js，响应 playerOffLine 消息，编写方法，如程序清单 9-67 所示。

程序清单 9-67　向客户端发送掉线消息

```
//玩家掉线处理
    const sendPlayerOffline = function (dicData) {
        console.log('playerOffline = ' + JSON.stringify(dicData));
        //向客户端发送掉线消息
        socket.emit("playerOffline", dicData);
    };
    //接收事件名，执行方法
    event.on("playerOffLine", sendPlayerOffline);
```

在 playerEvent.destroy 中定义清除消息，如程序清单 9-68 所示。

程序清单 9-68　清除玩家掉线消息

```
    event.off("playerOffLine", sendPlayerOffline);
```

客户端接收玩家掉线消息的响应事件，如程序清单 9-69 所示。

程序清单 9-69　客户端接收玩家掉线消息

```
//监听玩家掉线
    global.socket.on('playerOffline', data => {
        console.log('server dicData = ' + JSON.stringify(data));
        //如果当前玩家是房间里未掉线玩家
        if (data.roomId == global.playerData.roomId &&
            data.nickName == global.playerData.nickName) {
            //将先前添加的节点删除
            this.node.removeAllChildren();
            //重载开始界面
            this.loadStartPanel();
            //更新玩家数据
            global.playerData.index = 0;
            global.playerData.pushTimes = 3;
            global.playerData.score = 3;
```

```
            //重新显示开始按钮
            this.startBtn.active = false;
            //向服务器端发送删除房间消息
            global.socket.emit('deleteRoom', data.roomId);
        }
    });
```

服务器端响应玩家掉线消息，删除当前房间。打开 socketServer.js，书写服务器端删除房间号方法，如程序清单 9-70 所示。

程序清单 9-70　服务器端删除房间号

```
//删除房间号
    socket.on('deleteRoom', data => {
        console.log('deleteRoom =' + data);
        //指定位置删除房间
        for (let i = 0; i < roomList.length; i++) {
            if (data == roomList[i].roomId) {
                //删除当前位置元素
                roomList.splice(i, 1);
            }
        }
    });
```

14．结束场景制作与逻辑控制

（1）结束场景预制体制作

打开 gameScene 场景，在层级管理器中右键单击 Canvas 节点，选择"创建节点"→"创建空节点"命令，重命名为 overPanel。右键单击 overPanel 节点，选择"创建节点"→"创建渲染节点"→"Sprite（单色）"命令，重命名为 bg，将资源管理器中的 assets\Res\staticRes\bg 拖曳到层级管理器的 bg 节点属性检查器 Sprite 组件的 Sprite Frame 中，设置 Type 为 TILED，Size 为 W720、H1280，如图 9-98 所示。

右键单击 overPanel 节点，选择"创建节点"→"创建渲染节点"→"Label（文字）"命令，重命名为 titleLabel，在属性检查器中设置 Color 为#EC2424，在 Label 组件中设置 String 为"You Win!"，Font Size 为 50，Line Height 为 50，如图 9-99 所示，设置 Position 为 X0、Y160。

右键单击 overPanel 节点，选择"创建节点"→"创建空节点"命令，重命名为 btns（储存 Button 按钮）。

图 9-98　结束场景背景属性设置

右键单击 btns 节点，选择"创建节点"→"创建 UI 节点"→"Button（按钮）"命令，重命名为 returnBtn。在属性检查器中设置 Position 为 X0、Y-160，Size 为 W200、H80，将属性检查器的 Button 组件的 Transition 设置为 SCALE，Click

Events 为 1，如图 9-100 所示；将资源管理器中 assets\Res\staticRes\btn 拖曳到 returnBtn 子节点 Background 的属性检查器的 Sprite 组件的 Sprite Frame 中，如图 9-101 所示。将子节点 Label 属性检查器中的 Label 组件的 String 设置为"再来一局"，如图 9-102 所示。

图 9-99　结束场景标题属性设置

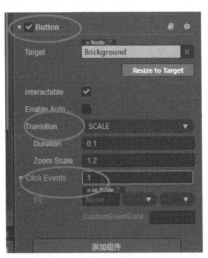

图 9-100　结束界面 Button 节点属性设置

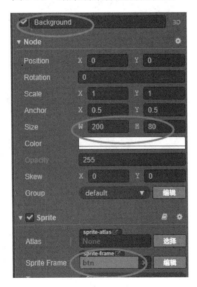

图 9-101　再来一局按钮节点属性设置

图 9-102　再来一局子节点 Label 设置

复制一个 returnBtn 节点，重命名为 exit，在属性检查器中设置节点 Position 为 X220、Y-570，删除子节点 Label，将资源管理器中 assets\Res\staticRes\exit 拖曳到 exit 节点的子节点 Background 的属性检查器 Sprite 组件的 Sprite Frame 中，代替已存在的 btn。

在层级管理器中右键单击 overPanel 节点，选择"创建节点"→"创建空节点"命令，重命名为 cardNodes，将资源管理器 assets\resources\dynamicRes 中的牌图片资源任意选取 5 张拖曳到 cardNodes 节点上，设置所有图片的 Size 为 W97、H134，Position 分别为 X200、

Y420，X200、Y−370，X−210、Y140，X−190、Y−550，X−150、Y420。也可以自行选取位置。结束场景节点样式如图 9-103 所示，界面样式如图 9-104 所示。

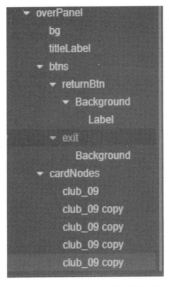

图 9-103　结束场景节点样式　　　　图 9-104　结束场景界面样式

（2）结束场景逻辑控制

在资源管理器 Scripts 文件夹中，新建一个脚本，重命名为 overPanel，将 overPanel.js 拖曳到层级管理器的 overPanel 节点的属性检查器中，如图 9-105 所示。

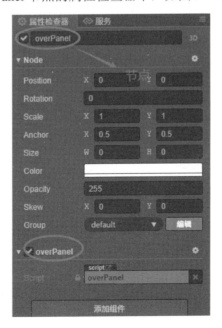

图 9-105　结束场景脚本绑定

在 Visual Studio Code 中打开 overPanel.js 脚本，删除多余注释代码。

在 cc.Class({})函数外引入全局变量（global），如程序清单 9-71 所示。

程序清单 9-71　结束场景引入全局变量

```
//引入全局变量
var global = require('./global');
```

在 overPanel.js 的变量池（porperties）中定义变量，如程序清单 9-72 所示。

程序清单 9-72　结束场景变量定义

```
//显示提示信息的节点
    titleLabel: {
        default: null,
        type: cc.Node
    }
```

调用结束场景时加载函数，如程序清单 9-73 所示。

程序清单 9-73　调用结束场景时加载函数

```
//加载函数
    init: function (showStr) {
        //console.log('initData =' + JSON.stringify(playerData));
        this.titleLabel.getComponent(cc.Label).string = showStr;
    },
```

定义结束场景再来一局的单击函数，如程序清单 9-74 所示。

程序清单 9-74　结束场景再来一局单击函数

```
//再来一局单击函数
    onClickReStart: function () {
        //单击重新开始，玩家数据重置
        global.playerData.score = 3;
        global.playerData.pushTimes = 3;
        var sendData = {
            messageType: 'ReStart',
            playerData: global.playerData,
        };
        //在文件中存储单击一方的数据及单击事件
        cc.sys.localStorage.setItem('ReStart' + global.playerData.index,
JSON.stringify(sendData));
    },
```

结束场景单击退出函数，如程序清单 9-75 所示。

程序清单 9-75　结束场景单击退出函数

```
//单击退出函数
    onClickExit: function () {
      if(cc.sys.platform == cc.sys.WECHAT_GAME){
          let wx = window['wx'];
          wx.exitMiniProgram({
              success(res){
                  console.log('success');
              },
          );
```

```
        }
    },
```

保存后，返回层级管理器的 overPanel 节点的属性检查器，将 overPanel 节点的子节点 titleLabel 拖曳到 overPanel 的属性检查器 overPanel 组件的 Title Label 中，如图 9-106 所示。

图 9-106　结束场景变量绑定

打开层级管理器 overPanel\btns\returnBtn 节点的属性检查器，在 Button 组件的 Click Events 中，将 overPanel 节点拖曳到第一个框中，第二个框选择 overPanel，第三个框选择 onClickReStart，如图 9-107 所示。对层级管理器中的 exit 节点重复上述操作，第三个框选择 onClickExit。

将层级管理器的 overPanel 节点拖曳到资源管理器的 assets\Prefabs 文件夹下，制作成预制体，如图 9-108 所示，删除层级管理器的 overPanel 节点。

图 9-107　结束场景按钮单击事件绑定

图 9-108　结束场景预制体

（3）结束场景预制体引入

打开客户端的 gameManager.js，在变量池（porperties）中定义结束场景预制体变量，如程序清单 9-76 所示。

程序清单 9-76　结束场景预制体变量定义

```
//结束场景预制体
    overPanel: {
        default: null,
```

```
                type: cc.Prefab,
            }
```

保存后，返回层级管理器中的 gameManager 节点的属性检查器，将资源管理器中的 assets\Prefabs\overPanel 预制体拖曳到 gameManager 组件的 Over Panel 中，如图 9-109 所示。

图 9-109　结束场景预制体绑定

在 gameManager.js 中加载 overPanel 预制体的生成函数，如程序清单 9-77 所示。

程序清单 9-77　加载结束场景函数

```
//加载结束场景
    loadOverPanel:function(showStr){
        var overPanel = cc.instantiate(this.overPanel);
        //设置在屏幕正中间
        overPanel.setPosition(0, 0);
        //调用加载函数
        overPanel.getComponent('overPanel').init(showStr);
        this.node.addChild(overPanel);
    },
```

打开 gamePanel.js，监听当游戏达到结束条件后发送的文件信息，显示在界面上以提示玩家，如程序清单 9-78 所示。

程序清单 9-78　游戏结束显示提示内容

```
    if (cc.sys.localStorage.getItem('compareResults' + global.playerData.
index) != null &&
            cc.sys.localStorage.getItem('compareResults' + global.playerData.
index) != "") {
                var message = JSON.parse(cc.sys.localStorage.getItem
('compareResults' + global.playerData.index));
        //游戏结束的条件是一方得分为 0
        if (message.selfHeartSum <= 0) {
            //暂停游戏
            //cc.director.pause();
```

```
                this.showLabel.getComponent(cc.Label).string = this.
showIsWinStr.lose;
            } else if (message.friendHeartSum <= 0) {
                //cc.director.pause();
                this.showLabel.getComponent(cc.Label).string = this.
showIsWinStr.win;
            }
            //延时清除提示显示
            this.scheduleOnce(function(){
                this.showLabel.active = false;
            },1.5);
            cc.sys.localStorage.removeItem('compareResults' + global.
playerData.index);
        }
```

当游戏达到结束条件时，调用加载结束场景函数，在 gameManager.js 的 update 函数中，当读取的 compareDatas 文件夹内容达到结束条件时，调用加载方法，如程序清单 9-79 所示。

程序清单 9-79 调用结束场景函数方法

```
    //游戏结束条件
        if (global.playerData.score == 0) { //自己输
            //定义发送消息内容
            var sendData = {
                selfHeartSum: global.playerData.score,
                friendHeartSum: message.friendData.score,
                playerData: global.playerData,
            };
            //将比较结果存储在文件中，在 gamePanel 中获取，显示提示
            cc.sys.localStorage.setItem('compareResults' + global.
playerData.index, JSON.stringify(sendData));
            //待完成：跳转到结束场景
            //1s 后执行
            this.scheduleOnce(function () {
                var showStr = "You Lose!"
                this.loadOverPanel(showStr);
            }, 1);
        } else if (message.friendData.score == 0) { //对方输
            //定义发送消息内容
            var sendData = {
                selfHeartSum: global.playerData.score,
                friendHeartSum: message.friendData.score,
                playerData: global.playerData,
            };
            cc.sys.localStorage.setItem('compareResults' + global.
playerData.index, JSON.stringify(sendData));
            //待完成：跳转到结束场景
            //1s 后执行
            this.scheduleOnce(function () {
                var showStr = "You Win!"
                this.loadOverPanel(showStr);
```

```
        }, 1);
      }
```

注意

上述不是一个完整的方法，是获取 compareDatas 文件中方法的一部分，注意添加到正确的位置。

（4）结束场景单击事件监听

当结束场景被加载后，对屏幕上发生的单击事件进行监听响应。打开 gameManager.js，在 update 函数中对事件监听并处理，如程序清单 9-80 所示。

程序清单 9-80　监听客户端的再次开始游戏并向服务器发送消息

```
if (cc.sys.localStorage.getItem('ReStart' + global.playerData.index) != null
   && cc.sys.localStorage.getItem('ReStart' + global.playerData. index) !=
"") {
      var message = JSON.parse(cc.sys.localStorage.getItem ('ReStart' +
global.playerData.index));
      console.log('ReStartSendData = ' + JSON.stringify (message));
      if (message.messageType == 'ReStart') {
          //向服务器发送再次开始游戏的消息
          global.socket.emit('ReStart', message);
      }
      //移除此条消息
      cc.sys.localStorage.removeItem('ReStart' + global.playerData.index);
  }
```

注意

及时移除文件内容，防止多次运行出现数据混乱。

将新产生的文件添加在 clearMessage 函数中，再移除文件，如程序清单 9-81 所示。

程序清单 9-81　移除文件

```
cc.sys.localStorage.removeItem('ReStart0');
  cc.sys.localStorage.removeItem('ReStart1');
  //移除比较结果文件
  cc.sys.localStorage.removeItem('compareResults0');
  cc.sys.localStorage.removeItem('compareResults1');
```

15. 重载游戏

客户端发送重新开始游戏的消息后，服务器端接收，经处理后返回给客户端，打开服务器端 guessCardGame\cardGame\player.js。player.js 接收客户端传递的消息，并返回处理消息，如程序清单 9-82 所示。

程序清单 9-82　服务器端接收消息并返回给客户端

```
//接收重新开始游戏的消息
  socket.on('ReStart', data => {
      console.log('ReStart = ' + JSON.stringify(data));
      event.fire('allowReStart', data);
  });
```

```
        //允许重新开始
        const allowReStart = function (data) {
            var sendData = {
                roomId: data.playerData.roomId,
                playerData: bothPlayerData,//返回双方的数据
                keyValue: data.playerData.nickName
            }
            console.log('allowReStart = ' + JSON.stringify(sendData));
            //向客户端发送消息
            socket.emit('allowReStart', sendData);
        };
        event.on('allowReStart', allowReStart);
```

16．获取玩家真实信息并重写向服务器端发送的加入房间消息

（1）获取玩家真实信息

微信官方对其他游戏引擎封装了新的 API，在游戏开始时创建一个 Button，通过 Button 调用获取玩家信息的权限，然后获取玩家基本信息。打开 gameManager.js，定义获取玩家信息函数，如程序清单 9-83 所示。

程序清单 9-83 获取玩家信息函数定义

```
//获取玩家信息
getPlayerInfo() {
    //在微信平台下使用
    if (cc.sys.platform == cc.sys.WECHAT_GAME) {
        let self = this;
        let wx = window['wx'];
        //获取微信界面大小属性
        let sysInfo = wx.getSystemInfoSync();
        //获取长和宽
        let width = sysInfo.screenWidth;
        let height = sysInfo.screenHeight;
        //获取玩家信息授权
        wx.getSetting({
            success(res) {
                console.log(res.authSetting);
                //玩家已经授权
                if (res.authSetting["scope.userInfo"]) {
                    console.log("用户已授权");
                    wx.getUserInfo({
                        success(res) {
                            console.log('self Info=' + JSON.stringify (res.userInfo));
                            //对全局变量进行存储
                            global.playerData.nickName = res.userInfo.nickName;
                            global.playerData.imageUrl = res.userInfo.avatarUrl;
                        }
                    });
                } else {
                    console.log("用户未授权");
                    //创建一个 Button 按钮
                    let button = wx.createUserInfoButton({
```

```
                    type: 'text',
                    text: '',
                    style: {
                        left: 0,
                        top: 0,
                        width: width,
                        height: height,
                        backgroundColor: '#00000000', //后两位为透明度
                        color: '#ffffff',
                        fontSize: 20,
                        textAlign: "center",
                        lineHeight: height,
                    }
                });
                //监听 Button 按钮单击事件
                button.onTap((res) => {
                    if (res.userInfo) {
                        console.log("用户授权:", res.userInfo);
                        //存储全局变量
                        global.playerData.nickName = res.userInfo.nickName;
                        global.playerData.imageUrl = res.userInfo.avatarUrl;
                        //单击后清除这个 Button 按钮
                        button.destroy();
                    } else {
                        console.log("用户拒绝授权:");
                    }
                });
            }
        }
    })
    }
},
```

注意

上述程序在浏览器环境下无法运行，必须在微信环境下才能运行。

（2）重写邀请好友方法

玩家获取到真实信息后，不需要在设置测试的 nickName 和 imageUrl 中重写向服务器发送邀请好友的消息，即不再需要赋值 nickname 和 imageUrl，如程序清单 9-84 所示。

程序清单 9-84　重写后的向服务器发送邀请好友方法

```
if (cc.sys.localStorage.getItem('startMessageInvent') != "" &&
    cc.sys.localStorage.getItem('startMessageInvent') != null) {
        //文件以 JSON 格式存储，需要转换为列表使用
        var message = JSON.parse(cc.sys.localStorage.getItem
('startMessageInvent'));
        //将接收到的消息打印，以方便查看
        console.log('message = ' + JSON.stringify(message));
        if (message.messageType == 'loadGame') {
            //刚开始测试没有获取玩家信息，因此暂时设置 nickName 和 imageUrl 为虚假信
```

息，后续进行替换

```
        // global.playerData.nickName = "player0";
        // global.playerData.imageUrl = "66";
        global.playerData.roomId = message.roomId;
        global.playerData.pushTimes = 3;
        global.playerData.score = 3;
        global.playerData.index = 0; //邀请方，即房主
        var sendMessage = {
          //向服务器发送消息
          roomId: message.roomId,
          playerData: global.playerData,
        }
        console.log('sendMessage = ' + JSON.stringify (sendMessage));
        //向服务器发送消息，消息名为 inventFriend，消息内容为 sendMessage
        global.socket.emit('inventFriend', sendMessage);
        //传输的信息内容执行过一次后，移除这个文件，防止多次执行
        cc.sys.localStorage.removeItem('startMessageInvent');
      }
```

（3）重写加入房间方法

在微信环境下，不需要在文本框中输入 roomId 数值，因此一直没有获取到玩家信息。没有获取到玩家信息时，显示前面制作的过渡界面，并且只有玩家单击获取权限，才删除消息文件，隐藏过渡界面，重写加入房间方法，如程序清单 9-85 所示。

程序清单 9-85 重写加入房间方法

```
    if (cc.sys.localStorage.getItem('startMessageJoin') != "" &&
        cc.sys.localStorage.getItem('startMessageJoin') != null) {
        var message = JSON.parse(cc.sys.localStorage.getItem
('startMessageJoin'));
        //将接收到的消息打印，以方便查看
        console.log('message = ' + JSON.stringify(message));
        if (message.messageType == 'joinRoom') {
          //不知道具体解析的内容时，全部写出，在微信环境下解析空为"",
          if (global.playerData.nickName != null || global.playerData != "" ||
            global.playerData.nickName != undefined) {
            console.log('join Room')
            if (this.wornTitle.active == false) {
              //显示过渡界面
              this.wornTitle.active = true;
              //按名称获取子节点
              var worn = this.wornTitle.getChildByName('showLabel');
              worn.getComponent(cc.label).string = "单击屏幕授权"
            }
          } else {
            //获取到玩家真实信息后操作
            //设置 playerData 基础属性
            global.playerData.roomId = message.roomId;
            global.playerData.pushTimes = 3;
            global.playerData.score = 3;
            global.playerData.index = 1;
```

```
                        var sendMessage = {
                            //向服务器发送消息
                            roomId: message.roomId,
                            playerData: global.playerData,
                        }
                        //向服务器发送消息，消息名为 inventFriend，消息内容为 sendMessage
                        global.socket.emit('joinRoom', sendMessage);
                        //当获取到玩家信息后
                        this.wornTitle.active = false;
                        //传输的信息内容执行过一次后，移除这个文件，防止多次执行
                        cc.sys.localStorage.removeItem('startMessageJoin');
                    }
                }
            }
```

（4）清除开始界面多余的文本框与按钮

双击打开资源管理器中的 assets\Prefabs\startPanel 预制体，将层级管理器中的 joinRoom 节点与 inputEditBox 节点在对应的属性检查器中设置为不显示，如图 9-110 所示。

图 9-110　隐藏节点

设置层级管理器中的 inventFriend 节点的 Position 为 X0、Y-150。

给此游戏添加一个标题。右键单击 startPanel 节点，选择"创建节点"→"创建渲染节点"→"Label"命令，重命名为 title，设置 Position 为 X0、Y110，在属性检查器中设置 String 为"猜牌大小大"，效果如图 9-111 所示。

图 9-111　开始场景添加标题效果

（5）游戏说明

在 startPanel.js 中添加 title 变量，当单击"游戏说明"按钮时，显示的标题变成一段说明性文字，如程序清单 9-86 所示。

程序清单 9-86　开始场景文本说明变量

```
title: {
        default: null,
        type: cc.Node
        } ,
//单击游戏说明
    onClickExplain: function () {
        this.title.getComponent(cc.Label).string = "玩家双方通过轮流猜牌\n 获取
相应的爱心数量\n 爱心为 0 时，结束游戏"
        },
```

将 title 节点拖曳到 startPanel 节点的属性检查器的 Title 中，保存预制体。

17．添加音效

在资源管理器 assets\Res\staticRes\audio 文件夹中，deal 为发牌时的音效，click 为单击按钮的音效，shuffle 为开始时洗牌的音效。

（1）单击按钮音效

按照逻辑，所有按钮单击都有音效，因此每个单击函数的播放逻辑是相同的。下面以 startPanel 的"游戏说明"按钮音效播放为例进行介绍。

单击音效定义在变量池（porperties）中，如程序清单 9-87 所示。

程序清单 9-87　单击音效定义

```
//单击音效定义
clickAudio: {
    default: null,
    type: cc.AudioClip
    }
```

将资源管理器中的 assets\Res\staticRes\audio\click 拖曳到 startPanel 的属性检查器的 startPanel 组件的 Click Audio 中。

音效播放方法相同，因此只需在每个单击事件的函数中添加一个播放语句，如程序清单 9-88 所示。

程序清单 9-88　播放单击音效

```
//播放单击音效，不重复
cc.audioEngine.playEffect(this.clickAudio, false);
```

（2）洗牌音效

洗牌音效只在加载 gamePanel（游戏场景）时调用一次，定义在 gamePanel.js 的变量池中，如程序清单 9-89 所示。

程序清单 9-89　洗牌音效定义

```
shuffle: {
    default: null,
```

```
    type: cc.AudioClip
  }
```

将资源管理器中的 assets\Res\staticRes\audio\shuffle 拖曳到 gamePanel 的属性检查器的 gamePanel 组件的 Shuffle 中。

在 gamePanel.js 的 start 函数中播放洗牌音效，如程序清单 9-90 所示。

程序清单 9-90　播放洗牌音效

```
cc.audioEngine.playEffect(this.shuffle,false);
```

（3）发牌音效

在每次重载牌面时都会发牌，在 gamePanel.js 中调用发牌音效，发牌音效定义如程序清单 9-91 所示。

程序清单 9-91　发牌音效定义

```
deal: {
  default: null,
  type: cc.AudioClip
}
```

将资源管理器中的 assets\Res\staticRes\audio\deal 拖曳到 gamePanel 的属性检查器的 gamePanel 组件的 Deal 中。

在重载牌面时播放发牌音效，如程序清单 9-92 所示。

程序清单 9-92　播放发牌音效

```
//播放单击音效，不重复
        cc.audioEngine.playEffect(this.deal, false);
```

18．更换专为微信小游戏提供的 socket.io

（1）官网下载

下载 weapp.socket.io，如图 9-112 所示，下载链接为 https://github.com/weapp-socketio/weapp.socket.io。

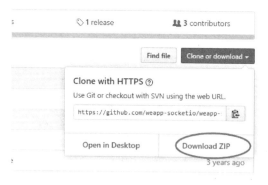

图 9-112　weapp.socket.io 下载

下载后解压，将 weapp.socket.io-master\dist 下的 weapp.socket.io.js 文件放入客户端工程资源管理器的 Scripts 文件夹中。

（2）更换 socket.io

打开客户端工程，在 gameManager.js 中，引入 weapp.socket.io，如程序清单 9-93 所示。

程序清单 9-93　weapp.socket.io 引入

```
var io = require('./weapp.socket.io');
```

注意

项目中的 socket.io 可以不删除，但为了节省资源空间，可将其删除。

19．将服务器端部署在服务器上

部署服务器，让玩家可以随时访问，此处选择阿里云轻量级服务器作为示例（服务器需要事先申请）。按 Win+R 快捷键，在"运行"对话框的"打开"文本框中输入 mstsc 并运行，连接远程桌面，如图 9-113 所示。

图 9-113　连接远程桌面

将服务器端工程文件复制并粘贴到远程桌面上，此处使用的服务器 IP 地址为 123.56.26.75，因此需要更改客户端 gameManager.js 中连接的 IP 地址，如程序清单 9-94 所示。

程序清单 9-94　更改 IP 地址

```
//global.socket = io('http://localhost:3000');
  global.socket = io('http://123.56.26.75:3000');
```

在远程桌面上，按 Win+R 快捷键，输入 cmd 并运行，打开控制台窗口。切换到工程文件的路径，如图 9-114 所示。输入 npm start 命令并回车，可以启动服务器。

图 9-114　远程桌面切换到工程文件路径

9.5　打包发布与测试

9.5.1　项目模块

在 Cocos Creator 界面"项目设置"的"模块设置"选项组中，如果不勾选当前模块，打包时将不会将其打包在包体内。根据工程实际使用情况，取消勾选无用的模块。此处仅作为示例，取消勾选 ScrollView、WebView、3D、3D Primitive 复选框，如图 9-115 所示。

图 9-115　取消勾选无用模块

注意

还有一部分未使用，这里不再列举，取消勾选后要保存。

9.5.2　打包微信小游戏

选择"项目"→"构建发布"命令，在弹出的"构建发布"对话框中设置"appid"（测试号的分享好友功能不可用）为开发者在微信公众平台申请到的微信小游戏 appid；在"远程服务器地址"文本框中输入阿里云 OSS 对象存储地址，申请阿里云 OSS 对象存储，可参见第 8 章相关内容；其他属性保持默认，如图 9-116 所示。

注意

若勾选"调试模式"复选框，会使工程文件变大，但在初始开发时可以勾选以用于调试游戏性能。此处在游戏工程未超出规定大小（4MB）的情况下，将游戏资源放在远程服务器上，可以减少工程文件包大小。

打包完成后，将工程文件中的 guessCardGame\build\wechatgame\res 文件夹拖曳到打包时 OSS 对象存储器所在的工程路径下，如图 9-117 所示。

待文件传输完成后，删除 res 文件夹。

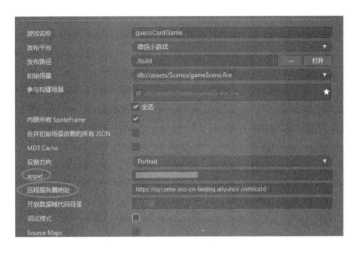

图 9-116　"构建发布"对话框

图 9-117　文件转移到 OSS 对象存储上

使用微信开发者工具打开工程文件，即 guessCardGame\build 文件夹中的 wechatgame 文件，在微信开发者工具的"本地设置"选项卡中，勾选"不校验合法域名、web-view（业务域名）、TLS 版本以及 HTTPS 证书"复选框，如图 9-118 所示。

图 9-118　微信小游戏项目本地设置

9.5.3　邀请好友同玩

在微信开发者工具的工具栏上单击"预览"按钮，如图 9-119 所示，此时将展示一个二维码，用绑定该 appid 的微信扫码，就可以在当前申请 appid 的微信号的真机上运行。如果想看到运行结果，可以打开调试模式。但目前邀请好友发送链接，好友无法进入，原因如下。

第一，此游戏是测试版本，并未发布，根据链接无法搜索到，需要事前在真机上运行过。

第二，好友权限未开通，在测试版本中开发者可以指定最多 30 名玩家进行预览，开启玩家预览的方法是：登录微信公众平台，使用注册过 appid 的微信号登录，进入首页，选择"管理"→"成员管理"选项，如图 9-120 所示。

图 9-119　微信预览　　　　　　　　　图 9-120　微信公众平台成员管理

在"成员管理"的"项目成员"栏中，选择"添加成员"选项，如图 9-121 所示。

根据提示操作，单击"确认添加"按钮，如图 9-122 所示，弹出一个二维码，使用绑定该 appid 的微信扫码并同意后，即可完成成员的添加。

图 9-121　微信小游戏测试人员添加　　　　图 9-122　添加测试好友

操作完成后先预览，再将二维码发送给已经添加过权限的好友，使微信程序存储相关数据，好友同意后就可以愉快地一起玩游戏了。